火电厂生产岗位技术问答丛书

集控运行

300

问

简安刚 编

U0350462

中国电力出版社
CHINA ELECTRIC POWER PRESS

内 容 提 要

为了满足火力发电生产人员、技术人员学习和掌握专业知识和职业技能的需要，依据相关规定，组织编写一套《火电厂生产岗位技术问答丛书》，包括《锅炉运行 300 问》、《汽轮机运行 300 问》、《集控运行 300 问》、《电气运行 300 问》和《化学水处理 300 问》等分册。

本书为《集控运行 300 问》分册，以单元机组的集控运行为基础，介绍了火电厂单元机组系统构成、单元机组结构、单元机组启动和停运、单元机组运行维护与调整、单元机组辅助设备及系统、单元机组故障分析预处理和热工自动化等内容。

本书从现场运行的角度出发，实用性强，可作为从事火力发电单元机组集控运行工作的生产人员和技术人员在工作实践中的培训题集和参考书。

图书在版编目(CIP)数据

集控运行 300 问/简安刚编. —北京：中国电力出版社，2014.8

（火电厂生产岗位技术问答丛书）

ISBN 978 - 7 - 5123 - 5922 - 2

Ⅰ. ①集… Ⅱ. ①简… Ⅲ. ①火力发电-发电机组-集中控制-运行-问题解答 Ⅳ. ①TM621.3-44

中国版本图书馆 CIP 数据核字(2014)第 108679 号

中国电力出版社出版、发行

（北京市东城区北京站西街 19 号　100005　http://www.cepp.sgcc.com.cn)

北京市同江印刷厂印刷

各地新华书店经售

*

2014 年 8 月第一版　2014 年 8 月北京第一次印刷

850 毫米×1168 毫米　32 开本　10.75 印张　276 千字

印数 0001—3000 册　　定价 **38.00** 元

前　言

　　电力工业是能源工业的重要组成部分，是推动人类文明及支撑社会经济发展的重要基础。在世界范围内，火力发电已成为电力能源中重要的组成部分。因此，提高火力发电的运行技术水平，提升能源的综合高效利用，是当前电力运行的重要发展课题。

　　随着国家政策的不断调控，能源建设的脚步越来越快。火力发电机组正在向高参数、大容量方向迅速发展。在电厂生产实践中，运行人员是生产的主要力量，其专业技术水平的高低，直接影响到企业的安全、经济、可靠生产。因此，各发电公司都非常重视对运行人员的技能培训。本套丛书的编者结合现场运行实例，总结经验，将电厂各专业运行技术方面的相关知识和技能结集成册，以期提高行业应用水平，实现能源与环境的和谐发展，满足当前电厂运行人员对于专业书籍的迫切需要。

　　本套丛书采用问答形式，以岗位技能为主线，理论突出重点，实践注重技能。本书为《集控运行 300 问》，简明扼要地介绍了集控运行专业基础知识及运行岗位技能知识，能够帮助广大火电机组运行技术人员了解、学习、掌握火电机组集控岗位的各项技能，加强对机组运行的管理，做好设备的运行维护和检修工作。通过对本书的学习，希望能够提高运行人员的工作水平，在火电厂生产运行过程中降低煤耗率，实现最佳一次能源利用效率，减少碳排放，改善生态环境。

限于时间和编者水平，疏漏和不妥之处在所难免，敬请广大读者指正。

编 者

2014 年 7 月

目　录

第一章

机 组 系 统 构 成

第一节 锅炉侧热力系统和设备

1. 锅炉运行有哪些主要的任务?

答：锅炉正常运行是指机组启动后锅炉的运行过程。锅炉的运行状态是通过一系列仪表所测试的运行参数来反映的。其中主要监视或控制的运行参数有主蒸汽流量、主蒸汽压力、主蒸汽温度、再热蒸汽温度、锅炉汽包水位、炉膛出口过量空气系数（氧量）、炉膛负压等。锅炉正常运行工作就是监视和调整各种运行参数，以满足汽轮发电机组对锅炉运行参数的要求，并保持锅炉能长期连续的安全、经济运行。

在运行过程中，常有各种因素干扰锅炉稳定运行。来自锅炉机组输入条件或参数变化因素的干扰称为内扰，如燃料性质的改变，以及燃料量、空气量、给水流量、给水温度等因素的变化。来自锅炉机组输出参数变化因素的干扰称为外扰，如主蒸汽流量、主蒸汽压力、主蒸汽温度、锅炉排污量等因素的变化。

锅炉在运行过程中由于各种干扰，运行参数会发生变化。为保证汽轮发电机组能满足外界负荷的需要，并保证机组连续、安全、经济运行，需对锅炉运行参数进行调整、控制和连续监视。无论是静态过程还是动态过程，锅炉正常运行的任务就是必须保证各种参数都在允许的范围内波动。除此以外，锅炉正常运行必须保证炉内燃烧稳定，防止受热面积渣、积灰，防止高温和低温腐蚀，防止受热面金属管壁超温，维持锅炉正常水位，维持正常炉水含盐量和蒸汽品质等工作。

2. 什么是超临界机组和超超临界机组？有什么特点？

答：火电厂超临界机组和超超临界机组是指锅炉内工质的压力达到了某个值。锅炉运行的主要工质是水，通过水与蒸汽之间的转换，实现能量的变化。水的临界压力为 22.115MPa，温度为 347.15℃。在这个压力和温度时，水和蒸汽的密度是相同的，称为水的临界点，炉内工质压力低于该压力就称为亚临界压力锅炉，大于该压力就称为超临界压力锅炉，炉内蒸汽温度不低于593℃或蒸汽压力不低于 31MPa 被称为超超临界参数机组。

从国际及国内已建成及在建的超临界或超超临界机组的参数选择情况来说，只要锅炉参数在临界点以上，都是超临界机组。但对超临界和超超临界机组并无严格的界限，只是参数较高。目前国内及国际上一般认为只要主蒸汽温度达到或超过 600℃，就认为是超超临界机组。超临界、超超临界火电机组具有显著的节能和改善环境的效果，超超临界机组与超临界机组相比，热效率要提高 1.2%。

我国发展超临界机组，选择锅炉的整体布置形式，必须根据具体电厂、燃煤条件、投资费用、运行可靠性等方面，进行全面技术经济分析比较，选定锅炉 II 型或塔式的布置形式。选用时应重视煤质特性，特别是煤的灰分。燃用高灰分煤，从减轻受热面磨损方面考虑，采用塔式布置较为合适。

锅炉制造商在燃烧器的形式方面都有各自的传统技术。在我国虽然直流燃烧器切圆燃烧方式占主导地位，但实际运行情况表明，除一般认为直流燃烧器切圆燃烧方式 NOₓ 的生成量比旋流燃烧器前后墙对冲燃烧方式稍低外，在大容量煤粉炉的着火及低负荷燃烧稳定性、燃烧经济性、对炉膛水冷壁结渣的影响等方面，旋流燃烧器前后墙对冲燃烧方式与直流燃烧器四角切圆燃烧方式并没有显著差异。

直流燃烧器四角切圆燃烧和旋流燃烧器前后墙对冲燃烧是目前国内外应用最为广泛的煤粉燃烧方式。由于切圆燃烧中四角火焰的相互支持，一、二次风的混合便于控制等特点，其煤种适应性更强，目前我国设计制造的锅炉大多数采用这种燃烧方式。对冲燃烧方式则具有锅炉沿炉膛宽度的烟温及速度分布较均匀，过热器与再热器的烟温和汽温偏差相对较小的特点。

3. 锅炉本体都由哪些主要设备组成？

答：锅炉本体是锅炉设备的主体，按基本特点，它包括"锅"本体和"炉"本体。即汽水系统与燃烧风烟系统。

（1）"锅"即汽水系统，它的主要任务是吸收燃料燃烧放出的热量，使水蒸发并最后变成具有一定参数的过热蒸汽。它由省煤器、汽包、下降管、联箱、水冷壁、过热器、再热器等组成。

1）省煤器。位于锅炉尾部烟道中，利用排烟余热加热给水，降低了排烟温度，提高效率，节约燃料。它通常由带鳍片（即肋片）的铸铁管组装而成，也可用钢管制作。

2）汽包。位于锅炉顶部，是一个圆筒形的承压容器，其下部是水，上部是汽，接受省煤器的来水。同时汽包与下降管、联箱、水冷壁共同组成水循环回路。水在水冷壁中吸热生成饱和蒸汽也汇集于汽包再供给过热器。

3）下降管。水冷壁的供水管，其作用是把汽包中的水引入下联箱再分配到各水冷壁管中。通常大型电厂锅炉的下降管在炉外集中布置。

4）联箱。其作用是把下降管与水冷壁管连接在一起，以便起到汇集、混合、再分配工质的作用。联箱的作用是汇集、混合、分配工质。联箱一般布置在炉外，不受热。联箱由无缝钢管两端焊接平封头构成，在联箱上有若干管头与管子焊接相连。水冷壁下联箱底部还设有定期排污装置、蒸汽加热装置等。

5）水冷壁。布置在锅炉炉膛四周炉墙上的蒸发受热面。饱和水在水冷壁管内吸收炉内高温火焰的辐射热量，转变为汽水两相混合物。水冷壁通常采用外径为 45～60mm 的无缝钢管和内螺纹管，材料主要为 20 号优质锅炉钢。根据所处位置不同，材质也不尽相同。

6）过热器。其作用是将汽包来的饱和蒸汽加热成为合格温度和压力的过热蒸汽。

7）再热器。主要作用是将汽轮机中做过部分功的蒸汽再次进行加热升温，然后再送往汽轮机中继续做功。过热器和再热器是锅炉中金属壁温最高的受热面，常采用耐高温的合金钢蛇形管。

（2）"炉"即燃烧风烟系统，它的任务是保护燃烧所用的空气，使燃料在炉内良好地燃烧，放出热量。它由炉膛、烟道、燃烧器及空气预热器等组成。

1）炉膛。是一个由炉墙和四周水冷壁围成供燃料燃烧的空间，是一个中空的框架，煤在其中进行燃烧，一部分成为灰，被空气送至电除尘器，另一部分炉渣从炉底排出。水则通过水冷壁吸收热量，将燃料的化学能转换为热量。

2）燃烧器。是主要的燃烧设备，其作用是把燃料和燃烧所需空气以一定速度喷入炉内，使其在炉内良好地混合，以保证燃料着火和完全燃烧。

3）空气预热器。利用排烟余热加热入炉空气的装置，其整个结构为数量众多的钢管制成的管箱组合体，也可采用蓄热式的回转式空气预热器。燃烧所需的空气受到烟气加热，可改善燃烧条件。

4. 锅炉的辅助设备有哪些？在电厂中有什么功能？

答：锅炉辅助设备包括燃料制备系统、给水系统、风烟系统、除灰除尘系统、管道及控制系统。

（1）燃料供应系统。将燃料由煤场送到锅炉房，包括运输和装卸机械等。煤粉制备系统，包括磨煤机、排粉机、粗粉和细粉分离器，以及煤粉输送管道。磨煤机利用钢球与原煤进行撞击、挤压、研磨等方式，将煤磨制成细粉，经粗粉分离器分离后合格的细粉由排粉机经燃烧器送入炉膛。

（2）给水系统。由给水处理装置、除氧器和给水泵等组成。原水经管道送至水处理装置，除去水中杂质，保证给水品质。处理后的锅炉给水送至除氧器，然后通过管道借助给水泵提高压力，后经省煤器送入汽包。

（3）风烟系统。包括送风机、引风机和烟囱等，送风机将空气通过空气预热器加热后送往锅炉，分别进行燃料输送、燃烧调节，然后经由空气预热器、电除尘器，从引风机引至烟囱，将排出的烟气送入大气中。

（4）除灰除尘系统。除灰设备从锅炉中除去灰渣并将灰渣送出电厂；除尘装置除去锅炉烟气中的飞灰，改善环境卫生。目前的大型锅炉机组，都有脱硫脱硝设备，改善电厂烟气品质，达到保护环境的目的。

（5）汽、水管道系统。为了供应锅炉给水、输送蒸汽和排放污水而敷设的各种汽、水管道，如给水管、主蒸汽管和排污管等。

（6）测量和控制系统。仪表及控制设备除水位表、压力表和安全阀等装在锅炉本体上的仪表和安全附件外，还常装置有一系列测量、指示、计算仪表和调节、控制的设备，如煤量计、蒸汽流量计、水表、温度计、风压计、排烟指示仪，以及烟、风挡板，汽水闸门的远距操作和控制设备等。对于容量大、自动化程度较高的锅炉，还配置有给水、燃烧过程自动调节装置或计算机控制调节系统，以科学地监控锅炉运行。

5. 简述锅炉设备的工作过程。

答：锅炉的主要作用是将燃料在炉内燃烧放出的热量，通过布置的受热面传递给水产生蒸汽。简而言之，锅炉设备的工作主要包括燃料的燃烧、热量的传递、水的加热、蒸发、过热等几个过程。

（1）燃烧系统的工作过程。运输到火力发电厂的原煤，经过初步破碎和除铁、除木屑后，送入原煤斗，煤从原煤斗靠自重落下，经给煤机进入磨煤机，磨制成合格的细粉，由预热的空气通过排粉风机将磨好的煤粉经燃烧器喷入炉膛进行燃烧，燃料的化学能便转变成燃烧产物的热能。高温烟气经炉膛进入水平烟道和尾部烟道，烟气在流动过程中，以不同的换热方式将热量传递给布置在锅炉中的各种受热面。在炉膛内主要以辐射换热的方式将热量传给布置在炉膛四周墙壁上的水冷壁，在炉膛上部则以辐射和对流混合的半辐射方式传给屏式过热器，而在水平烟道和尾部烟道中主要以对流传热方式依次流过高温过热器、再热器、低温过热器、省煤器和空气预热器。此时烟气因对流放热已降温至 $110 \sim 180℃$ ，烟气中携带的飞灰，大部分由除尘器除去，比较洁净的烟气最后由引风机送往烟囱排入大气中。

（2）汽水转换过程。在锅炉启动前，原水经处理后送到除氧器，给水经由给水泵升压后，先送到省煤器，然后进入汽包。汽包里的水沿着下降管下降至水冷壁的下联箱，再进入水冷壁管中。饱和水在水冷壁中吸收辐射热量，部分变为水蒸气，汽水混合物上升进入汽包。汽包内装有汽水分离器，在汽包内部将汽水混合物中的汽水分离，水留在下部的水空间中，连同不断送入汽包的给水一起下降，然后在水冷壁内吸热而上升，周而复始，形成水循环。汽包分离出的蒸汽从汽包顶部引出，首先进入敷设在炉顶的顶棚管过热器，然后流经低温过热器、屏式过热器，到高温过热器，加热给水到额定温度后送至汽轮机中做功。对于高压以上的机组，通常还布置再热器，它的蒸汽来自经汽轮机高压缸做功后、温度和压力都降低的排汽，排汽送到再热器中加热，然后再送回汽轮机的中、低压缸去继续做功。

现代电厂锅炉对给水和蒸汽品质都有较高的要求。当给水含有杂质时，炉水的杂质浓度会随着炉水的不断汽化而升高。这些杂质会在蒸汽流过的受热面上沉积，使受热面结垢，传热恶化，严重时可能使管子过热烧坏。这些杂质也会溶解在蒸汽中，携带杂质的蒸汽进入汽轮机做功时，随压力降低，杂质析出沉积在通流部分，影响汽轮机的出力、效率和运行的安全性。因此，进入锅炉的给水必须预先处理，运行时也应监视给水和蒸汽的品质。

6. 直流锅炉的工作流程是怎样的？

答：直流锅炉依靠给水泵的压头将锅炉给水一次通过预热、蒸发、过热各受热面而变成过热蒸汽。直流锅炉的工作原理如图1-1所示。

给水泵　省煤器　水冷壁　过热器

图1-1　直流锅炉的工作原理

在直流锅炉蒸发受热面中，由于工质的流动不是依靠汽水密度差来推动，而是通过给水泵压头来实现的，所以工质一次通过各受热面，蒸发量 D 等于给水量 G，故可认为直流锅炉的循环倍率 $K=G/D=1$。

直流锅炉没有汽包，在水的加热受热面和蒸发受热面间，以及蒸发受热面和过热受热面间无固定的分界点，在工况变化时，各受热面长度会发生变化。

直流锅炉采用小直径管会增加水冷壁管的流动阻力，但由于水冷壁管内的流动为强制流动，且采用小直径管大大降低了水冷壁管的截面积，提高了管内汽水混合物的流速，因此保证了水冷壁管的安全。

在工作压力相同的条件下，水冷壁管的壁厚与管径成正比，直流锅炉采用小管径水冷壁且不用汽包，可以降低锅炉的金属耗量。与自然循环锅炉相比，直流锅炉通常可节省约 $20\%\sim30\%$ 的钢材。但由于采用小直径管后流动阻力增加，给水泵电耗增加，因此直流锅炉的耗电量比自然循环锅炉大。

直流锅炉没有汽包，不能进行锅内水处理，给水带来的盐分除一部分被蒸汽带走外，其余将沉积在受热面上影响传热，使受热面的壁温有可能超过金属的许用温度，且这些盐分只有停炉清洗才能除去。因此，为确保受热面的安全，直流锅炉的给水品质要求较高，通常要求凝结水进行100％的除盐处理。

直流锅炉无汽包且蒸发受热面管径小，金属耗量小，使得直流锅炉的蓄热能力较低。当负荷变化时，依靠自身炉水和金属蓄热或放热来减缓汽压波动的能力较低。当负荷发生变化时，直流锅炉必须同时调节给水量和燃料量，以保证物质平衡和能量平衡，才能稳定汽压和汽温。所以直流锅炉对燃料量和给水量的自动控制系统要求高。

7. 超超临界压力锅炉分为哪两个工作阶段？

答： 在临界压力以下时，从水被加热到过热蒸汽的形成，整个过程可以分为加热、蒸发和过热三个阶段。因此在直流锅炉中，相应的受热面常称为加热段、蒸发段和过热段。工质状态变化过程为未饱和水—饱和水—湿蒸汽—干饱和蒸汽—过热蒸汽。

随着压力的提高，水的饱和温度相应提高，汽化潜热减小，水和蒸汽的密度差也随之减小。当压力提高到临界压力时，汽化潜热为零，汽和水的重度差也等于零。水在压力22.56MPa下加热到374.15℃时，即全部汽化成蒸汽，该压力和温度称为临界压力和临界温度（即相变点）。超临界压力与临界压力时情况不同。当水被加热到相应压力下的相变点温度时，即全部汽化。因此，超临界压力下水变成蒸汽不再存在两相区。由此可知，超临界压力直流锅炉中，由水变成过热蒸汽经历了两个阶段，即加热和过热。而工质状态变化过程为未饱和水—干饱和蒸汽—过热蒸汽。

8. 超超临界压力锅炉的水冷壁有哪些特点？

答： 超超临界压力锅炉的水冷壁系统主要包括螺旋管圈水冷壁和由内螺纹管组成的垂直管圈水冷壁两种。螺旋管圈水冷壁可以自由地选择管子的尺寸和数量，因而能选择较大的管径和保证水冷壁安全的质量流速。管圈中的每根管子均同样绕过炉膛和各个壁面，因而每根管子的吸热相同，管间的热偏差小，适用于变压运行。其缺点是螺旋管圈的制造安装支承等工艺较为复杂及流动阻力大。

内螺纹管垂直管圈水冷壁受炉膛沿周界热负荷偏差的影响较大，除需要采取一定的结构措施（如加装节流装置）使管内工质流量的分配与管外热负荷的分布相适应外，还要求较高的运行操作水平和自动控制水平。在开发超超临界压力机组时，有必要在现有的超临界压力水冷壁内沸腾传热研究的基础上，扩展实验研究的压力范围，进一步进行试验研究，防止似膜态沸腾现象，确保水冷壁系统工作的安全性。

9. 超超临界机组有哪些优势和特点？

答： 超超临界机组由于比超临界和亚临界机组有较高的效率和相同的运行可靠性，因而具有较大的经济优势。为了提高机组运行的经济性，适应电网频繁调峰的要求，超超临界参数机组锅炉为直流炉。在运行方式上采用滑压滑温启动及滑压运行。采用变压运行可提高汽轮机的安全性，延长锅炉和汽轮机的使用寿命，提高低负荷时机组的经济性，增大锅炉保持额定汽温的负荷范围。为了使锅炉具有灵活性，适应机组频繁启停的要求，在设计上采用热弹性设计，并配有高、低压旁路系统。然而，其高效率在较高的负荷时才能显示出来。

在超超临界机组的日常运行中，若其承担调峰运行或维持低负荷下运行，当机组负荷降低至一定范围时，其经济性将与超临界机组或亚临界机组相当，此时的负荷（或负荷率）可称为超超临界机组的最低运行经济负荷点。当机组继续降低负荷运行，则其经济性等同于超临界机组或亚临界机组，失去了其高效率的意义，因此，应避免机组在过低负荷下运行，尽量使机组保持在其最低运行经济负荷点之上运行。超超临界机组在 $60\% \sim 100\%$ 负荷范围内滑压运行时效率的变化不大，仅下降 2.3%，之后下降较快。因此，超超临界机组在 $60\% \sim 100\%$ 负荷范围内运行是比较经济合理的。

欧洲国家在建设大容量火力发电机组时以追求机组的高效率为主要目标，在提高蒸汽温度的同时，蒸汽压力也随之提高，主蒸汽压力为 25～28MPa，主蒸汽温度以 580℃居多，再热蒸汽温度为 580～600℃，大多采用一次再热。日本的超超临界机组在大幅度提高机组容量的同时，主要提高机组的蒸汽温度，而蒸汽压力基本保持在 25MPa。日本对超超临界机组蒸汽参数（较低的蒸汽压力和较高的蒸汽温度）的选择主要基于技术经济方面的考虑。

10. 锅炉运行中，各个部件的作用是什么？

答： 在火力发电厂中，锅炉的功能是利用燃料燃烧放出的热能产生高温高压蒸汽，锅炉本体的结构和主要部件都是为了实现其功能而设置的。锅炉本体的结构有炉膛、水平烟道和垂直烟道（尾部烟道），主要部件按燃烧系统和汽水系统来设置，有空气预热器、燃烧器、省煤器、汽包、下降管、水冷壁、过热器、再热器等。空气预热器分层布置在垂直烟道中（旋转式的不分层，布置在垂直烟道底部），它把送风机送来的空气利用流经垂直烟道的烟气通过空气预热器进行加热，加热后的空气分别送到磨煤机（热风）、排粉机、一次风箱和二次风箱。燃烧器布置在炉膛四角（或前后墙），数目多时可上下分层。给粉机把煤粉送入燃烧器，一次风引入燃烧器把煤粉吹入炉膛。二次风口布置在燃烧器附近，喷入助燃空气。

直吹式锅炉由排粉机将煤粉直接吹入炉膛。煤粉燃烧后形成飞灰（细灰和粗灰）和灰渣。飞灰随烟气经水平烟道、垂直烟道到除尘器，除尘器把烟气中 98％以上的细灰除下落入除尘器下部的灰斗中，极少的细灰随烟气经引风机送入烟囱排入大气，灰渣则落入炉膛底部形成炉底渣，由除灰设备定时排出炉外。省煤器分层布置在垂直烟道中，把给水母管送来的水利用烟气进行加热再送到汽包中。汽包布置在锅炉顶部，在锅炉的汽水循环中起接收来水、储水和进行汽水分离的作用。汽包中的水经下降管、水冷壁下联箱（都布置在炉膛外壁）送到水冷壁。在强制循环锅炉的下降管中装有强制循环泵，加强水循环。水冷壁是布置在炉膛四周的排管，在炉膛内燃烧燃料所放出的热把水冷壁管内的水加热成汽水混合物。汽水混合物经水冷壁上联箱和上升管进入汽包。汽包中的汽水分离器对汽水混合物进行分离，分离出的蒸汽送到过热器，余下的水留在汽包中继续参加水循环。

直流锅炉没有汽包，水冷壁将水直接加热成蒸汽送入过热器。过热器布置在炉膛上部和水平烟道中，把蒸汽加热并调节成符合规定温度的过热蒸汽，过热蒸汽经集汽联箱、主汽门到汽轮机。过热器又可分为低温过热器和高温过热器。在锅炉水平烟道入口处装有屏式过热器，在炉膛顶部装有顶棚过热器。再热式机组的再热器也布置在水平烟道和垂直烟道中，再热器的功能是将在汽轮机高压缸做过功的蒸汽再次加热到一定温度重新送回到汽轮机中压缸继续做功。

第二节　汽轮机侧热力系统和设备

11. 汽轮机工作的基本原理是什么？

答：汽轮机是以水蒸气为工质的旋转式热能动力机械，接受锅炉送来的蒸汽，将蒸汽的热能转换为机械能，驱动发电机发电。汽轮机具有单机功率大、效率高、运行平稳、单位功率制造成本低和使用寿命长等优点。

具有一定压力、温度的蒸汽进入汽轮机，流过喷嘴并在喷嘴内膨胀获得很高的速度。高速流动的蒸汽流经汽轮机转子上的动叶片做功，当动叶片为反动式时，蒸汽在动叶中发生膨胀产生的反动力也使动叶片做功，动叶带动汽轮机转子，按一定的速度均匀转动。这就是汽轮机最基本的工作原理。

汽轮机的转子与发电机转子是用联轴器连接起来的，汽轮机转子以一定速度转动时，发电机转子也跟着转动，由于电磁感应的作用，发电机静子绕组中产生电流，通过变电配电设备向用户供电。

12. 汽轮机有哪些系统？

答：汽轮机设备是火力发电厂的三大主要设备之一，汽轮机设备及系统包括汽轮机本体、调节保安及供油系统、辅助设备及热力系统等。

汽轮机本体是由汽轮机的转动部分（转子）和固定部分（静子）组成的；调节保安及供油系统主要包括调速汽阀、调速器、调速传动机构、主油泵、油箱、安全保护装置等；辅助设备主要包括凝汽器、抽气器（或水环真空泵）、高压加热器、低压加热器、除氧器、给水泵、凝结水泵、凝升泵、循环水泵等；热力系统主要包括主蒸汽系统、再热蒸汽系统、凝汽系统、给水加热系统、给水除氧系统等。

13. 汽轮机有哪些参数表示？

答：（1）额定功率（铭牌功率、铭牌出力）。指汽轮机在额定主蒸汽和再热蒸汽参数工况下，排汽压力为 11.8kPa、补水率为 3%，能在发电机接线端输出供方所保证的功率。汽轮机的额定参数的保证值，与额定工况相对应。

（2）机组的保证最大连续工况（T-MCR）。指汽轮机在通过铭牌功率所保证的进汽量、额定主蒸汽和再热蒸汽参数工况下，排汽压力为 4.9kPa、补水率为 0%，机组能保证达到的功率。

（3）汽轮机的设计流量（计算最大进汽量）。在所保证的进汽量基础上增加一定的裕量，即 1.03～1.05 倍保证进汽量，且调节阀全开。

（4）调节汽阀全开时计算功率。机组在调节汽阀全开时，通过计算最大进汽量和额定的主蒸汽、再热蒸汽参数工况下，并在额定排汽压力为 4.9kPa、补水率为 0%条件下计算所能达到的功率。

14. 简述超超临界汽轮机的基本结构。

答：机组设计有两个主蒸汽联合调节阀，分别布置在机组的两侧。阀门通过挠性导汽管与高中压缸连接，这种结构使高温部件与高中压缸隔离，大大降低了汽缸内的温度梯度，可有效防止启动过程缸体产生裂纹。主汽阀、调节阀为联合阀结构，每个阀门由一个水平布置的主汽阀和两个垂直布置的调节阀组成。这种布置减小了所需的整体空间，将所有运行部件布置在汽轮机运行层以上，便于维修。调节阀为柱塞阀，出口为扩散式。来自调节阀的蒸汽通过四个导汽管（两个在上半，两个在下半）进入高中压缸中部，然后进入四个喷嘴室。导汽管通过挠性进汽套筒与喷嘴室连接。

进入喷嘴室的蒸汽流过冲动式调节级，做功后温度明显下降，然后流过反动式高压压力级，做功后通过外缸下半部的排汽口排入再热器。再热后的蒸汽通过布置在汽缸前端两侧的两个再热主汽阀和四个中压调节阀返回中压部分，中压调节阀通过挠性导汽管与中压缸连接，因此降低了各部分的热应力。蒸汽流过反动式中压压力级，做功后通过高中压外缸上半的出口离开中压缸。出口通过连通管与低压缸连接。高压缸与中压缸的推力是单独平衡的，因此中压调节阀或再热主汽阀的动作对推力轴承负荷的影响很小。

低压缸采用双分流结构，蒸汽进入低压缸中部，通过反动式低压压力级做功后流向排汽端，向下进入凝汽器。低压缸的高效叶片设计、扩散式通流设计及可最大限度回收热量的排汽涡壳设计可明显提高缸效率，降低热耗。

汽轮机留有停机后强迫冷却系统的接口。位于高中压导汽管疏水管道上的接头可永久使用，高中压缸上的现场平衡孔可临时使用。

15. 汽轮机有哪些主要的热力系统？

答：汽轮机的主要有以下热力系统：

（1）连接锅炉和汽轮机的主蒸汽系统。

（2）供给各回热加热器和除氧器用汽的抽汽系统。

13

（3）抽出凝汽器中的凝结水并送往各低压回热加热器和除氧器的主凝结水系统。

（4）把除氧器中的给水升压送至各高压加热器和锅炉的给水系统。

（5）补充汽水循环中工质损失的补充水系统。

（6）汽轮机本体疏水和其他热力设备疏水、放水的疏、放水系统。

（7）向凝汽器供应冷却水的冷却水系统（又称循环水系统）。

（8）向润滑油冷却器及其他冷却设备供应冷却水的工业水系统。

对于供热汽轮机发电机组，还有热力网加热器、热力网水泵和向热用户供热水或蒸汽的热力网系统。对中间再热机组，还有再热蒸汽系统和适应机组启动、停机要求的旁路系统。

16. 汽轮机本体主要由哪几个部分组成？

答： 汽轮机本体由固定部分（静子）和转动部分（转子）组成。固定部分包括汽缸、隔板、喷嘴、汽封、紧固件和轴承等；转动部分包括主轴、叶轮或轮毂、叶片和联轴器等。固定部分的喷嘴、隔板与转动部分的叶轮、叶片组成蒸汽热能转换为机械能的通流部分。汽缸是约束高压蒸汽不得外泄的外壳。汽轮机本体还设有汽封系统。具体如下：

（1）转动部分。由主轴、叶轮、轴封和安装在叶轮上的动叶片及联轴器等组成。

（2）固定部分。由喷嘴室汽缸、隔板、静叶片、汽封等组成。

（3）控制部分。由调节系统、保护装置和油系统等组成。

17. 汽轮机主要有哪些辅助系统？

答： 对于汽轮发电机组而言，除汽轮机本体以外，参与能量交换的系统统称为辅助系统，根据不同的电厂，主要有以下系统：

（1）给水系统。提高给水压力，加热后为锅炉提供给水。

（2）主机油系统。包括润滑油系统（为汽轮机提供润滑、冷却用油）、顶轴油系统。

（3）汽轮机调节、保安系统。协调各系统同步地按照要求进行工作。

（4）发电机冷却系统和密封系统。冷却系统的功能是冷却发电机，带走发电机工作时的热量；密封系统的功能是密封冷却介质，防止外泄。

（5）工业水系统。提供冷却介质，冷却各种辅助设备。

（6）其他系统。包括压缩空气系统、旁路系统、减温水系统、精处理系统、胶球系统等。

18. 汽轮机辅助系统主要有哪些重要设备?

答: 汽轮机辅助系统有很多重要设备，只要其中有设备出现故障，就必然给机组的安全运行带来重大隐患。因此，以下所列仅是相对更重要的设备:

（1）给水泵。将除氧水箱的凝结水通过给水泵提高压力，经高压加热器加热后，输送到锅炉省煤器入口，作为锅炉主给水。

（2）高、低压加热器。利用汽轮机抽汽，对给水、凝结水进行加热，其目的是提高整个热力系统经济性。

（3）除氧器。除去锅炉给水中的各种气体，主要是水中的游离氧。

（4）凝汽器。使汽轮机排汽口形成最佳真空，使工质膨胀到最低压力，尽可能多地将蒸汽热能转换为机械能，将乏汽凝结成水。

（5）凝结泵。将凝汽器的凝结水通过各级低压加热器补充到除氧器。

（6）油系统设备。一方面为汽轮机的调节和保护系统提供工作用油，另一方面向汽轮机和发电机的各轴承供应大量的润滑油和冷却油。主要设备包括主油箱、主油泵、交直流油泵、冷油器、油净化装置等。

19. 汽轮机油系统的作用是什么?

答：润滑油系统的作用是给汽轮发电机的支持轴承、推力轴承和盘车装置提供润滑，为氢密封系统提供备用油，以及为操纵机械超速脱扣装置提供压力油。润滑油系统由汽轮机主轴驱动的主油泵、冷油器、顶轴装置、盘车装置、排烟系统、油箱、润滑油泵、事故油泵、滤网、加热器、油位指示器、轴承箱油挡、联轴器护罩、阀门、止回门、各种监测仪表等构成。汽轮机油系统的作用如下：

（1）向机组各轴承供油，润滑和冷却轴承。

（2）供给调节系统和保护装置稳定充足的压力油，使它们正常工作。

（3）供应各传动机构润滑用油。

根据汽轮机油系统的作用，一般将油系统分为润滑油系统和调节（保护）油系统两个部分。

20. 为什么要将抗燃油作为汽轮发电机组调节系统的介质?它有什么特点?

答：随着机组功率和蒸汽参数的不断提高，调节系统的调节汽门提升力越来越大，提高油动机的油压是解决调节汽门提升力增大的一个途径。但油压的提高容易造成油的泄漏，普通汽轮机油的燃点低，容易造成火灾。因此，在现代大容量机组中，普遍采用抗燃油作为汽轮发电机组调节系统的介质。抗燃油的自燃点较高，即使落在炽热高温蒸汽管道表面也不会燃烧起来。抗燃油还具有火焰不能维持及传播的可能性，从而大大减小了火灾对电厂威胁。

抗燃油的最大特点是具有抗燃性，缺点是有一定的毒性，价格昂贵，黏温特性差（即温度对黏性的影响大）。所以一般将调节系统与润滑系统分成两个独立的系统，调节系统用高压抗燃油，润滑系统用普通汽轮机油。

第三节　电气设备及系统

21. 什么是电气主接线？什么是电气主接线图？

答： 电气主接线主要是指在发电厂、变电站、电力系统中，为满足预定的功率传送和运行等要求而设计的，表明高压电气设备之间相互连接关系的传送电能的电路。电路中的高压电气设备包括发电机、变压器、母线、断路器、隔离开关、线路等。它们的连接方式对供电可靠性、运行灵活性及经济合理性等起着决定性作用。在研究主接线方案和运行方式时，为了清晰和方便，通常将三相电路图描绘成单线图。在绘制主接线全图时，将互感器、避雷器、电容器、中性点设备，以及载波通信用的通道加工元件（也称高频阻波器）等也表示出来。

电气主接线图又称电气一次接线图。对一个电厂而言，电气主接线在电厂设计时就根据机组容量、电厂规模及电厂在电力系统中的地位等，从供电的可靠性、运行的灵活性和方便性、经济性、发展和扩建的可能性等方面，经综合比较后确定。它的接线方式能反映正常和事故情况下的供送电情况。

22. 电气一次设备有哪些？

答： 电气一次设备是指在发电厂和变电站中，直接用于生产、变换、输送、疏导、分配和使用电能的电气设备。电气一次设备包括：

（1）生产和转换电能的设备。如将机械能转换成电能的发电机，变换电压、传输电能的变压器等。

（2）接通或断开电路的开关设备。如高压断路器、隔离开关、熔断器、重合器等。

（3）载流导体。如母线、电缆等，用于按照一定的要求把各种电气设备连接起来，组成传输和分配电能的电路。

（4）互感器。互感器分为电压互感器和电流互感器，分别将一次侧的高电压或大电流变为二次侧的低电压或小电流，以供给二次回路的测量仪表和继电器。

（5）保护电器。如限制短路电流的电抗器和防御过电压的避雷器等。

（6）接地装置。埋入地下的金属接地体（或连成接地网）。

23. 电气二次设备有哪些？

答：电气二次设备是指在变电站或电厂中，用于对电气一次设备和系统的运行状况进行测量、控制、保护和监察的设备。电气二次设备主要包括：仪表，控制和信号元件，继电保护装置，操作、信号电源回路，控制电缆及连接导线，发出声响的信号元件，接线端子排及熔断器等。具体如下：

（1）计量表计。如电压表、电流表、功率表、电能表、频率表等，用于测量一次电路中的电气参数。

（2）继电保护及自动装置。如各种继电器和自动装置等，用于监视一次系统的运行状况，迅速反应不正常情况并进行调节，或作用于断路器跳闸，切除故障。

（3）直流设备。如直流发电机、蓄电池组、晶闸管整流装置等，为保护、控制和事故照明等提供直流电源。

24. 接地如何分类？有什么特点？

答：电气设备的某个部分与大地之间作良好的电气连接称为接地。与大地土壤直接接触的金属导体或金属导体组称为接地体；连接电气设备应接地部分与接地体的金属导体称为接地线；接地体和接地线统称为接地装置。电气设备接地的目的主要是保护人身和设备的安全，所有电气设备应按规定进行可靠接地。按接地的作用分有保护接地和工作接地两种。

（1）为了保证人身安全，避免发生人体触电事故，将电气设备的金属外壳与接地装置连接的方式称为保护接地。当人体触及外壳已带电的电气设备时，由于接地体的接触电阻远小于人体电阻，绝大部分电流经接地体进入大地，只有很小部分流过人体，不致对人的生命造成危害。

（2）为了保证电气设备在正常和事故情况下可靠地工作而进行的接地称为工作接地，如中性点直接接地和间接接地，以及中性线的重复接地、防雷接地等都是工作接地。

25. 什么是功率因数？提高功率因数的意义是什么？提高功率因数的措施有哪些？

答：功率因数也叫力率，是有功功率与视在功率的比值，用 $\cos\phi$ 来表示。在一定额定电压和额定电流下，功率因数越高，有功功率所占的比重越大，反之比重越小。

提高功率因数的意义主要是因为在发电机的额定电压、额定电流一定时，发电机的容量即为其视在功率。如果发电机在额定容量下运行，输出有功功率的大小取决于负荷的功率因数。功率因数越低，发电机输出的有功功率越低，其容量得不到充分利用。功率因数低，会在输电线路上引起较大的电压降和功率损耗。故当输电线输出功率 P 一定时，线路中电流与功率因数成反比。即当功率因素低时，电流就会增大，在输电线阻抗上压降增大，使负荷端电压过低，严重时会影响设备正常运行，使用户无法用电。此外，阻抗上消耗的功率与电流平方成正比，电流增大要引起电能损耗增大。

要提高功率因数，应合理地选择和使用电气设备。用户安装并联补偿电容器或静止补偿器等设备，能够有效提高功率因数，使电路中总的无功功率减少。用户的同步电动机可以提高功率因数，甚至可以使功率因数为负值，即进相运行；而感应电动机的功率因数很低，尤其是空载和轻载运行时，所以应该避免感应电动机空载和轻载运行。

26. 电厂厂用电有哪些作用？基本分类是什么？

答：发电厂在电力生产过程中，有大量以电动机拖动的机械设备，用以保证主要设备（锅炉、汽轮机、发电机等）和辅助设备的正常运行。这些电动机以及全厂的运行操作、试验、修配、照明、检修等用电设备的总耗电量，统称为厂用电。厂用电系统是指由机组高、低压厂用变压器和停机/检修变压器及其供电网络与厂用负荷组成的系统。供电范围包括主厂房内厂用负荷、输煤系统、脱硫系统、除灰系统、水处理系统、循环水系统等。

发电厂厂用负荷按其重要性可分为以下五类。

（1）Ⅰ类负荷。应由两个独立电源提供，当一个电源消失后，另一个电源应立即自动投入继续供电。为此，Ⅰ类负荷的电源应配置备用电源自动投入装置，除此之外，还用保证Ⅰ类负荷电动机能自启动。

（2）Ⅱ类负荷。应由两个独立电源供电，一般备用电源采用手动切换方式投入。

（3）Ⅲ类负荷。一般由一个电源供电。

（4）不停电负荷。首先要具备快速切换特性（切换时交流侧的断电时间要求小于5ms），其次是要求正常运行时不停电电源与电网隔离，并且具有恒频恒压源特性。不停电负荷一般由接于蓄电池组的逆变电源装置供电。

（5）事故保安负荷。该类负荷是指在停机过程中及停机后一段时间内应保证供电的负荷。该类负荷对于机组设备安全有着重要的意义。

1）直流保安负荷。包括汽轮机直流润滑油泵、发动机氢密封直流油泵、事故照明等。直流保安负荷自始至终由蓄电池组供电。

2）交流保安负荷。包括顶轴油泵、交流润滑油泵、功率为200MW及以上机组的盘车电动机等。交流保安负荷平时由交流厂用电供电，一旦失去交流电源，要求交流保安电源供电。交流保安电源可采用快速启动的柴油发电机组供电，该机组应能自动投入（一快速启动的柴油发电机组恢复供电需要10～20s），也可由系统变电站架设10kV专线供电。

27. 发电厂保证厂用电可靠性的措施主要有哪些?

答：单元机组厂用电是重要负荷，除由工作电源供电外，还应有备用电源。当工作电源故障时，备用电源应自动投入。若装置或开关未动作应手动强送（按规程规定执行）。若厂用母线出现永久故障或开关拒动，则会发生厂用电中断事故。如果某一段厂用电中断，机、炉人员应立即启动备用设备，必要时投油助燃；同时应注意降低机组负荷，保持汽温、汽压稳定；注意油系统油压，及时启动备用油泵；防止失电水泵倒转，保证锅炉正常供水等。如果厂用电全部中断，机、炉设备不能维持运行，应按故障停机处理。一旦厂用电恢复应迅速启动辅机，重新点火启动，及时冲转并网。

发电厂保证厂用电可靠性的措施主要有以下几方面：

（1）发电机出口引出厂用高压变压器，作为机组正常运行时该机组的厂用电源，并可做其他厂用电的备用；作为火电机组，只要机组不跳闸，就不会失去厂用电。

（2）装设专用的备用厂用高压变压器，即直接从电厂母线接入备用厂用电源，或从三绕组变压器低压侧接入备用电源。母线不停电，就不会失去厂用电。

（3）通过外来电源接入厂用电。

（4）电厂装设小型发电机（如柴油发电机）提供厂用电，直流部分通过蓄电池供电。

（5）为确保厂用电的安全，厂用电部分应设计合理，厂用电应分段供电，并互为备用（可在分段断路器上加装备自投装置）。

28. 大型发电机的冷却方式是什么？有什么特点？

答：当前的大型发电机，均采用水—氢—氢冷却方式。该冷却方式根据不同生产厂商，在结构上有所区别，但主要都是定子绕组水内冷、转子氢内冷、定子铁芯氢冷。本书以 1000MW 汽轮发电机组为例作一个简单的说明。

（1）定子绕组水内冷。定子线棒由若干空心导体和实心铜线组成。空心导体，有的公司采用不锈钢（只是导热），有的公司则采用既导电又导热的空心铜线。

（2）定子铁芯氢气冷却。其冷却方式与转子的冷却方式和定子内部采用气隙隔板的形式有关，铁芯的冷却风道与转子冷却风道相对应。

（3）转子氢气内冷大致分为以下三种冷却方式。

1）气隙取气冷却。日立公司、东芝公司、哈尔滨电机有限公司和东方电机有限公司等公司采用该冷却方式，将转子分成冷、热各若干风区，相互间隔，对转子冷却效果良好，温度分布均匀。

2）轴向通风冷却。西门子、三菱等公司采用该冷却方式。在汽轮机端装有多级高压风扇，风扇将热风从间隙中抽出，然后通过冷却器冷却，冷却后的冷风分成若干路分别进入转子内、定子铁芯通风道和端部。

3）轴/径向通风冷却。定子铁芯有径向通风道，转子槽底有副槽。转子绕组开有径向通风孔，氢气直接冷却，转子两端有风扇向里压风。

29. 什么是发电机的密封油系统？

答：发电机转轴和端盖之间的密封装置称为轴封，作用是防止外界气体进入电机内部或阻止氢气从机内漏出，以保证电机内部气体的纯度和压力不变。氢冷发电机都采用油封，为此需要一套供油系统，称为密封油系统。密封油控制系统正常运行时，空侧和氢侧两路密封油分别循环通过发电机密封瓦的空、氢侧环形油室，形成对机内氢气的密封作用。除此之外，密封油对于密封瓦还具有润滑和冷却作用。

密封油控制系统在正常运行时应注意以下事项：

（1）当发电机内充有氢气或主轴正在转动时，必须保持轴密封瓦外处的密封油压。

（2）当发电机内的氢压变化时，空侧密封油泵或空侧直流备用泵将保持密封油压高于氢压 0.084MPa；汽轮机备用油源将保持密封油压高于氢压 0.056MPa。

（3）密封油冷却器出口油温应保持在 40～49℃。

（4）发电机充氢后，空侧回油密封箱上的排烟机应连续运行，排出端盖及轴承回油系统中的烟气。

（5）发电机能在氢侧密封油泵不供油的紧急情况下继续运行，但发电机的氢气消耗量将有较大的增加。

（6）在汽轮机主油箱停止供油前应先置换发电机内的氢气。

30. 大型发电机的励磁系统有哪两种方式？各有什么特点？

答： 励磁系统是发电机组的主要组成部分，其性能直接影响到发电机组的运行水平。目前，大型发电机组主要采用以下两种励磁方式：

（1）无刷励磁系统。无刷励磁系统的特点是主、副励磁机和整流装置与发电机转子同轴旋转，无滑环和碳刷。主励磁机发出的交流电流经旋转整流器整流后，直接供发电机转子绕组励磁，励磁回路中无灭磁装置和开关，靠自然灭磁。因此，灭磁时间比其他励磁方式的灭磁时间长。其最大优点是无碳刷、滑环，运行中不会产生火花、碳粉，运行安全，维护工作量小。缺点是无法直接测量励磁电流，无法直接灭磁，调节速度慢，动态性能较差。西门子公司（包括上海汽轮发电机有限公司）采用过该励磁方式。

（2）自并励励磁系统。自并励励磁系统由励磁变压器、灭磁回路、晶闸管整流器、自动励磁电压调节器（AVR）、灭磁与过电压保护装置和启励装置等组成。励磁变压器的一次侧接到发电机机端，二次侧接到整流装置，经晶闸管整流器整流后供发电机转子绕组励磁。这种励磁系统的特点是无旋转的主、副励磁机，但需要滑环、碳刷和灭磁开关。

第二章

单元机组原理、形式及结构

第一节 单元制发电机组基本结构

31. 单元发电机组的基本结构是什么？

答： 现代大容量机组一般均采用蒸汽中间再热方式，中间再热机组必须采用单元制。即每台锅炉直接向所配的一台汽轮机供汽，汽轮机驱动发电机，发电机发出的电功率直接经一台升压变压器送往电网，组成了炉—机—电纵向联系的独立发电单元，称为单元发电机组，简称单元机组。各独立单元之间没有大的横向联系，在机组正常运行时，本单元所需要的蒸汽和厂用电均取自本单元。

单元机组系统简单，管道短，发电机电压母线短，管道附件少，发电机电压回路的开关电器少，投资最为节省，系统本身事故的可能性也最小，操作方便，便于滑参数启、停，适合炉、机、电集中控制。单元制系统的缺点是其中任一主要设备发生故障时，整个单元都要被迫停止运行，相邻单元之间不能互相支援，机炉之间也不能切换运行，运行的灵活性较差。通常，火力发电机组在设计时，两台以上机组为一个基本规模。当系统频率发生变化时，单元机组由于锅炉的热惯性大，没有母管的蒸汽容积可利用，锅炉调节反应周期较长，会引起汽轮机入口汽压波动，故对负荷变化的适应性相对较差。

32. 什么是单元机组集控运行?

答:单元机组的炉、机、电纵向联系相当密切,构成了一个不可分割的整体。因此在单元机组的运行中,必须把炉、机、电看成一个独立的整体来进行监视和控制,这就是所谓的单元机组集控运行。

集控运行的控制对象一般包括:锅炉及燃料供应系统、给水除氧系统、汽轮机及其冷却系统、抽汽回热加热系统、凝结水系统、润滑油系统发电机—变压器组系统、高、低压厂用电及直流电源系统等。升压母线及送出线电气系统视具体情况可在集控室内控制或另设网控室控制。单元机组采用集控后,全厂公用系统如水处理系统、燃料运输系统等仍采用就地控制或车间集中控制。

单元机组集中控制便于运行管理和统一指挥,利于协调操作,因此有利于机组的安全和经济运行。单元机组集中控制不仅要分别考虑锅炉、汽轮机、电气等各专业的特殊要求,同时也需综合、全面地考虑它们之间的联系,以便完成对单元机组总体的监视与控制。因此,单元机组集中控制技术远比母管制小机组复杂。为了适应这种情况,要求集控运行人员在炉、机、电、化学、热控等各个专业方面有更高的技术水平。集控运行是在集控室集中控制机、炉、电的运行。

33. 单元机组集控运行有哪些工作内容?

答:现在大型机组均采用单元制发电,在控制室内,经少量运行人员在就地配合,安全、可靠、经济地对机组实现启动、停运。在正常运行时,对设备的运行进行监视、控制、维护,以及对有关参数进行调整。

单元机组集控运行能够在事故状态下,自动进行紧急处理。具体内容如下:

(1)自动检测。自动地检查和测量反映单元机组运行情况的各种参数和工作状态,监视单元机组运行的生产情况和趋势。在分散控制系统 DCS 中，通常称自动检测为 DAS。

（2）自动调节。自动地维持单元机组在规定的工况下安全、经济地运行。在 DCS 中通常称为 CCS。

（3）程序控制。根据值班员的指令，自动完成整个机组或局部工艺系统的程序启停。在 DCS 中，通常称为 SCS。

（4）自动保护。锅炉保护系统通常为炉膛安全监测系统 FSSS，汽轮机保护则依靠汽轮机保护系统 ETS。当机组运行情况出现异常或参数超过允许值时，及时发出报警信号或进行必要的动作，以避免发生设备事故和危及人身安全。

34. 单元机组负荷控制有什么特点？

答：随着大容量机组在电网中的比例不断增大，以及因电网用电结构变化引起的负荷峰谷差逐步加大，大容量单元机组的运行方式也逐步发生变化。过去常常只带固定负荷的大机组，现在也需要根据电网调度中心的负荷需求指令和电网的频率偏差参与电网的调峰、调频，甚至在机组的某些主要辅机局部故障的情况下，仍然维持机组的运行。

在单元制运行方式中，锅炉和汽轮发电机既要共同保障外部负荷要求，也要共同维持内部运行参数（主要是主蒸汽压力）稳定。单元机组输出的实际电功率与负荷要求是否一致，反映了机组与外部电网之间能量的供求平衡关系；而主蒸汽压力则反映了机组内部锅炉与汽轮发电机之间能量的供求平衡关系。然而，锅炉和汽轮发电机的动态特性存在着很大差异，即汽轮发电机对负荷请求响应快，锅炉对负荷请求的响应慢，所以单元机组内外两个能量供求平衡关系相互制约，外部负荷响应性能与内部运行参数稳定性之间存在矛盾，这是单元机组负荷控制最主要的特点。

35. 机组的负荷调节能力与哪些因素有关？

答：单元发电机组具有较强的负荷调节能力，与较多的因素有关，通常与下列主要因素有着密切的关系：

（1）机组对负荷变化率的限制。机组最大允许的负荷变化率一般为 3%/min，在低负荷时允许的负荷变化率还要小。对于汽包炉，在正常的机组调峰范围内，变负荷影响最大的是汽包的热应力。一般汽包的温度变化速度不能超过 2℃/min，由于汽包内工质处于饱和状态，汽包的温度随汽包压力同步变化。根据计算，当汽包压力为 17.8MPa 时，汽压允许变化速度为 0.425MPa/min；当汽包压力为 12.2MPa 时，汽压允许变化速度为 0.32MPa/min。这是汽轮机调门变化不能变化太快的原因。对于直流炉，变负荷影响最大的是分离器和联箱处的热应力。

（2）滑压运行方式下机组的负荷调节能力。大型燃煤机组采用复合滑压运行，在 70% 以上负荷时，采用定压运行；在 30%～70% 负荷时，采用滑压运行；在 30% 以下负荷时，采用定压运行。调门一般保持在较大开度上，但为了快速响应加负荷要求和机组安全要求，调门应保留一定的节流作用。

36. 负荷变化要求汽轮机和锅炉具有怎样的响应特性？

答：汽轮发电机的热能转换成机械能和机械能转换成电能都是非常快的过程，由于汽轮机的机械能无法直接测量，一般用发电量表示汽轮发电机的输出。机组的电负荷可由汽轮机调门控制，调门开度增大，蒸汽量增加，电负荷增加，同时过热蒸汽的压力降低；调门开度减小，蒸汽量减少，电负荷减少，同时过热蒸汽的压力升高。调门及其驱动装置的性能对机组的负荷调节性能是非常重要的，目前大机组的调门一般由高压抗燃油的 DEH 控制，有较好的控制性能。

机组蒸汽负荷通常用蒸汽内能来表示，机组电负荷的变化最终反应为锅炉燃烧调节。锅炉汽包、联箱、容器和管道内的水和蒸汽的内能（称为蓄热）在蒸汽压力变化时会发生变化，这是汽轮机调节开度变化引起负荷变化的原因。锅炉的蓄热能力可以通过汽轮机调门的阶跃扰动试验测得。试验时，保持锅炉燃烧率（燃料量和风量）不变，阶跃（快速）改变汽轮机调门开度，记录电负荷和主蒸汽压力的变化。当汽轮机调门开大时，主蒸汽流量增加，主蒸汽压力下降，机组释放出蓄热，电负荷快速增加到最高值；但由于锅炉热负荷本质上没变，尽管主蒸汽流量增加，但由于压力下降，蒸汽的比焓下降，电负荷又慢慢减小；当主蒸汽压力降到最低点时，电负荷又回到原值。同理，当汽轮机调门关时，主蒸汽流量减小，主蒸汽压力上升，机组聚集蓄热，负荷快速减小到最低值，然后慢慢增加，当压力上升至最高值时，负荷回到原值。从锅炉蓄热试验中可知，当调门变化时，即使燃烧率不变，锅炉的蓄热也能使负荷快速变化，并保持一段时间。

37. 锅炉汽水系统的负荷影响与哪些因素有关？

答：锅炉汽水系统包括炉膛中的水冷壁、烟道中的过热器、再热器、省煤器等，以及受热部分，不包括汽包（汽包炉）或汽水分离器（直流炉）等。进入锅炉的水通过这些受热面吸收高温烟气的热量，形成高温高压过热蒸汽和再热蒸汽。锅内介质（水和汽）对高温烟气的吸热是一个传热过程，也是一个能量转变的过程。

汽包炉和直流炉由于汽水系统不同，蒸汽热负荷对炉内热负荷的响应特性有所差别，另外二者的运行要求也有较大的区别。

在汽包炉中，给水经省煤器加热后进入汽包，并在水冷壁内循环吸收炉膛的热量，使水变成饱和蒸汽，并在汽包内分离，汽包的饱和蒸汽进入过热器，吸收烟气的热量，变成高温高压的过热蒸汽。对于汽包炉，要求给水量快速跟随蒸汽量变化，维持汽包水位。锅炉的蒸发量主要取决于燃烧率，与给水量没有直接关系，所以汽包炉的蒸汽热负荷简化为仅与燃烧有关。

直流炉在启动或较低负荷运行时，其运行方式和汽包炉相似，用分离器来分离汽水。在正常运行时，分离器不起作用或作为一个联箱，给水经省煤器、水冷壁、过热器，直接变成高温高压的过热蒸汽。直流炉对蒸汽饱和点的控制要求很高，一般要求蒸汽在分离器入口达至饱和并有一定的过热度，这就要求给水量与燃烧率有良好的配比（煤/水比），要求给水量与燃烧率同步变化，否则汽水系统的平衡会破坏，影响机组的安全运行，所以蒸汽热负荷也可认为仅与燃烧有关。尽管直流炉的蒸汽热负荷对给水量变化有较快的响应，但由于要确保煤/水比，一般不采用给水量快速变化来提高负荷变化速度。直流炉有最低给水流量的要求，在低负荷时，如锅炉指令有较大幅度变化，很容易引起锅炉因断水而 MFT 动作。

锅炉有蓄热特性，即由于蒸汽压力变化，使锅炉内蒸汽的内能发生变化，汽包炉的蓄热量也要比直流炉大。由于汽包的存在，蒸汽热负荷对炉内热负荷的响应延迟增加。

38. 在采用发电机—变压器组单元接线的系统中，集控电气运行应特别注意哪些问题？

答：在发电机—变压器组单元接线系统中，发电机出口直接从主变压器低压侧引出，而且高压厂用变压器与主变压器和发电机之间一般都是通过封闭母线直接相连的，中间没有断路器，因此在集控电气运行中应特别注意下列问题：

（1）发电机、主变压器、高压厂用变压器必须整套启动。也就是在正常情况下，单元机组启动前，这三者必须同时具备启动条件。在正常运行过程中，只要有一个设备发生故障时，整个发发电机—变压器组单元都须停运。

（2）由于高压厂用电是从发电机出口直接抽取的，故在启、停机过程中，要进行高压厂用母线电源的切换操作。即在单元机组正常启动过程中，当负荷升到额定值的 30% 左右时，要将高压厂用母线的电源由启动备用变压器供电切换到高压厂用变压器供电；在解列停机过程中，当负荷减至额定值的 30% 左右时，要将高压厂用母线的供电电源由高压厂用变压器切换到启动备用变压器电源。同时，厂用电的事故切换也较复杂。

（3）若封闭母线内发生短路故障，即便发电机—变压器组断路器、灭磁断路器和工作分支开关全部跳闸，在灭磁尚未完成的时间内，发电机将一直向故障点供应短路电流，可能使事故扩大。

第二节　单元机组协调控制

39. 单元机组协调控制系统的主要任务有哪些?

答: 单元机组协调控制系统 (Coordinated Control System, CCS) 是根据单元机组的负荷控制特点, 为解决负荷控制中的内外两个能量供求平衡关系而提出的一种控制系统。从广义上讲, CCS 是单元机组的负荷控制系统。它把锅炉和汽轮发电机作为一个整体进行综合控制, 使其同时按照电网负荷需求指令和内部主要运行参数的偏差要求协调运行, 即保证单元机组对外具有较快的功率响应和一定的调频能力, 对内维持主蒸汽压力偏差在允许范围内。协调控制系统的主要任务如下:

(1) 接受电网调度中心的负荷自动调度指令、运行操作人员的负荷给定指令和电网频差信号, 及时响应负荷请求, 使机组具有一定的电网调峰、调频能力, 适应电网负荷变化的需要。

(2) 协调锅炉、汽轮发电机的运行, 在负荷变化率较大时, 能维持二者之间的能量平衡, 保证主蒸汽压力稳定。

(3) 协调机组内部各子控制系统 (燃料、送风、炉膛压力、给水、汽温等控制系统) 的控制作用, 使机组在负荷变化过程中主要运行参数在允许的工作范围内, 以确保机组有较高的效率和可靠的安全性。

(4) 协调外部负荷请求和主/辅设备实际能力的关系。在机组主/辅设备能力受到限制的异常情况下, 能根据实际可能, 限制或强迫改变机组负荷。这是协调控制系统的连锁保护功能。

40. 单元机组协调控制有哪些基本操作要求?

答: 单元机组协调控制系统把锅炉和汽轮发电机组作为一个整体进行控制, 采用了递阶控制系统结构, 把自动调节、逻辑控制、连锁保护等功能有机地结合在一起, 构成一个具有多种控制功能, 满足不同运行方式和不同工况下控制要求的综合控制系统。

协调控制系统的关键在于处理机组的负荷适应性与运行的稳定性这一矛盾。既要控制汽轮机充分利用锅炉蓄能，满足机组负荷要求；又要动态超调锅炉的能量输入，补偿锅炉蓄能，要求既快又稳。

协调控制系统需要根据负荷调度指令进行负荷管理，消除运行时机、炉间的各种扰动，协调控制锅炉的燃烧控制、给水控制、汽温控制与辅助控制子系统，保持锅炉、汽轮机之间的能量平衡，并在机组主、辅机设备的能力受到限制的异常工况下进行连锁保护。

根据被控对象动态特性的分析可知，从锅炉燃烧率（及相应的给水流量）改变到引起机组输出电功率变化，其过程有较大的惯性和迟延，如果只依靠锅炉侧的控制，必然不能获得迅速的负荷响应。而汽轮机进汽调节阀动作可使机组释放（或储存）锅炉的部分能量，输出电功率暂时有较迅速的响应。因此，为提高机组的响应性能，可在保证安全运行（即主蒸汽压力在允许范围内变化）的前提下，充分利用锅炉的蓄热能力。也就是在负荷变动时，通过汽轮机进汽调节阀的适当动作，允许汽压有一定波动而释放或吸收部分蓄能，加快机组初期负荷的响应速度。与此同时，根据外部负荷请求指令加强对锅炉侧燃烧率（及相应的给水流量）的控制，及时恢复蓄能，使锅炉蒸发量保持与机组负荷一致，这就是负荷控制的基本原则，也是机炉协调控制的基本要求。

41. 在锅炉跟随为基础的协调控制方式上，机组是如何响应的？

答：锅炉跟随为基础的协调控制方式简称 BFCC，是让汽轮机侧的控制配合锅炉侧控制主蒸汽压力的一种协调控制方式。BFCC 是以降低负荷响应性能为代价来换取汽压控制质量提高的，或者说是通过抑制汽轮机侧的负荷响应速度，使机炉之间的动作达到协调的，其结果兼顾了负荷响应和汽压稳定两方面的控制质量。

汽轮机主控制器接受机组负荷指令（功率给定值 P_0）与机组实发功率反馈信号 P_E。当负荷指令 P_0 改变时，汽轮机主控制器立即根据负荷偏差 $\Delta P = P_0 - P_E$，改变进入汽轮机子控制系统（即 DEH 系统）的负荷指令 P_T，进而改变进汽调节阀的开度 μ_T 以及进汽流量，使发电机输出的电功率 P_E 迅速与机组负荷指令 P_0 趋于一致，满足负荷的需求。

锅炉主控制器接受主蒸汽压力的给定值 p_0 和机前实际主蒸汽压力的反馈信号 p_T。当汽轮机侧调负荷或其他原因引起主蒸汽压力 p_T 变化时，锅炉主控制器根据汽压偏差 $\Delta p = p_0 - p_T$，改变锅炉子控制系统的负荷指令 P_B，从而改变锅炉的燃烧率（及相应的给水流量等），以补偿锅炉蓄能的变化，尽力维持主蒸汽压力 p_T 的稳定。

由于汽轮机侧响应负荷指令 P_0 的速度比较快，即在负荷指令 P_0 改变时，通过改变进汽调节阀的开度 μ_T，可充分利用锅炉的蓄能，使机组的实发功率 P_E 作出快速响应。此时，势必引起主蒸汽压力 p_T 较大的变化。尽管锅炉侧的控制可根据主蒸汽压力的偏差来补偿锅炉蓄能的变化，但由于主蒸汽压力对燃烧率的响应存在较大的惯性，仍然会使主蒸汽压力出现较大的暂态偏差。为减小主蒸汽压力在负荷过程中的波动，可将主蒸汽压力偏差 Δp 信号引入汽轮机侧的控制之中，以此限制汽轮机进汽调节阀的开度变化，以防止过度利用锅炉蓄能，从而减小了 p_T 的动态变化。

以上利用 Δp 对汽轮机进汽调节阀的限制作用，可减缓汽压的急剧变化，但同时减缓了机组对负荷的响应速度。

42. 在汽轮机跟随为基础的协调控制方式下，机组是如何响应的？

答：汽轮机跟随为基础的协调控制方式简称 TFCC，是让汽轮机侧的控制配合锅炉侧控制 P_E 的一种协调控制方式。TFCC 是以加大汽压动态偏差为代价来换取负荷响应速度提高的。由于该协调控制方式直接由负荷指令控制燃烧率，可以说它是通过加快锅炉侧的负荷响应速度，使机炉之间的动作达到协调的。其结果同样兼顾了负荷响应和汽压稳定两个方面的控制质量。

锅炉主控制器接受机组负荷指令（功率给定值）P_0 和机组实发功率反馈信号 P_E；当负荷指令 P_0 改变时，锅炉主控制器根据负荷偏差 $\Delta P = P_0 - P_E$，改变锅炉子控制系统指令 P_B，从而改变锅炉的燃烧率（及相应的给水流量等），以适应负荷的能量需求。

汽轮机主控制器接受主蒸汽压力的给定值 p_0 和机前实际主蒸汽压力反馈信号 p_T，当锅炉侧调负荷或其他原因引起主蒸汽压力 p_T 变化时，汽轮机主控制器根据汽压偏差 $\Delta p = p_0 - p_T$，改变汽轮机子控制系统的负荷指令 P_T，从而改变进汽调节阀的开度 μ_T 及进汽流量，以维持主蒸汽压力 p_T 的稳定。

由于锅炉侧主蒸汽压力对燃烧率的响应缓慢，在负荷指令 P_0 改变时，通过改变燃烧率并不能马上转化为适应负荷需求的蒸汽能量，即不能马上在 Δp 变化上体现出负荷需求。显然，汽轮机侧根据 Δp 不能及时控制输出电功率 P_E 与 P_0 相适应。为提高机组的负荷响应能力，可将负荷偏差信号 ΔP 引入汽轮机侧的控制之中，以此改变汽轮机进汽阀的开度，在锅炉侧响应负荷的迟缓过程中，暂时利用蓄能使机组迅速作出负荷响应。

以上 ΔP 及时改变汽轮机进汽调节阀开度的作用，可提高机组的负荷响应能力，但同时会引时主蒸汽压力较大的动态偏差。

43. 什么是机组的综合型协调控制方式？

答：该控制方式是在 BFCC 和 TFCC 上，综合两种协调控制方式而形成的。在锅炉跟随为基础或汽轮机跟随为基础的协调控制方式中，只有一个被控量是通过两个控制变量的协调操作来加以控制的，而另一个被控量是单独由一个控制变量来控制的，因而，它们只是实现了"单向"协调。"单向"协调控制在负荷的响应过程中，机组或机炉之间的能量供求仍存在较大的动态失衡现象。为避免这一问题，综合协调控制方式采用的是"双向"协调，即任一被控量都是通过两个控制变量的协调操作加以控制的。

当负荷指令 P_0 改变时，机、炉主控制器同时对汽轮机侧和锅炉侧发出负荷控制指令，改变燃烧率（及相应的给水流量等）和汽轮机进汽调节阀开度。一方面利用蓄能暂时满足负荷请求，快速响应负荷；另一方面改变进入锅炉的能量，以保持机组输入能量与输出能量的平衡。

当主蒸汽压力产生偏差时，机、炉主控制器对锅炉侧和汽轮机侧同时进行操作。一方面加强锅炉燃烧率的控制作用，补偿蓄能的变化；另一方面适当限制汽轮机进汽调节阀的开度，控制蒸汽流量，维持主蒸汽压力稳定，以保证机、炉之间的能量平衡。

由此可见，综合型协调控制方式能较好地保持机组内、外两个能量供求的平衡关系，既具有较好的负荷适应性能，又具有良好的汽压控制性能，是一种较为合理和完善的协调控制方式，但系统结构比较复杂。

44. 单元机组协调控制系统有哪些基本组成部件？

答：单元机组协调控制系统是由负荷管理控制中心、机炉主控制器和相关的锅炉、汽轮机子控制系统所组成。

负荷管理控制中心的主要作用是对机组的各负荷请求指令（电网调度中心负荷自动调度指令，运行操作人员设定的负荷指令）进行选择和处理，并与电网频率偏差信号 Δf 一起，形成机组主/辅设备负荷能力和安全运行所能接受的，具有一次调频能力的机组负荷指令 P_0。P_0 作为机组实发电功率的给定值信号，送入机炉主控制器。

机炉主控制器的主要作用是接受负荷指令 P_0、实际电功率 P_E、主蒸汽压力给定值 p_0 和实际主蒸汽压力 p_T 等信号；根据机组当前的运行条件及要求，选择合适的负荷控制方式；根据机组的功率（负荷）偏差 $\Delta P = P_0 - P_E$ 和主蒸汽压力偏差 $\Delta p = p_0 - p_T$

进行控制运算，分别产生锅炉负荷指令（锅炉主控制指令）P_B 和汽轮机负荷指令（汽轮机主控制指令）P_T。P_T、P_B 作为机炉协调动作的指挥信号，分别送往锅炉和汽轮机有关子控制系统。

机、炉的各有关子控制系统，是对锅炉、汽轮机实现常规控制的有关系统，它们包括：燃料量控制系统、送风量控制系统、炉膛压力控制系统、一次风压控制系统、二次风量控制系统、过热汽温控制系统、再热汽温控制系统、给水（汽包水位）控制系统、燃油压力控制系统、除氧器的水位和压力控制系统、凝汽器的水位和再循环流量控制系统、直吹式磨煤机（一次风量、出口温度、给煤量）控制系统、发电机氢气冷却控制系统、锅炉连续排污控制系统、电动泵的密封水差压和再循环流量控制系统、汽动泵的密封水差压和再循环流量控制系统，以及协调控制系统的支持系统——炉膛安全监控系统（FSSS）和汽轮机数字电液控制系统（DEH）等。这些系统对机、炉主控制指令 P_T、P_B 来说，相当于伺服（随动）系统，它们根据 P_T、P_B 指令，控制锅炉的燃烧率和汽轮机进汽调节阀的开度，维持机炉的能量平衡和参数稳定，保证机组运行的安全性和经济性。

负荷管理控制中心和机炉主控制器是机组控制的协调级，起上位控制的作用，是协调控制系统的核心，有时将其直接称为协调控制系统；而锅炉、汽轮机各子控制系统是机组控制的基础级（直接控制级），起最基本最直接的控制作用，它们的控制质量将直接影响负荷控制质量。因此，只有在组织好各子控制系统，并保证其具备较高控制质量的前提下，才有可能组织好协调控制，并使之达到所要求的负荷控制质量。

第三节　超临界机组控制特点

45. 超临界火电机组的控制有哪些特点？

答： 变压运行的超临界压力锅炉压力随机组负荷变化而变化，不需用汽轮机调节门控制机组负荷，而且部分负荷运行时，由于蒸汽容积流量变化小，能保持较高的汽轮机效率，并通过改善锅炉过热器和再热器的流量分配，提高机组效率。相对于亚临界参数机组，超临界火电机组具有以下特点：

（1）比同容量亚临界火电机组热效率高、热耗低。亚临界机组（16～17MPa、538/538℃）净效率约为37%～38%，煤耗为330～350g；超临界机组（24～28MPa、538/538℃）净效率约为40%～41%，煤耗为310～320g；超超临界机组（30MPa以上、566/566℃）净效率约为44%～46%，煤耗为280～300g。目前，世界上先进的超临界机组效率已达到47%～49%。故可节约燃料，降低能源消耗和大气污染物的排放。

（2）机组采用超临界压力时，水和蒸汽比体积相同，状态相似，单相的流动特性稳定，没有汽水分层和在中间联箱处分配不均的困难，并不需要像亚临界压力锅炉那样用复杂的分配系统来保证良好的汽水混合，回路比较简单。

（3）超临界锅炉水冷壁管道内单相流体阻力比亚临界汽包炉双相流体阻力低。

（4）超临界压力下工质的导热系数和比热较亚临界压力高。

（5）超临界压力工质的比体积和流量较亚临界压力工质小，故锅炉水冷壁管内径较小，汽轮机的叶片可以缩短，汽缸可以变小，降低了质量与成本。

（6）超临界压力直流锅炉没有大直径厚壁的汽包和下降管，制造时不需要大型卷板机和锻压机等机械，制造、安装、运输方便。同时取消汽包而采用汽水分离器，汽水分离器远比亚临界锅炉的汽包小，内部装置简单，制造工艺也相对容易，相应地降低了成本。

（7）启动、停炉快。超临界压力直流锅炉不存在汽包上下壁温差等安全问题，而且其金属质量和储水量小，因而锅炉的储热能力差，所以其增减负荷允许的速度快，启动、停炉时间可大大缩短。一般在较高负荷（80%～100%）时，其负荷变动率可达10%/min。

（8）超临界压力锅炉适宜于变压运行。

（9）超临界锅炉机组的水质要求较高，使水处理设备费用增加。例如蒸汽中铜、铁和二氧化硅等固形物的溶解度是随着蒸汽比重的减小而增大的，因而在超临界压力下，即使温度不高，铜、铁和二氧化硅等的溶解度也很高。为防止这些杂质在锅炉蒸发受热面及汽轮机叶片上结垢，超临界锅炉需 100％的凝结水精处理，除盐除铁。

超临界机组的效率高，但是由于其没有汽包，蓄热特性不及汽包炉，外界负荷变动时，汽温、汽压变化快，必须有相当灵敏可靠的自动调节系统，锅炉机组的自控水平要求也较高。超临界机组存在以下不足：

（1）超临界压力锅炉由于参数高，锅炉停炉事故的概率比亚临界压力锅炉大，降低了设备的可用率和可靠性。另外，超临界压力锅炉出现管线破裂和启动阀泄漏故障时影响较大。

（2）超临界压力锅炉虽然热效率高，但锅炉给水泵、循环泵却要消耗较多的电耗。压力参数的提高又会增加系统的泄漏量，实际上对热效率的提高和热耗的减少都会有一定的影响。

（3）超临界压力锅炉为了保证水冷壁和过热器的冷却，启动时要建立一定的启动压力和流量，为此要配置一整套专用的启动旁路系统，因而启、停的操作较复杂，热损失也大。

（4）超临界直流锅炉水冷壁的安全性较差。直流锅炉的水冷壁出口处，工质一般已微过热，故管内会发生膜态沸腾，自然循环锅炉有自补偿特性，而直流炉没有这种特性，因此，直流炉水冷壁管壁的冷却条件较差，较易出现过热现象。

46. 超临界机组的控制系统有哪些特点？

答：经过几十年的发展，目前超临界发电技术已经相当成熟，其控制系统从总体上来说与常规亚临界发电机组相比并没有本质的区别。但就超临界机组本身来说，其直流炉的运行方式、大范围的变压控制，使超临界机组具有特殊的控制特点和难点。

直流锅炉的控制任务和汽包锅炉基本相同：①使锅炉的蒸发量迅速适应负荷的需要；②保持过热蒸汽压力和温度在一定范围内；③保持燃烧的经济性；④保持炉膛负压在一定范围内。

超临界机组采用直流锅炉。直流炉机组从给水泵到汽轮机，汽水直接关联，各参数与汽轮机具有明显的耦合特性，整个受控对象是一个多输入、多输出的多变量系统。

超临界机组中的锅炉都是直流锅炉，做功工质占汽—水循环总工质的比例增大，锅炉惯性相对于汽包炉大大降低。超临界直流炉大型机组的协调控制需要更快速的控制作用，更短的控制周期，以及锅炉给水、汽温、燃烧、通风等之间更强的协同配合。一般来说，超临界机组具有以下控制特点：

（1）超临界机组的蓄热系数小，对压力控制不利，但有利于迅速改变锅炉负荷，适应电网尖峰负荷的能力强。

（2）超临界机组是一个多输入、多输出的被控对象，输入量为汽温、汽压和蒸汽流量，输出量为给水量、燃料量、送风量；负荷扰动时，主蒸汽压力反应快，可作为被调量。

（3）超临界机组工作时，其加热区、蒸发区和过热区之间无固定的界限，汽温、燃烧、给水相互关联，尤其是燃水比不相适应时，汽温会有显著的变化。为使汽温变化较小，要保持燃烧率和给水量的适当比例。

（4）从动态特性来看，微过热汽温能迅速反应过热汽温的变化，因此可以该信号来判断给水和燃烧率是否失调。

47. 运行中，直流炉的动态调节特性主要影响因素有哪些？

答：直流锅炉是一个多输入和多输出的调节对象，其主要输出量（需要调节的变量）为汽温、汽压和蒸汽流量（负荷），主要的输入量（引起汽温、汽压和蒸汽流量变化的主要原因）为给水流量、燃烧率和汽轮机调门。

从控制特性角度来看，直流锅炉与汽包锅炉的主要不同点表现在燃水比例的变化，引起锅炉内工质储量的变化，从而改变各受热面积比例。影响锅炉内工质储量的因素很多，主要有外界负荷、燃料流量和给水流量。

对于不同压力等级的直流锅炉，各段受热面积比例不同。压力越高，蒸发段的吸热量比例越小，而加热段与过热段吸热量比例越大。因而，不同压力等级直流锅炉的动态特性通常存在一定差异。

（1）汽轮机调门开度扰动。

1）主蒸汽流量迅速增加，随着主蒸汽压力的下降而逐渐下降直至等于给水流量。

2）主蒸汽压力迅速下降，随着主蒸汽流量和给水流量逐步接近，主蒸汽压力的下降速度逐渐减慢直至稳定在新的较低压力。

3）过热汽温一开始由于主蒸汽流量增加而下降，但因为过热器金属释放蓄热的补偿作用，汽温下降并不多，最终主蒸汽流量等于给水流量，且燃水比未发生变化，故过热汽温近似不变。

4）由于蒸汽流量急剧增加，功率也显著上升，这部分多发功率来自锅炉的蓄热。由于燃料量没有变化，功率又逐渐恢复到原来的水平。

（2）燃料量扰动。燃料发生变化时，由于加热段和蒸发段缩短，锅炉储水量减少，在燃烧率扰动后经过一个较短的延迟，蒸汽量会向增加的方向变化。当燃烧率增加时，一开始由于加热段蒸发段的缩短而使蒸发量增加，也使压力、功率增大，温度升高。

1）由于给水流量保持不变，所示主蒸汽流量最终仍保持原来的数值。但由于燃料量的增加而导致加热段和蒸发段缩短，锅炉中储水量减少，因此主蒸汽流量在燃料量扰动后经过一段时间的延迟会有一个上升的过程。

2）主蒸汽压力在短暂延迟后逐渐上升，最后稳定在较高的水平。最初的上升是由于主蒸汽流量的增大，随后保持在较高的水平是由于过热汽温的升高，蒸汽容积流量增大，而汽轮机调速

火电厂生产岗位技术问答丛书 **集控运行300问**

阀开度不变，流动阻力增大。

3）过热汽温一开始由于主蒸汽流量的增加而略有下降，然后由于燃料量的增加而稳定在较高的水平。

4）功率最初的上升是由于主蒸汽流量的增加，随后的上升是由于过热汽温（新汽焓）的增加。

（3）给水流量扰动。当给水流量扰动时，由于加热段、蒸发段延长而推出一部分蒸汽，因此开始压力和功率是增加的。但由于过热段缩短使汽温下降，最后虽然蒸汽流量增加但压力和功率仍然下降，汽温经过一段时间的延迟后单调下降，最后稳定在一个较低的温度上。

1）随着给水流量的增加，主蒸汽流量也会增大。但由于燃料量不变，加热段和蒸发段都要延长。在最初阶段，主蒸汽流量只是逐步上升，在最终稳定状态，主蒸汽流量必将等于给水量，稳定在一个新的平衡点。

2）主蒸汽压力开始随着主蒸汽流量的增加而增加，然后由于过热汽温的下降而有所回落。

3）过热汽温经过一段较长时间的迟延后单调下降直至稳定在较低的数值。

4）功率最初由于蒸汽流量增加而增加，随后则由于汽温降低而减少。因为燃料量未变，所以最终的功率基本不变，只是由于蒸汽参数的下降而稍低于原有水平。

48. 超临界机组协调控制方案的注意事项有哪些？

答： 协调控制系统 CCS 是指通过控制回路协调汽轮机和锅炉的工作状态，同时给锅炉自动控制系统和汽轮机自动控制系统发出指令，以达到快速响应负荷变化的目的，尽最大可能发挥机组的调频调峰能力，同时还要稳定运行参数。

协调控制系统关键在于处理机组的负荷适应性与运行的稳定性这一矛盾。既要控制汽机充分利用锅炉蓄能，满足机组负荷要求；又要动态超调锅炉的能量输入，补偿锅炉蓄能，要求既快又稳。现代大型锅炉—汽轮机单元机组是一个多变量控制对象，机、炉两侧的控制动作相互影响，且机、炉的动态特性差异较大。超临界机组中的锅炉都是直流锅炉，做功工质占汽—水循环总工质的比例增大。锅炉惯性相对于汽包炉大大降低；机组工作介质刚性提高，动态过程加快。超临界直流炉的这些特点决定了其协调控制从本质上区别于传统汽包炉，需要更快速的控制作用。

对于具有内置式启动分离器的超临界机组，具有干式和湿式两种运行方式。在启动过程锅炉建立最小工作流量时，蒸汽流量小于最小给水流量，锅炉运行在湿式方式，此时机组控制给水流量，利用疏水控制启动分离器水位，启动分离器出口温度处于饱和温度，此时直流锅炉的运行方式与汽包锅炉基本相同。控制策略基本是燃烧系统定燃料控制、给水系统定流量控制、启动分离器控制水位、温度采用喷水控制。

当锅炉蒸汽流量大于最小流量时，启动分离器内饱和水全部转化为饱和蒸汽，直流锅炉运行在干式方式，即直流控制方式。此时锅炉以煤水比控制温度，燃烧控制压力。这里讨论的超临界直流锅炉的控制策略主要是讨论锅炉处于直流方式的控制方案。

假如直流锅炉处在定压力控制方式，则直流锅炉机组负荷、压力、温度三个过程变量中就具有两个稳定点，一个是压力，另一个是温度。因为压力一定，分离器出口的微过热温度也就确定了。在机组负荷变化过程中对压力和温度的控制应该是定值控制。

在锅炉变压力运行时，机组负荷、压力、温度是三个变化的控制量，在负荷发生变化时，压力的控制根据负荷按照预定的滑压曲线控制，分离器出口温度按照分离器出口压力的饱和温度加上微过热度控制。协调控制系统建立方案时应该以变负荷、变压力、变温度的控制特征考虑控制策略。

49. 燃料量控制系统的基本过程是什么？

答：单元机组能量的输入是靠燃料的及时供给和炉膛内的良

好燃烧来保证的。燃料量控制系统的任务是控制进入机组的燃料量，使燃料燃烧所提供的热能满足蒸汽负荷的需求。燃料量控制系统的结构方案与制粉系统设备的选型及设计有关。

（1）燃料量控制系统的基本流程。燃料量控制系统首先接受机组主控制器送来的锅炉负荷指令，指令经给水温度校正和总风量交叉限制后，得到总燃料量指令；总燃料量指令减去实际燃油量所得到的是燃煤量指令。燃煤量指令作为给定值在 PID 调节器入口与经过发热量校正后的总给煤量信号进行比较，其偏差值经 PID 运算、手动/自动站、速率限制后，形成并行控制在役给煤机的指令，控制给煤机的转速，进而改变给煤量，以维持总给煤量与给定值相一致，满足汽轮机蒸汽负荷对锅炉热能的需求。

（2）给水温度对锅炉负荷指令的校正。给水系统加热器的投切对给水温度的影响很大，即给水温度可以反映锅炉侧对能量的一种需求。给水温度校正信号应当对锅炉负荷指令进行校正。当给水温度低于其设计值时，应适当增强锅炉负荷指令，多加煤和风，以满足锅炉的能量需求。这种校正措施对燃烧过程和协调控制系统而言，可提高系统的适应性和稳定性。

（3）总风量的限制作用。由于正常的燃烧过程对总燃料量和总风量都有一定要求，一旦出现总燃料量大于总风量的情况，燃料量控制系统必须降低其控制输出，减少给煤量，以避免因燃料的自发性扰动造成不完全燃烧，引起锅炉烟道积粉而发生二次燃烧。

（4）给煤量的测量与校正。煤量的测量通过测量给煤机皮带速度与皮带上的瞬时煤量，得出进入锅炉的煤量。但是由于燃煤的品质、水分可能随时发生变化，即燃煤的发热量不是恒定的，所以燃料量并不能与输入锅炉的热量精确对应，仅采用燃料量测量信号参与反馈控制，难以保证控制的质量。为解决该问题，需对燃料量信号进行发热量校正。

（5）控制回路的增益修正。燃料主控制器输出的总燃煤指令对给煤机转速并行控制，当投入自动的给煤机台数不同时，整个控制回路的控制增益是不同的。为了保证各工况下控制系统的稳定，必须按投入自动的实际给煤机台数，进行系统的增益修正。

50. 送风控制系统有怎样的流程？

答：在大型机组的送风系统中，一、二次风通常各采用两台风机分别供给。由于一次风是通过制粉系统带粉入炉的，它的控制涉及制粉系统和煤粉喷燃的要求，所以锅炉的总风量主要由二次风来控制，即这里的送风控制系统是针对二次风控制而言的。

送风控制系统的基本任务是保证燃料在炉膛中的充分燃烧。目前，送风控制系统首先通过调整送风机动（静）导叶的开度直接控制进入炉膛的二次风量，利用二次风挡板来维持二次风箱压力为给定值的控制方式。也有少数进口机组的送风控制设计成通过调整送风机动（静）导叶开度来维持二次风箱压力为给定值，利用二次风挡板控制进入炉膛的二次风量的控制方式。

（1）基本流程。送风调节器接受经过氧量校正的总风量给定值与实际总风量反馈信号的偏差值，输出控制经燃烧需求的前馈信号叠加后，形成送风机控制指令，分别送至两台送风机的手动/自动控制站。在手动/自动站中，根据送风机控制站设定的偏置值，分别对送风机动叶控制指令进行偏置处理，然后经防喘振回路去改变送风机动叶的开度，从而控制送入炉膛的二次风量，最终使送风量达到其给定值。

当燃烧器管理系统（BMS）发出"请求自然通风"信号时，两台送风机的控制站均切换到手动状态，并使两台送风机动叶以一定速率开至100%；当顺序控制系统（SCS）发出"关闭送风机动叶"信号时，两台送风机控制站同样也切至手动状态，并使两台送风机动叶以一定速率关至0%。

（2）送风量给定值的形成。送风量给定值取下列信号中的最大值者。

1）总燃料量信号经函数运算和氧量信号校正后，所得的风量请求值。

2）燃料主控制器指令经函数运算和氧量信号校正后，所得的风量请求值。

3）燃料主控制器指令经函数运算、氧量信号校正和主蒸汽压力变化的超前/滞后处理后，所得的风量请求值。

4）吹扫风量或最小风量指令经速率限制后，所得的风量请求值。

选择上述信号中的最大值作为送风量给定值，一方面是为了保证在锅炉点火前的吹扫风量和锅炉点火初期燃料量较小时的最小风量；另一方面是为了保证锅炉增加负荷时，先加风后加煤，锅炉减负荷时，先减煤后减风，使锅炉始终处于"富氧"的燃烧状态。

（3）氧量校正回路。送风控制系统的氧量校正回路，是一个以 PI 调节器为核心的氧量控制回路，调节器根据空气预热器前烟气含氧量测量值与氧量给定值之间的偏差进行控制运算，形成氧量校正信号。调节器的控制作用最终使氧量测量值与给定值相等，使炉膛燃料充分燃烧。

在氧量校正回路中，氧量给定值是由代表机组负荷的主蒸汽流量信号经函数运算后，与运行人员设定的具有速率限制的偏量值叠加形成的。而氧量测量值是通过测量两侧空气预热器 A 和 B 前的氧量，并对两个氧量测量信号进行筛选，取其中一个恰当的值得到的。氧量信号选择逻辑回路的处理原则如下：

1）如果 A、B 侧的氧量信号均正常，且 A、B 侧两台送风机动叶均处于自动状态，则选择 A、B 侧两氧量信号中较小者作为最终氧量信号。

2）如果 A 侧氧量信号正常，且 A 侧送风机动叶处于自动状态，但 B 侧氧量信号故障或 B 侧送风机动叶未投自动，则选择 A 侧氧量信号作为最终氧量信号。

3）如果 B 侧氧量信号正常，且 B 侧送风机动叶处于自动状态，但 A 侧氧量信号故障或 A 侧送风机动叶未投自动，则选择 B 侧氧量信号作为最终氧量信号。

4）如果 A、B 侧氧量信号均故障，或 A、B 侧两台送风机动叶均未投自动，则选择 B 侧氧量信号作为最终的氧量信号（此时虽然选择 B 侧氧量信号，但实际上已通过逻辑回路将氧量校正回路切为手动状态）。

（4）系统的闭锁、连锁和保护功能。

1）当炉膛压力高于某一值时，闭锁氧量校正调节器的输出增加。

2）当下列条件之一满足时，闭锁氧量校正调节器的输出减小。①炉膛压力低于某一值；②风量指令小于或等于最小风量指令；③风量指令小于实测总燃料量所需的风量。

3）当下列条件之一满足时，将氧量校正控制站切为手动。①主蒸汽流量信号（由汽轮机调节级压力换算得到）故障；②两台送风机均为手动状态；③两个氧量信号均故障。

4）当下列条件之一满足时，闭锁风量调节器的输出增加。①炉膛压力高于某一值；②A 送风机处于自动状态且控制指令100％，B 送风机处于手动状态；③B 送风机处于自动状态且控制指令100％，A 送风机处于手动状态。

5）当下列条件之一满足时，闭锁风量调节器的输出减小。①炉膛压力低于某一值；②A 送风机处于自动状态且控制指令0％，B 送风机处于手动状态；③B 送风机处于自动状态且控制指令0％，A 送风机处于手动状态。

6）当下列条件之一满足时，使 A（B）送风机动叶控制站切为手动。①A（B）引风机处于手动状态；②A（B）送风机停止；③BMS 发来"请求自然通风"信号；④SCS 发来"关送风机 A（B）动叶"信号；⑤总风量信号故障（包括 A、B 两侧送风量信号和 A、B 两侧一次风量信号，四者其中之一故障）或总燃料量信号故障（包括燃料量指令信号、总煤量信号和总油量信号三者其中之一故障）。

7）为防止送风机发生喘振，保证风机的安全运行，系统在A（B）送风机控制通道上设计了防喘振回路。即根据二次风量指令和送风机的特性曲线，计算出风机动叶对应不同流量下的最大动叶开度，作为 A（B）送风机动叶开度的限制值。该防喘振回路无论风机动叶处于自动还是手动状态均有效。

8）无论送风机动叶处于自动还是手动状态，当炉膛压力高于（或低于）某一值时，将禁止两台送风机动叶的动态开大（或关小），以确保锅炉的安全。

51. 炉膛压力控制系统的流程是什么？

答：锅炉炉膛内的压力直接影响炉膛内燃料的燃烧质量和锅炉的安全性。炉膛压力控制系统的基本任务，是通过控制引风机动（静）导叶或入口挡板来维持炉膛压力为给定值，以稳定燃烧、减少污染、保障安全。

（1）基本控制流程。炉膛压力控制系统是一个简单的单回路系统。压力调节器（PI）接受炉膛压力的偏差信号 p_1 并对此进行控制运算，其运算结果与送风指令（前馈信号）叠加后，形成引风机的控制指令分别送至两台引风机的手动/自动站。在手动/自动站中，根据引风机控制站设定的偏置量，分别对送入的控制指令进行偏置处理，然后经切换器、防喘振回路和闭锁指令增/减逻辑去改变引风机动叶的开度，从而控制引风量和炉膛内的压力，最终使炉膛压力测量值达到其给定值。

当燃烧管理系统（BMS）发出"请求自然通风"信号时，两台引风机的控制站均切换到手动状态，并延时一段时间（约30s）后使两台引风机的动叶以一定的速率开至100%；当顺序控制系统（SCS）发出"建立 A（B）引风机空气通道"信号时，B（A）引风机控制站切至手动状态，并使 B（A）引风机动叶以一定速率开至100%；当 SCS 发出"关 A（B）引风机动叶"信号时，A（B）引风机控制站切至手动状态，并使 A（B）引风机动叶以一定速率关至0%。

（2）系统中的信号及其作用。

1）炉膛压力测量值。三个炉膛压力信号（设为 A、B、C）

经过选择逻辑回路处理后，作为炉膛压力信号的最终值。三个压力信号在 DCS 上预选，可以选择其中之一或三者的中值。

当预先选定三个信号的中值时，如果三个信号均正常，则自动选择其中间值；如果其中之一故障，则自动选择另外两个信号的平均值；如果三者中的两个均故障，则将自动选择第三者。

由此可见，选择中值的方式较安全。建议只有在已确认三个信号中只有一个信号是正确的情况下，才暂时采用选择单一信号的方式。此时应及时处理不准确或故障的另外两个信号，一旦处理完毕，信号已恢复正常，则应及时人为地转到选择中值的方式。

2）主燃料跳闸 MFT 动态修正值。当发生 MFT 时，由于灭火瞬间炉膛压力会急剧下降，所以根据当时的负荷值，也瞬间动态关小引风机动叶开度，以保证锅炉的安全性。

（3）系统的闭锁、连锁和保护功能。

1）对每台引风机动叶的控制指令还设计了闭锁增和闭锁减功能。即当炉膛压力高于某一值时，禁止动态关小引风机动叶；当炉膛压力低于某一值时，禁止动态开大引风机动叶。

2）为防止引风机发生喘振，系统中设计了风机防喘振回路。即根据引风机入口烟气流量和风机特性曲线，计算出风机动叶对应不同流量下的最大开度，以此作为动叶开度的限制值。

52. 锅炉给水控制系统的流程是什么?

答：锅炉给水控制系统是协调控制系统中的主要子系统之一。锅炉给水控制的主要任务是使锅炉的给水量跟踪锅炉的蒸发量，保证锅炉进出的物质平衡和正常运行所需的工质。锅炉给水控制又称"锅炉水位控制"。

锅炉水位间接地反映了锅内物质平衡状况（主要是蒸汽负荷与给水量的平衡关系），因此，它是表征锅炉安全运行的重要参数之一，也是保证汽轮机安全运行的重要条件之一。汽包水位过高，会降低汽包内汽水分离装置的汽水分离效果，导致出口蒸汽带水严重，使含盐浓度增大，使过热器受热面结垢而导致过热器烧坏，同时还会使过热汽温产生急剧变化，而且汽轮机叶片易于结垢，降低汽轮机的出力，甚至会使汽轮机产生水冲击造成叶片断裂等事故；汽包水位过低，则会破坏锅炉的水循环，以致某些水冷壁管束得不到炉水冷却而烧坏，甚至引起锅炉爆炸事故。

锅炉水位实现自动控制，不仅可提高机组的安全性，而且可提高锅炉运行的经济性。采用自动控制会使锅炉的给水连续均匀、相对稳定，从而使锅炉汽压稳定，保证锅炉在合适的参数下稳定运行，使锅炉具有较高的运行效率。否则，当水位较低时大量给水会大大降低锅炉的汽压，这时为保证负荷就要增加燃料和燃烧设备的负担，可能使锅炉排烟损失和不完全燃烧损失增加。当给水不稳定时，省煤器中的水温随之周期性变化。给水量偏小时，水温提高，将使温差降低，导致排烟温度提高，降低锅炉效率；而且不稳定的间断给水，对省煤器等的安全运行也是不利的。

因此，电厂锅炉的给水实现自动控制，以及自动控制系统保持优良的工作性能是十分重要的。特别是对高参数、大容量的锅炉，由于汽包体积相对减小，使汽包的相对蓄水量和蒸发面积减少，从而加快汽包水位的变化速度；机组容量的增大，会显著提高锅炉蒸发受热面的热负荷，使锅炉负荷变化对汽包水位的影响加剧；锅炉工作压力的提高，会使给水调节阀和给水管道系统相应复杂，调节阀的流量特性更不易满足控制系统的要求。

53. 给水控制的手段及特点是什么？

答：（1）电动定速泵＋调节阀。对于早期投产的中小型机组，通常采用电动定速给水泵，通过控制给水调节阀开度来维持汽包水位为给定值。这种在全负荷范围内均由调节阀来控制汽包水位的方案，显然节流损失较大。

（2）电动调速泵＋调节阀。该方式主要采用了电动调速给水泵和调节阀相结合的形式来控制汽包水位。即在低负荷阶段，要用给水调节阀（或旁路调节阀）来调节汽包水位；在高负荷阶段，采用电动调速泵来控制汽包水位。这种方案虽然减少了调节阀的节流损失，但由于电动泵始终在运行，消耗电能较多。

（3）汽动泵＋电动调速泵＋调节阀。近年来投产的大型机组，几乎全部采用汽动给水泵、电动调速给水泵及调节阀三者相结合的方式来控制汽包水位。即在低负荷阶段利用电动给水泵保证泵出口与汽包之间的差压（或泵出口压头），由给水调节阀（或给水旁路调节阀）来控制汽包水位；在负荷超过某一值（对应的给水流量需求接近调节阀的最大通流能力）且汽动给水泵尚未启动时，由电动调速给水泵来控制汽包水位；在汽动给水泵启动后，逐步由电动调速给水泵过渡到由汽动给水泵来控制汽包水位。电动给水泵只在机组启动阶段或汽动给水泵故障时使用。这种方案克服了前两种方案的缺点，是一种效率较高的给水控制手段。

54. 给水全程控制系统的基本结构有哪些？

答：给水全程控制，是指机组从启动到带满负荷的全过程所实现的给水控制。目前，大型汽包锅炉的给水控制系统大都采用给水全程控制系统。该系统并不是某种单一的单冲量或三冲量控制系统，而是单冲量和三冲量控制系统的有机结合所构成的给水控制系统，且具有完善的控制方式自动切换和连锁逻辑。

（1）基本结构。一般，每台机组配有一台 50% 容量的电动调速给水泵和两台各为 50% 容量的汽动给水泵，作为给水系统的调节机构。在高压加热器与省煤器之间装有一只主给水电动截止阀、一只给水旁路截止阀和一只约 15% 容量的给水旁路调节阀。两台汽动给水泵由给水泵汽轮机驱动，其转速的控制由独立的给水泵汽轮机电液控制系统（MEH 系统）完成。MEH 系统的任务是控制给水泵汽轮机从零转速升到一阶临界转速以上，当达到某一转速后，转速给定值由协调控制系统的给水控制系统设置，此时 MEH 只相当于给水控制系统的执行机构。

(2) 输入信号。给水全程控制系统涉及较多的输入信号。为了提高信号的可用率和系统的可靠性，所应用的汽包压力、汽包水位、汽轮机调节级压力、省煤器前给水流量等信号均采用三通道检测，三通道检测的信号由"选择逻辑回路"做出选择后，形成对应的最终测量值参与控制。该控制系统三冲量的形成如下：

1) 汽包水位。三个汽包水位检测信号首先分别经过压力补偿，然后经过"选择逻辑回路"，选取恰当的值作为最终的汽包水位冲量。

2) 主蒸汽流量。由汽轮机调节级压力的最终测量值经函数器运算，形成主蒸汽流量冲量。用调节级压力代替主蒸汽流量信号，是为了避免高温高压下节流测量元件因磨损带来的误差。

3) 给水流量。由省煤器前给水流量最终测量值加上过热器Ⅰ、Ⅱ级喷水减温器的水流量测量值后，减去锅炉连续排污流量测量值，形成给水流量冲量。

(3) 控制方式。在给水全程控制系统中，包含多种给水控制方式，这些控制方式是根据机组不同的运行负荷，通过连锁逻辑及其切换器来选取的。也就是说，该系统是根据机组不同的负荷阶段和不同的给水控制特性，选择与之相适应的控制方式，对给水实现连续控制的，且各控制方式之间的切换是无扰动的。具体地说，各个负荷阶段的给水控制方式如下：

1) 0～14%负荷阶段。在该负荷阶段范围内，主给水电动截止阀关闭，由电动给水泵控制给水旁路调节阀前后的差压，以保证调节阀的线性度，以及给水泵出口与汽包之间的差压，使汽包上水自如；而汽包水位的控制则是采用单冲量控制方式通过调节器控制给水调节阀开度予以实现的。这是因为该阶段负荷低，给水流量小，只有通过旁路调节阀才能有效控制汽包水位。

2) 14%～25%负荷阶段。当机组负荷升至14%（接近旁路调节阀的最大流量）时，顺序控制系统（SCS）自动开启主给水电动截止阀，连锁逻辑自动切换，通过控制电动给水泵来控制给水流量，进而控制汽包水位。

当主给水电动截止阀已全开时，顺序控制系统自动关闭给水旁路电动截止阀，一旦给水旁路截止阀离开全开位置，旁路调节阀就切为手动方式，且强制开至100%，以避免调节阀承受过大的差压而损坏。

从14%负荷至给水旁路截止阀离开全开位置期间，汽包水位由给水旁路调节阀和电动给水泵共同控制；从给水旁路截止阀离开全开位置至25%负荷期间，汽包水位由电动给水泵采用单冲量方式控制。

3）25%～35%负荷阶段。当机组负荷升至25%时，连锁逻辑通过切换，实现电动给水泵的串级三冲量控制方式。

4）35%～50%负荷阶段。当机组负荷升至35%附近时，启动一台汽动给水泵。当汽动给水泵由MEH系统控制转速达临界转速以上的某一值时，将无扰动转入由协调控制系统控制汽动给水泵转速的方式。此时，由一台汽动给水泵和一台电动给水泵并列运行，且采用串级三冲量方式控制汽包水位。

5）50%负荷以上阶段。当机组负荷升至50%附近时，另一台汽动给水泵启动，当其转速由MEH系统控制达到临界转速以上某一值时，即无扰动地转入协调控制系统控制，并逐步降低电动给水泵负荷而增加汽动给水泵负荷。当电动给水泵负荷降到接近最低值、汽动给水泵工作正常、汽包水位稳定时，可停运电动给水泵以作备用。至此，系统由两台汽动给水泵采用串级三冲量方式控制汽包水位。

机组降负荷时，各负荷阶段的控制过程与升负荷阶段大致相反。

（4）汽包水位信号的压力补偿（校正）。

在给水控制系统中，通常需对汽包水位检测信号进行压力补偿。这是因为汽包中饱和水、饱和蒸汽的密度都随压力变化而改变，它们将影响水位测量的精度，所以应引入压力补偿（校正）回路，对水位测量差压变送器后的信号进行压力校正，以保证水位信号的准确性。

55. 超临界机组给水控制系统有哪些基本结构？

答：与汽包锅炉不同，超临界直流锅炉没有汽包，给水是一次性流过加热段、蒸发段和过热段的，三段受热面没有固定的分界线。当给水流量及燃烧率发生变化时，三段受热面的吸热比率将发生变化，锅炉出口温度，以及蒸汽流量和压力都将发生变化。因此给水、汽温、燃烧系统是密切相关的，不能独立控制，应作为整体进行控制。对于超临界直流锅炉而言，整台锅炉就是一个多变量的对象，不能像汽包锅炉那样把给水调节与汽温调节独立开来。

超临界直流锅炉随着蒸汽压力的升高，蒸发段的吸热比例逐渐减少，而加热段和过热段的吸热比例增加，受热面管径变小，管壁变厚。因此，随着蒸汽压力的升高，锅炉分离器出口汽温和锅炉出口汽温的惯性增加，时间常数和延迟时间增加。

保证合适的给水和燃烧率的比例（燃水比）对超临界直流炉是至关重要的，燃水比是否合适，直接反映在过热汽温上，因此常用过热蒸汽汽温的偏差来校正给水流量与燃烧率的比例。工程上一般采用能较快反映燃水比的汽水过渡区（分离器）出口处的温度（中间点温度，也称微过热温度）作为燃水比的修正信号。

超临界直流炉在启动或较低负荷时，其运行方式与汽包炉相似，用分离器来分离汽水。在转为纯直流状态运行后，分离器不再起作用，给水经省煤器、水冷壁、过热器，直接变成高温高压的过热蒸汽进入汽轮机。

超临界直流锅炉在锅炉点火前就必须不间断地向锅炉进水，建立足够的启动流量，以保证给水连续不断地强制流经受热面，使受热面得到冷却。为防止低温蒸汽送入汽轮机后凝结，造成汽轮机的水冲击，超临界直流炉需要设置专门的启动旁路系统来排除这些不合格的工质。超临界直流炉有最低给水流量（本生流量）的要求，在低负荷时，如锅炉指令有较大幅度变化，很容易引起省煤器入口流量低而造成锅炉 MFT 动作，汽包炉则没有该项保护。

在锅炉干态运行的条件下，给水控制的任务就是要保持进入分离器的蒸汽具有合适的过热度。一方面要维持分离器的干态运行，防止其返回湿态；另一方面要控制好分离器出口蒸汽的过热度，以防止水冷壁和过热器超温。当机组工况发生变化，尤其是给水流量或燃烧率扰动时，锅炉的蒸发段和过热段受热面将随之发生变化，可能引起蒸汽温度剧烈变化，危及机组安全运行。

56. 超临界机组有哪两种控制方案？

答：超临界给水系统有焓值控制方案和中间点温度控制方案两种控制策略。机组燃烧率低于40%BMCR时，锅炉处于非直流运行方式，分离器处于湿态运行，分离器中的水位由分离器至除氧器及分离器至扩容器的组合控制阀调节，给水系统处于循环工作方式；机组燃烧率大于40%BMCR后，锅炉逐步进入直流运行状态。因此，超临界机组锅炉给水控制分低负荷时（40%MCR以下）的汽水分离器水位调节及锅炉直流运行（40%MCR以上）时的煤/水比调节。

（1）焓值控制方案。

1）一级减温器前后温差如果各受热面的吸热比例不变，过热器出口焓值为一常数，那么减温器后蒸汽焓值也是一常数，与负荷无关。保持减温器前后温差为一常数，也就间接保持了减温器前蒸汽温度为一常数，相当于用减温器前微过热汽温作为校正燃水比信号。

由于在运行过程中，上、下排燃烧器的切换，以及蒸汽吹灰的投入与否，过热器属于对流过热还是辐射的吸热特性等诸多因素，锅炉受热面在不同负荷时吸热比例变化较大，若要保持微过热段汽温和各级减温器出口汽温为定值，则各级喷水量变化就较大。为克服上述缺点，采用保持减温器前后温差的调节系统。与直接调节微过热段汽温调节系统相比，其调节品质有降低，但能够改善一级减温器工作条件。

2）总给水量。

A 侧一级减温水流量、B 侧一级减温水流量、A 侧二级减温水流量和 B 侧二级减温水流量经平滑处理相加得总喷水流量；三个主给水流量信号经主给水温度修正后三取中，得主给水量；总喷水流量与主给水量相加得总给水流量。

3）控制策略。

A、B 两侧一级减温器前后温差二取一，与负荷经 $f(x)$ 形成的要求值进行比较，偏差送入温差 PID 控制器；其输出与调速级压力、平均温度等前馈量相加，作为焓值设定值与用分离器出口温度和出口压力计算出的实际焓值比较，偏差送入焓值 PID 调节器；输出加上燃料偏差作为给水量的要求值，与实际总水量的偏差送入给水调节器，产生给水指令信号。

给水指令经平衡算法，送入两台汽动给水泵和一台电动给水泵，去控制给水量。当汽动给水泵 A、B 都自动时，可手动给定泵的偏置量，以承担不同负荷要求。当汽动给水泵 A、B 有手动时，自动生成偏置，实现两泵负荷的平衡。而电动给水泵只能手动给定泵的偏置量。

4）给水泵转速控制。在给水泵控制系统中，给水主控发出的给水需求指令，被送到给水泵转速控制器，通过改变给水泵转速来维持给水流量。

5）给水调节门控制。给水调节门不直接调节给水流量，仅控制给水母管压力。当给水母管压力发生偏差时，通过给水调节门的调节来维持给水母管压力，以保证对过热器的喷水压力。

6）给水泵最小流量控制。电动给水泵和汽动给水泵都设计有最小流量控制系统，通过给水再循环，保证给水泵出口流量不低于最小流量设定值，以保证给水泵设备的安全。给水泵最小流量控制系统通常为单回路调节系统，流量测量一般采用二取一。给水泵最小流量控制系统仅工作在给水泵启动和低负荷阶段；锅炉给水流量只要大于最小流量定值，给水再循环调节阀门就关闭。最小流量给水再循环调节阀通常设计为反方向动作，即控制系统输出为 0 时，阀门全开；输出为 100% 时，阀门全关。这样在失电或失去气源时，阀门全开，可保证设备的安全。

（2）中间点温度控制方案。工质中间点温度值是超超临界直流锅炉设计和调节控制的核心参数，既关系到蒸汽温度调节，又直接影响水冷壁的安全工作，其中最为关键的控制参数是下辐射区水冷壁出口工质温度。现主要通过汽水分离器出口过热度的调节来实现末级过热器温度的控制，因此超超临界机组直流锅炉调节的关键是控制汽水分离器出口的过热度。水煤比控制系统根据汽水分离器出口的过热度来增加或减少燃料量，维持给水量与燃料量在一定的比例范围，从而保证汽水分离器出口的过热度、过热蒸汽温度在设定范围。

燃料量（锅炉指令）经 $f_1(x)$ 的函数变换后，作为给水流量的指令信号，代表不同负荷（燃料量）下对给水流量的要求。$f_1(x)$ 就是俗称的"煤/水比"，由于汽温对给水量的动态响应比燃烧率快，设置一个惯性环节 $f(t)$，使给水迟于燃烧率变化，减小汽温的动态变化。给水量用分离器出口温度来微调，保证汽温，$f_2(x)$ 是不同负荷（或压力）下的饱和温度，$f_3(x)$ 是要求的过热度。另外给水调节系统中设有煤、水交叉限制回路，用于保证煤水比在安全的范围内。

57. 控制锅炉过热汽温的作用有哪些？

答：锅炉过热汽温是影响锅炉生产过程的安全性和经济性的重要参数。现代锅炉的过热器是在高温、高压条件下工作的，锅炉出口的过热汽温是全厂整个汽水行程中工质温度的最高点，也是金属壁温的最高处。过热器的材料采用的是耐高温、高压的合金钢，过热器正常运行时的温度已接近材料所允许的最高温度。

如果过热汽温过高，容易烧坏过热器，也会使蒸汽管道和汽轮机内某些零部件产生过大的热膨胀变形而毁坏，影响机组的安全运行；如果过热汽温过低，又会降低全厂的热效率，一般汽温每降低 $5\sim10℃$，热效率约降低 1%，不仅增加燃料消耗量、浪费能源，而且将使汽轮机最后几级的蒸汽湿度增加，加速汽轮机叶片的水蚀。另外，过热汽温降低还会导致汽轮机高压部分级的焓降减小，引起各级反动度增大，轴向推力增大，也对汽轮机的安全运行不利。所以，过热汽温过高或过低都是生产过程所不允许的。

为保证过热蒸汽的品质和生产过程的安全性、经济性，过热汽温必须通过自动化手段加以控制。因此，过热汽温的控制任务是维持过热器出口汽温在生产允许的范围内，一般要求过热汽温的偏差不超过额定值（给定值）$-10 \sim +5℃$。

58. 在运行中影响过热蒸汽温度的主要因素有哪些？

答：（1）锅炉负荷。随着锅炉负荷的变化，其辐射吸热面和对流吸热面的吸热比例也会随之变化。例如布置在对流吸热区的过热器，其出口蒸汽温度一般随负荷的上升而上升，而布置在辐射吸热区的过热器则具有相反的汽温特性。在单元制机组中，锅炉负荷和机组负荷是一致的。

（2）过量空气系数。锅炉过量空气系数增大，引起对流吸热面吸热增大，布置在对流吸热区的过热器出口蒸汽温度上升。

（3）炉膛火焰中心。对四角布置燃烧器的锅炉来说，如投入运行的磨煤机台数或组合发生变化或火嘴摆动倾角发生变化，都将引起炉膛火焰中心的变化。火焰中心上移将导致炉膛出口烟气温度上升，势必引起对流吸热面吸热量增加。

除以上因素外，燃煤煤质的改变、煤粉细度的改变、锅炉受热面的清洁程度等因素也会对过热蒸汽温度产生影响，但是这些因素对汽温的影响相对较弱，且在线实时测量不易实现。

在锅炉设计时，一般总是使额定负荷下的过热汽温高于汽温的额定值。一般而言，对于中压锅炉，在额定负荷时过热汽温比额定值高 $25 \sim 40℃$；对于高压锅炉，过热汽温比额定值高 $40 \sim 60℃$。因此，需要采用适当的减温方式改变过热器入口的蒸汽温度，从而控制出口的过热汽温。改变过热器入口汽温有喷水式和表面式减温两类方法，现代大型锅炉最常采用的是喷水减温方法。

59. 过热汽温控制系统的基本结构与工作原理是什么?

答: 从理论上讲,对过热蒸汽内喷水将引起熵增,会导致系统做功能力(即机组循环效率)的下降,但是为了维持机组的安全运行,喷水减温又是最为简单有效的手段,因而被广泛采用。对采用喷水减温器的过热蒸汽温度控制系统,有的机组只采用一级减温。该系统较简单,但因被控对象在基本扰动下的迟延时间太长,往往在机组负荷变动等扰动下汽温偏差较大。目前大多数机组都采用二级喷水减温控制方式。

(1)基本结构。过热器设计成二级喷水减温方式,除可以有效减小过热汽温在基本扰动下的纯迟延,改善过热汽温的调节品质外,一级喷水减温还具有防止屏式过热器超温、确保机组安全运行的作用。

对采用二级喷水减温的过热蒸汽温度控制系统,如果仅从锅炉出口蒸汽温度的调节效果来考虑,则一级减温相当于粗调,二级减温相当于细调。对于每级减温控制系统,最常见的典型组态都采用串级控制系统,控制器采用 PID 规律,二级减温器入口蒸汽温度定值随负荷改变,锅炉出口蒸汽温度为定值控制。也有的控制系统设计考虑了机组负荷等前馈信号。

锅炉汽包产生的蒸汽经顶棚过热器、后烟道侧墙管等加热后,在立式低温过热器出口联箱后汇集在一根管道,经一级喷水减温器后分 A、B 侧进入屏式过热器。在后屏过热器出口联箱后又汇集在一根管道,经二级喷水减温器后进入末级过热器。最后,在末级过热器出口联箱后由一根主蒸汽管道送至汽轮机高压缸入口。

过热减温器喷水由锅炉主给水泵出口引来,就地分成两路,分别经各自的减温水流量测量孔板、气动隔离阀、气动调节阀和电动隔离阀后送往一、二级喷水减温器。

电动隔离阀和气动隔离阀除可由运行人员在操作员站上手动开关外,电动隔离阀当对应的调节阀稍微开启后将自动连锁打开，锅炉 MFT 后自动连锁关闭。气动隔离阀当对应调节阀稍微开启，且相应的电动隔离阀打开时，将自动连锁打开；当对应的调节阀全关后自动连锁关闭。

（2）调节原理。机组过热器一、二级喷水减温器的控制目标，就是在机组不同负荷下维持锅炉二级减温入口和二级过热器出口的蒸汽温度为给定值。

1）一级减温控制系统。该系统是在一个串级双回路控制系统的基础上，引入前馈信号和防超温保护回路而形成的喷水减温控制系统。

主回路的被控量为二级减温器入口的蒸汽温度，它由一个温度测点测得，并送入主回路与其给定值进行比较，形成二级减温器入口汽温的偏差信号。主回路的给定值由代表机组负荷的主蒸汽流量信号经函数器产生，运行人员在操作员站上可对该给定值给予正负偏置。

副回路的被控量为一级减温器出口的蒸汽温度。它同样由一个温度测点测得，并送入副回路与其给定值进行比较，形成一级减温器出口汽温的偏差信号。副回路的给定值是由主回路控制器输出与前馈信号叠加形成的。副回路接受一级减温器出口汽温的偏差信号，其输出与防超温保护回路输出迭加后经手动/自动站去控制一级喷水减温器。

系统引入的前馈信号有机组负荷、送风量、燃烧器喷嘴倾角等外扰信号。这些扰动信号会引起过热汽温的明显变化，因此，将它们作为前馈信号引入系统，可抑制它们对过热汽温的影响，改善一级过热汽温的控制品质。

防超温保护回路，当某种原因导致二级减温器入口汽温比给定值高出 4℃以上时，该回路会使一级减温喷水调节阀动态过开，以防止屏式过热器超温。防超温保护回路的控制作用受到限幅器的限制，以避免喷水调节阀的动作太大。

当机组负荷较低、汽轮机跳闸、锅炉 MFT 或一级喷水电动隔离阀异常关闭时，过热器一级减温喷水调节阀将自动关闭。

由于机组的负荷不同，控制对象的动态特性也随之改变，为了在较大的负荷变化范围内都具备较高的控制品质，在大型机组的汽温控制中，可充分利用计算机分散控制系统的优势，将主、副调节器设计成自动随负荷修改整定参数的调节器。

2）二级减温控制系统。该系统与一级减温控制系统的结构基本相同。也是一个串级双回路控制系统，不同之处在于主、副调节器输入的偏差信号不同、采用的前馈信号不同。二级减温控制系统的主回路的被控量为二级过热器出口汽温，该汽温设有两个测点，可由运行人员在操作员站上选择 A 侧、B 侧或两侧的平均值作为汽温测量值与主回路的给定值比较，形成二级过热器出口汽温偏差信号。主回路的给定值由运行人员手动设定。

副回路的被控量为二级减温器出口汽温，它由一个温度测点测得，并送入副回路与其给定值比较，形成二级减温器出口汽温的偏差信号。副回路给定值是由主回路控制器输出与前馈信号叠加形成的。

二级过热汽温控制是锅炉出口蒸汽温度的最后一道控制手段，为了保证汽轮机的安全经济运行，要求尽可能提高锅炉出口蒸汽温度的调节品质。因此，二级减温控制的主回路前馈信号采用了基于焓值计算的较为完善的方案。

在二级减温控制系统中，先根据主蒸汽温度和压力的给定值用内插器计算出锅炉出口蒸汽要求的焓值，再减去由主蒸汽流量代表的机组负荷、送风量、燃烧器喷嘴摆动倾角等因素经函数发生器给出的对二级过热器焓增的影响，求得二级过热器入口要求的蒸汽焓值。由于二级过热器入口蒸汽无压力测点，所以该处由主蒸汽压力加随负荷变化二级过热器内蒸汽的压降，求得二级过热器入口蒸汽压力，再根据二级过热器入口蒸汽压力和要求的焓值，采用内插器求出二级过热器入口要求的温度，作为二级减温控制主回路的前馈信号，即作为二级过热器入口蒸汽温度给定值的前馈信号。

60. 超临界机组过热蒸汽温度是如何进行控制的？

答：超临界发电机组锅炉过热汽温的调节以调节煤水比为主，用一、二级减温水作细调。

（1）过热汽温粗调（煤水比的调节）。煤水比调节的主要温度参照点是中间点（即内置式分离器出口）焓值（或温度）。锅炉负荷大于40%MCR时，分离器呈干态，中间点温度为过热温度。从直流锅炉汽温控制的动态特性可知，过热汽温控制点离工质开始过热点越近，汽温控制时滞越小，即汽温控制的反应明显。

（2）过热汽温细调。由于锅炉调节受到许多因素变化的影响，只靠煤水比的粗调还不够，还可能出现过热器出口左、右侧温度偏差，所以在后屏过热器的入口和高温过热器（末级过热器）的入口分别布置了一级和二级减温水（每级左、右各一）。喷水减温器调温惰性小、反应快，开始喷水到喷水点后汽温开始变化只需几秒钟，可以实现精确的细调。因此，在整个锅炉负荷范围内，要用一、二级喷水减温来消除煤水比调节（粗调）所存在的偏差，以达到精确控制过热汽温的目的。必须注意的是，要严格控制减温水总量，尽可能少用，以保证有足够的水量冷却水冷壁；投用时，尽可能多投一级减温水，少投二级减温水，以保护屏式过热器。

二级减温器入口温度与出口温度的温差信号作为主调节器的过程被控量，主调节器的输出作为副调节器的给定值，一级减温器出口温度为副调节器的被调量，形成串级调节系统，产生一级喷水减温器的喷水量指令去控制一级减温器入口水调节门，使进、出二级减温器的温差随负荷（蒸汽流量）而变化。这可防止负荷增加时一级喷水量的减少和二级喷水量的大幅度增加，从而使一级和二级喷水量相差不大，各段过热器温度相对比较均匀。设定值可由运行人员手动设定或由修正后的蒸汽流量形成。蒸汽流量、总风量、燃烧器倾角（燃料指令）经动态滤波处理后，加到主调节器的输出，作为前馈量，其目的是在负荷变化引起烟气侧扰动时，及时调整喷水量，消除负荷扰动，减小过热汽温波动。

61. 在减温水调节控制过程中，有哪些注意事项？

答：（1）锅炉主蒸汽一级减温水控制。

1）下列情况下锅炉主蒸汽一级减温水调节门强制手动。①锅炉给水流量信号故障；②机组目标负荷信号故障；③屏式过热器入口温度信号故障；④屏式过热器出口温度信号故障。当锅炉MFT动作时，锅炉主蒸汽一级减温水调节门强制手动并关闭至0％。

2）由锅炉负荷得到基础屏式过热器入口温度设定值，经过锅炉主蒸汽一级减温水控制修正信号的校正，控制锅炉主蒸汽一级减温水调节门的开度。屏式过热器入口温度控制值最低应有10℃过热度。

3）经过不同负荷下屏式过热器出口温度设定值与锅炉二级减温水调节门开度修正，与屏式过热器出口实际温度偏差调节输出加上煤水比例偏差的前馈作为锅炉主蒸汽一级减温水控制的修正信号。

4）当任意锅炉主蒸汽一级减温水调节门开度大于2％时，联开一级减温水截止阀；当两侧锅炉主蒸汽一级减温水调节门开度都小于0.5％时，延时10s，联关一级减温水截止阀。

（2）锅炉主蒸汽二级减温水调节门控制。

1）下列情况下锅炉主蒸汽二级减温水调节门强制手动。①锅炉给水流量信号故障；②机组目标负荷信号故障；③高温过热器入口温度信号故障；④高温过热器出口温度信号故障。当锅炉MFT动作时，锅炉主蒸汽二级减温水调节门强制手动并关闭至0％。

2）由锅炉负荷得到基础高温过热器出口温度设定值，经过锅炉主蒸汽二级减温水控制校正信号的修正，该设定值与高温过热器实际入口温度偏差的调节输出加上不同负荷对应二级减温水开度的前馈，控制锅炉主蒸汽二级减温水调节门的开度。高温过热器入口温度控制值最低应有 10℃ 过热度。

（3）经过手动设置偏置不同负荷下高温过热器出口温度与汽动机 DEH 来的温度需求值小选作为设定值，该设定值与高温过热器出口实际温度偏差调节输出加上煤水比例偏差的前馈作为锅炉主蒸汽二级减温水控制校正信号。

（4）当任意锅炉主蒸汽二级减温水调节门开度大于 2% 时，联开二级减温水截止阀；当两侧锅炉主蒸汽二级减温水调节门开度都小于 0.5% 时，延时 10s，联关二级减温水截止阀。

62. 影响再热汽温的有哪些主要因素？

答：影响再热汽温的因素很多，例如机组负荷的大小，火焰中心位置的高低，烟气侧的烟温和烟速（烟气流量）的变化，各受热面积灰的程度，燃料、送风和给水的配比情况，给水温度的高低，汽轮机高压缸排汽参数等，其中最为突出的影响因素是负荷扰动和烟气侧的扰动。

由于再热蒸汽的汽压低，质量流速小，传热参数小，所以再热器一般布置在锅炉的后烟井或水平烟道中，具有纯对流受热面的汽温静态特性——单位质量工质的吸热量随负荷的下降而降低。而且，当机组蒸汽负荷变化时，再热汽温的变化幅度比过热汽温的变化幅度大。例如某机组负荷降低 30% 时，再热汽温下降 28～35℃，差不多是负荷每降低 1% 再热汽温下降 1℃。因此，负荷扰动对再热汽温的影响最为突出。

由于烟气侧的扰动是沿整个再热器管长进行的，所以它对再热汽温的影响也比较显著。但烟气侧的扰动对再热汽温的影响存在着管外至管内的传热过程，所以它的影响程度次于蒸汽负荷的扰动。

63. 再热汽温有哪些控制手段？

答：从控制的角度讲，以对被控量影响最大的因素作为控制手段对控制最为有利。但在再热汽温控制中，由于蒸汽负荷是由用户决定的，不可能用改变蒸汽负荷的方法来控制再热蒸汽温度，所以通常都采用改变烟气流量作为主要控制手段。例如改变再循环烟气流量、改变尾部烟道通过再热器的烟气分流量或改变燃烧器（火嘴）的倾斜角度等。

（1）改变再循环烟气流量。再循环烟气是通过再循环风机从烟道尾部抽取的，低温烟气送入炉膛底部可降低炉膛温度，以减少炉膛的辐射传热，从而提高炉膛出口烟气的温度和流速，使再热器的对流传热加强，达到调温的目的。例如，当负荷降低使再热汽温降低时，可通过开大再循环风机的出口挡板来增加再循环烟气的流量，使再热汽温升高。当再循环设备停用时，应自动打开热风门，引入压力稍高的热风将炉膛烟气封锁，以防止炉膛高温烟气倒流入再循环烟道而烧坏设备。采取再循环烟气控制再热汽温的优点是反应灵敏，调温幅度大；缺点是设备结构比较复杂。

（2）改变通过低温再热器的烟气流动状态。将锅炉的尾部烟道分隔为主烟道和旁路烟道两部分，在主烟道和旁路烟道中分别布置低温过热器，在烟温较低的省煤器下布置可控制的烟气挡板，通过控制烟气挡板的开度控制再热汽温。采用烟气挡板控制再热汽温的优点是设备结构简单、操作方便；缺点是调温的灵敏度较差，调温幅度较小。此外，挡板开度与汽温变化呈非线性关系。为此，通常将主、旁两侧挡板按相反方向联动连接，以加大主烟道烟气量的变化和克服挡板的非线性。

（3）改变燃烧器（喷嘴）的倾角。采用改变燃烧器倾斜角度控制再热汽温，实际上是以改变炉膛火焰中心位置来使再热器的入口烟温改变，从而达到控制再热汽温的目的。

采用上述手段控制再热汽温比喷水控制再热汽温有较高的经济性。因为再热器采取喷水减温时，将减小效率较高的高压汽缸内的蒸汽流量，降低电厂热效率，所以在正常情况下，再热汽温不采用喷水调温方式。但喷水减温方式简单、灵敏、可靠，所以可将其作为再热汽温超过极限值的事故情况下的一种保护手段。

64. 除氧器有哪两个控制系统?

答:(1)除氧器压力控制系统。除氧器压力控制系统根据除氧器的运行方式是定压还是滑压,有不同的设计。

1)除氧器定压运行。以除氧器压力为被调量的定值控制系统的单回路调节系统。

2)除氧器滑压运行。机组正常运行时,除氧器内压力随抽气压力变化而变化。

在机组启、停和低负荷运行时,需用辅助蒸汽向除氧器供汽,以维持除氧器最低允许压力。此时用辅助蒸汽管道上的压力控制阀来控制除氧器的压力,使其不低于最低允许压力。当抽气压力超过该最小压力定值时,系统自动切换到抽气。除氧器压力控制系统一般为单回路调节系统。

(2)除氧器水位控制系统。除氧器水位控制通常设计为全程控制系统,通过控制进入除氧器的主凝结水量来维持除氧器水位,在机组启动和低负荷运行时,给水流量小,由单冲量调节系统控制除氧器水位;当给水流量超过一定数值后则由三冲量调节系统控制。三冲量分别为除氧器水位、给水流量、凝结水流量。

随着设计技术的成熟,滑压运行的除氧器具有效率高、运行简单等优点,滑压除氧器现已普遍使用。在机组正常运行时,除氧器汽源来自汽轮机抽汽门全开的四段抽汽,除氧器汽源压力和流量不受控制,而与被除氧水的温度、汽水接触面积与除氧器水位有直接的关系。凝汽器水位控制系统一般设计成单冲量调节系统,通过调节凝汽器补水调节阀来控制凝汽器热井水位为一定值。如采用带远传毛细管配件的差压变送器可以用远传检测头直接在被测点检测,将感受到的压力通过毛细管传递到变送器膜盒内进行测量。还有的厂商采用微波(雷达)测量仪器来检测,此时需要配置外接测量筒,将测量仪安装在测量筒上检测,也可以取得良好效果。

除氧器水位过高,可能造成除氧水加热不足、气水接触面积减小和水中溶解氧逸出困难,影响除氧效果;水位过高还可能造成气封进水、抽气管淹水，威胁汽轮机的安全运行；除氧器水位过低，除影响给水泵安全运行外，甚至会威胁锅炉上水，造成断水事故。因此，在机组运行中稳定除氧器水位，将其控制在最佳高度具有非常重要的意义。

65. 凝汽器水位高低对机组运行有哪些影响？

答：凝汽器水位过高或过低，对机组的影响主要体现在以下三方面：

（1）凝汽器水位过高（淹没了铜管），会使整个凝汽器的冷却面积减少，凝汽器真空值下降，凝结水过冷却，还容易使凝结水吸收空气，导致凝结水含氧量增加，加快凝汽器铜管的锈蚀，从而降低设备使用的安全性和可靠性；同时，也会导致凝结水温度降低，增加除氧器加热所需要的抽汽量，从而使机组的热效率降低。

（2）凝汽器水位升高严重（淹没了空气管），会使射水抽气器抽水，凝汽器真空值会严重下降。如果在这种情况下继续带负荷，就会造成机组发生超负荷运行，容易出现推力轴承乌金的磨损、轴向位移过大或轴封发生摩擦等严重故障，如果真空值继续下降，可能导致低真空保护动作，否则低压缸排汽门会爆破，致使机组被迫停止运行。

（3）凝汽器水位过低，将会引起凝结水泵汽蚀，直接影响凝结水泵安全运行，同时使凝结水泵出力下降，迫使除氧器的水位也跟着下降，严重时还会导致锅炉降低出力。

影响凝汽器水位变化的因素主要有汽轮机排汽凝结形成的凝结水量、化学补给水量和凝结水流量。由于凝汽量主要取决于汽轮机负荷，在汽轮机负荷不变的情况下，凝结水量基本不变，此时的凝汽器水位就是靠排水量与化学来的补水量进出平衡的。另外，除氧器水位的变化也是造成凝汽器水位大幅度变化的扰动原因之一。因此，控制好除氧器水位、调整好其压力，对凝汽器水位的稳定也有较大作用。

66. 如何实现除氧器水位和凝汽器水位的协调控制？

答： 由于除氧器水位和凝汽器水位之间存在耦合，两者各自采用单回路调节时，互相影响严重，很难长期稳定运行，有的工程将系统设计为两者协调控制方式，可以获得良好的控制效果。除氧器水位是通过调节进入除氧器的凝结水来满足要求的，而凝结水流量又直接影响凝汽器水位，如果凝结水流量大幅度变化则凝汽器水位也会大幅度变化。凝汽器水位的稳定取决于凝结水流量与凝汽量和化学补水的平衡，而凝汽量取决于汽轮机负荷，汽轮机负荷不变时，凝汽量基本不变，所以在稳定负荷时的凝汽器水位取决于凝结水流量与化学补水变化量的平衡。

由于化学补水流量只有凝结水流量的 $1/15 \sim 1/10$，故凝结水流量大幅度变化时化学补水很难弥补凝结水流量的变化。当凝汽器水位产生较大的变化时，如除氧器单回路调节系统投入自动时，会使凝汽器水位产生波动而使除氧器水位自动无法长期投入。除氧器水位和凝汽器水位为一个多变量对象，凝结水流量变化会同时影响除氧器水位和凝汽器水位。

单元机组中，在不考虑排污、疏水及其他汽水损耗的理想情况下，热力系统中的水量保持不变，外界不必补水。但实际情况是系统必定存在排污、疏水及其他汽水损耗，热力系统中的水量会逐渐减少，外界需要向系统补水，只是补水的量不会太大，一般采用化学补水调门向凝汽器补水。

热力系统中水量的变化主要体现在汽包、除氧器、凝汽器三大容器内水位的变化，即在理想情况下该三个容器的水量之和保持不变。当一个容器内的水位发生变化时，必定会影响其他两个容器的水位，但系统的总水量保持不变，只要通过合理的调节手段，就可以使三个容器的水位恢复正常。一般情况下汽包水位通过自动调节，水位变化量不会太大，为了简化问题可假定汽包水位是恒定的，把除氧器水量与凝汽器的水量之和作为系统水量来考虑。把两套水位作为一个整体，就能解决两水位互为耦合的问题，保证长期稳定运行。

第三章

单元机组启动和停运

第一节　单元机组启动概述

67. 单元机组启停对设备有哪些影响？

答：单元机组的启动是指将静止状态的机组转变为运行状态的过程；停运则是指启动的逆过程。由于单元机组是炉、机、电纵向联系的生产系统，因而其启停是整组启停，炉、机、电之间互相联系，互相制约，各环节的操作必须协调一致、互相配合，才能顺利完成。另外，由于单元机组启停过程中，设备部件都要经历温度的大幅度变化。因此，单元机组的启停，实质上是一个对设备部件的加热升温或冷却降温过程。

在启停过程中，锅炉、汽轮机的各个部件以及管道的温度和应力都要发生很大的变化。特别是高参数、大容量机组，由于设备体积庞大，结构复杂，各个部件（如锅炉受热面、汽包、汽水管道、汽轮机汽室、汽缸、转子、法兰及螺栓等）所处的条件不同，火焰及工质对它们的加热或冷却速度也不同，因而各部件之间或部件本身沿金属壁厚方向产生明显的温差，导致设备金属膨胀或收缩不均，而产生热应力。热应力随温差的变化使金属产生疲劳，当热应力超过允许的极限值时，会使部件产生裂纹乃至损坏。

在启停过程中，锅炉受热面内工质的流动不正常，有的受热面内工质流量很少，甚至在短时间内没有工质流动，因此该部分受热面不能被工质正常冷却，如果加热速度控制不当，就会造成部分受热面超温。而对于汽轮机，由于结构复杂，又有高速旋转的转子，因而当汽缸和转子之间出现膨胀差时，会使本来就小的动静间隙进一步缩小，甚至产生摩擦而损坏设备。大量的运行经验证明，一些对设备最危险、最不利的工况往往出现在启停过程中。有些在启停过程中产生的问题虽不立即引起明显的设备损坏，却会降低设备的使用寿命。

68. 机组启动状态有哪些划分方式？

答：（1）机组正常条件下应优先选择中压缸启动。中压缸启动状态按启动时，中压缸内缸内壁金属温度 T 划分：冷态启动时 $T<305℃$；温态启动时 $305℃≤T<420℃$；热态启动时 $420℃≤T<490℃$；极热态启动时 $490℃≤T$。

（2）在高中压缸联合启动时，按启动时汽轮机第一级高压内缸内壁金属温度 T 划分：冷态启动时 $T<320℃$；温态启动时 $320℃≤T<420℃$；热态启动时 $420℃≤T<445℃$；极热态启动时 $445℃≤T$。

（3）锅炉启动状态划分。冷态启动时停炉时间$>48h$，锅内压力$<0.5MPa$；温态启动时 $8h<$停炉时间$<48h$，$0.5MPa<$锅内压力$<9.0MPa$；热态启动时 $2h<$停炉时间$<8h$，$9.0MPa<$锅内压力$<14.0MPa$；极热态启动时停炉时间$<2h$，锅内压力$>14.0MPa$。

（4）按发电机—变压器组状态进行划分。

1）运行状态。发电机—变压器组出口断路器在合闸状态，出口隔离开关在合闸状态，励磁系统投入运行，发电机、主变压器及厂用高压变压器冷却系统均已投入运行，发电机—变压器组保护及自动装置正常投入运行。

2）热备用状态。发电机—变压器组出口断路器在热备用状态，出口隔离开关在合闸状态，励磁系统在热备用状态，厂用中压母线工作电源进线断路器处于冷备用状态，中压母线工作电源进线 TV 在运行状态，发电机、主变压器及厂用高压变压器冷却系统均已投入运行，发电机—变压器组保护及自动装置正常投入运行。

3）冷备用状态。发电机—变压器组出口断路器、隔离开关在分闸状态，励磁系统在冷备用状态，厂用中压母线工作电源进线断路器均在冷备用状态，中压母线工作电源进线 TV 在运行状态，发电机出口 TV 在运行状态。

4）检修状态。发电机出口断路器、隔离开关在分闸状态，励磁系统在检修状态，发电机出口 TV 在隔离位置，厂用中压母线工作电源进线断路器在检修状态，中压母线工作电源进线 TV 在隔离位置，主变压器出口两个接地开关在合闸状态，发电机出口 TV 柜避雷器上桩头已挂接地线，厂用中压母线工作电源进线 A、B 分支 TV 柜后已挂接地线，脱硫分支 TV 柜后已挂接地线，根据检修要求停用定冷水、氢气及密封油等系统并做好其他安全技术措施。

69. 机组启动前有哪些具体要求？

答：机组大小修后启动前应检查有关设备、系统异动、竣工报告，以及油质合格报告齐全；确认机组检修工作全部结束，工作票全部注销，现场卫生符合标准，有关检修临时工作平台拆除，冷态验收合格；各主辅设备连锁、厂用电源连锁、保护试验已完成并合格；各电动、气动阀门已调试完毕，开关方向正确；检修后的辅助设备已分部试运正常。

热工人员做好有关设备、系统连锁及保护试验工作，并做好记录。

机组启动专用工具、仪器、仪表及各种记录表纸、启动用操作票等已准备齐全，人员已安排好。

所有液位计明亮清洁，各有关压力表、所有就地测量装置一、二次门开启，表计指示正确。

集控室和就地各控制盘、柜完整，各种指示记录仪表、报警装置、操作、控制开关完整、好用。所有热工仪表、信号、保护装置送电。

检查各转动设备轴承油位正常，油质合格。

所有电动门、调整门、调节挡板送电，显示状态与实际相符合。基地式调节装置调试完毕，确定设定值正确并投入自动。

确认各电气设备绝缘合格、外壳接地线完好后送电至工作位置。

DCS、DAS、FSSS、BMS、DEH、MEH、TSI 及旁路等控制、监视系统投入正常；CRT 上各参数指示正确；检查管道膨胀指示器，并记录原始值。

厂房内外各处照明良好，事故照明系统正常，随时可以投运。

厂区消防系统投入正常，消防设施齐全。

70. 机组有哪些禁止启动条件？

答：对于现代大型发电机组来说，如果影响启动的安装、检修、调试工作未结束或不合格，工作票未终结和收回，设备现场不符合《电力安全工作规程》的有关规定都是不能启动的。具体说来，还有以下禁止启动条件：

（1）机组主要检测仪表监视功能失去，主要自动化控制或调节装置故障，影响机组启动或正常运行。

（2）机组任一主保护装置失灵。

（3）机组主要连锁保护功能试验不合格。

（4）机组主要调节装置、基地式调节装置失灵，影响机组启动或正常运行。

（5）机组仪表及保护电源失去。

（6）汽轮机中压内缸金属上下温差超过 35℃。

（7）汽轮机高、中压缸胀差大于 10.3mm 或小于－5.3mm、低压缸胀差大于 19.8mm 或小于－4.6mm、轴向位移大于或等于 0.6mm 或小于或等于－1.05mm。

（8）主机转子偏心度大于原始值的 110%。

（9）汽轮机高中压主汽门及调门、抽汽止回门、高压排汽止回门之一卡涩不能关闭严密。

（10）机组主要热工连锁保护（机、电、炉连锁，锅炉MFT，汽轮机保护）任一动作不正常，发电机—变压器组保护任一动作不正常。

（11）交流润滑油泵（TOP）、交流启动油泵（MSP）、直流事故油泵（EOP）、EH油泵、顶轴油泵、盘车装置，任一故障或其相应的连锁保护试验不合格。

（12）盘车时有清晰的金属摩擦声，盘车电流明显增大或大幅度摆动。

（13）汽轮机润滑油箱油位、EH油箱油位低于极限值或油质不合格，润滑油油温低于27℃。

（14）汽、水品质不合格。

（15）轴封供汽不正常。

（16）主机危急保安器超速试验不合格。

（17）发电机氢冷系统故障或氢气纯度（小于96％）、湿度不合格。

（18）密封油系统故障。

（19）旁路系统故障，无法满足机组启动及保护要求；BMS监控装置工作不正常。

（20）汽轮机调节系统工作不正常，不能维持空负荷运行，机组甩负荷后不能控制转速在危急遮断器动作转速以下。

（21）发电机—变压器组一次系统绝缘不合格。

（22）发电机电压调节器工作不正常。

（23）发电机同期系统不正常。

（24）保安柴油发电机组故障。

（25）UPS、直流系统存在直接影响机组启动后安全稳定运行的故障。

（26）发电机定子冷却水系统有故障或水质不合格。

（27）锅炉汽包就地双色水位计故障不能投运。

（28）机组大修后，发电机气密性试验不合格。

（29）MCS、FSSS、DEH 系统工作不正常，影响机组正常运行。

（30）仪用空气工作不正常，不能提供机组正常用气。

（31）机组发生跳闸后，原因未查明、缺陷未消除。

71. 如何对机组启动方式进行选择？

答：（1）无论何种启动方式，必须确保进入汽轮机的主、再热蒸汽至少有 56℃ 以上的过热度；暖机时间的确定，应根据"启动—升负荷图"进行。

（2）中压缸启动应由启动前中压进汽室金属温度、再热汽压力及温度确定汽轮机中速、全速及并网后初负荷暖机的时间，汽轮机倒缸结束后的暖机时间由并网前高压缸第一级金属温度、主蒸汽压力及温度确定。

（3）在自启动投入的情况下，DEH 画面有中速、全速及初负荷的暖机计算时间，可参照执行，但必须确认主机差胀、内外壁温差及温度变化率在相应的规定要求内。

（4）冷态启动时，主、再热蒸汽压力和温度应满足"冷态启动曲线"的要求，并根据（3）的要求确定暖机时间。

（5）非冷态启动时，在满足各状态启动曲线要求的同时，主蒸汽温度与高压第一级金属温度及再热蒸汽温度与中压进汽室金属温度的不匹配值应尽可能控制在 −10～55℃ 范围内，理想的不匹配值在 28～55℃ 范围内。

（6）在选择蒸汽参数时必须使金属温度变化率满足"高、中压转子在各种循环寿命消耗条件下的温度变化率和温度变化量关系曲线"的要求，通常选择高、中压缸金属温度突变的寿命损耗值小于 0.001%。

（7）机组启动优先采用中压缸启动。

72. 机组冷态启动有哪些要求和注意事项？

答：（1）机组冲动前润滑油温保持 35℃ 以上，最低不得低于 32℃。

（2）机组冲动前，程控疏水及手动疏水就地实际位置和盘上显示相一致且处于全开状态，同时疏水通畅。

（3）机组冲动后转速大于 3r/min，盘车机构能够自动退出，否则立即停机。

（4）机组启动过程中严密监视汽轮机组各轴承振动及金属温度的变化，如超标应立即打闸停机。

（5）严禁采用降速暖机和硬闯临界转速等方法来消除振动。

（6）注意监视汽缸的绝对膨胀和相对膨胀，防止汽缸膨胀受阻，汽缸膨胀应连续胀出，没有卡住现象。

（7）注意监视汽温、汽压、真空、窜轴、油压、油温、凝汽器水位、除氧器水位、轴封压力、发电机风温、励磁机风温。

（8）中速暖机和汽轮机导油期间，应加强监视和联系，避免油压波动。

（9）机组启动过程中，发现汽缸上、下壁温差大于 42℃时，应立即查明原因，检查疏水阀的状态，如汽缸上、下温差达 56℃以上，机组打闸。

（10）当汽轮机转速达 2900r/min 时，应满足阀切换的条件。

73. 热态启动有哪些要求与注意事项？

答：（1）机组汽缸金属温度在 121℃以上时，不允许做需机组挂闸的试验和锅炉一次汽系统水压试验。

（2）冲动前先向轴封供汽后抽真空。

（3）高中压缸本体疏水处于关闭状态，冲动前 5min 再开启。

（4）冲动前锅炉升温升压期间，注意高中压自动主汽门调速汽门、高压排汽止回门、抽汽止回门是否严密，防止低温蒸汽或疏水漏入汽缸，做好金属温度记录。

（5）机组冲动的升速率和初负荷暖机时间根据"热态启动曲线"确定。

（6）机组定速后，检查各部正常，汇报值长，通知电气尽快并列，并列后尽快将负荷加至汽缸金属温度对应的负荷，然后按冷态曲线进行加负荷。

（7）升速或加负荷过程中，尽可能避免汽缸金属温度下降，如下降应限制第一级金属温降不超过35℃，最大不许超过50℃。

（8）机组热态启动前润滑油温应在35～40℃。

（9）锅炉点火后尽量提高汽温，以适应汽轮机启动要求，如汽压升得快而汽温升得慢，应适当开大高低压旁路的开度。

（10）机组热态启动汽缸内因进水，使汽缸对应点上、下温差达56℃以上，造成汽缸变形，须连续盘车18h以上，才允许启动。

（11）在热态启动过程中，如发生不正常的振动跳机后再次启动，须查明原因经总工批准后，方可再次启动。

74. 热态和冷态启动时的操作主要有哪些区别？

答：对于现代大型火力发电机组而言，在运行过程中，热态和冷态启动时操作的主要区别如下：

（1）热态启动时需严格控制上下缸温差不得超过50℃，双层内缸上下缸温不超过35℃。

（2）转子弯曲不超过规定值。

（3）主蒸汽温度应高于汽缸最高温度50℃以上，并有50℃以上的过热度。冲转前应先送轴封汽后抽真空。轴封供汽温度应尽量与金属温度相匹配。

（4）热态启动时应加强疏水，防止冷汽冷水进入汽缸。真空应适当保持高一些。

（5）热态启动要特别注意机组振动，及时处理好出现的振动，防止动静部分发生摩擦而造成转子弯曲。

（6）热态启动应根据汽缸温度，在启动工况图上查出相应的工况点。冲转后应以较快的速度升速、并网，并带负荷到工况点。

75. 机组冷态启动时，如何对设备进行保护？

答：（1）对水冷壁的保护。在点火初期，水冷壁受热偏差大，水循环不均匀，由于各水冷壁管存在温差，所以会产生一定的热应力，严重时会造成水冷壁损坏。保护措施有：加强水冷壁下联箱放水，促进水循环的建立；维持燃烧的稳定和均匀；点火前投入底部加热装置。

（2）对汽包的保护。点火前进水和点火升压时，防止汽包壁温差大。保护措施有：加强水冷壁下联箱放水，促进水循环的建立；维持燃烧的稳定和均匀；点火前投入底部加热装置；按规程规定控制进水速度和水温；严格控制升温升压速度。

（3）对过热器的保护。初期控制过热器进口烟温，在升压过程中控制出口汽温不超限。

（4）对再热器的保护。再热器主要通过旁路流量来冷却，但采用一级大旁路系统必须控制再热器进口烟温，否则再热器可能超温。

（5）省煤器的保护。打开省煤器再循环门，促进省煤器再循环。

76. 冷态启动时应注意什么问题？

答：（1）正确点火。充分通风后先投点火装置，然后投油枪。

（2）对角投用火嘴，及时切换，力求火焰均匀。

（3）调整引送风量，炉膛负压不宜过大。

（4）监视排烟温度，防止二次燃烧。

（5）尽量提高一次风温，根据不同燃料合理送入二次风，调整两侧烟温差。

（6）操作中做到制粉系统开停稳定，给煤机下煤量稳定，给粉机转速稳定，风煤配合稳定，氧量稳定，汽压汽温上升稳定，升负荷稳定。

（7）严格控制升温、升压速度，控制汽包壁温差不高于 40℃。

（8）尽量增加蒸汽流通量，监视各管壁温度不超限。

77. 单元机组的冷态启动前的检查与准备工作有哪些？

答： 冷态启动是在机组检修后或刚安装好时进行的启动。启动前的检查和准备工作是关系到启动工作能否安全顺利进行的重要条件。检查和准备的目的是使设备和系统处于最佳启动状态，以达到随时可投运的条件。启动前，检查和准备的范围包括炉、机、电主辅机的一次设备及监控系统，其主要内容如下。

（1）安装或检修完毕，安全措施拆除。

（2）炉、机、电的一次设备完好。

（3）各种仪表、操作装置及计算机系统处于正常工作状态，电气保护动作良好。

（4）进行有关试验和测量，并符合要求。主要内容如下。

1）锅炉水压试验。由于单元机组锅炉出口一般不设截止门，试验时，水压一直打到汽轮机主汽门前，要求主汽门一定关严。试验结束后，锅炉放水至低水位，而主蒸汽管道放水要在锅炉点火前完成，以防引起主蒸汽管的水冲击。

2）发电机组连锁、锅炉连锁和泵的连锁试验。

3）炉膛严密性试验。

4）汽轮机控制系统的静态试验。对中间再热机组而言，调速保安系统的静态试验必须在锅炉点火前进行。

5）转动机械的试运转。

6）油泵联动试验。

7）汽轮机大轴挠度测量。

8）电气设备的绝缘测定。

9）阀门及挡板的校验。

（5）原煤仓应有足够的煤量。对于煤粉炉，制粉系统应处于准备状态，中间储仓式制粉系统应有足够的粉量。

（6）除盐水充足合格，补充水箱水位正常，水质化验合格。

（7）送厂用电，并给机组辅机电动机送电。

（8）辅助设备及系统启动。

1）启动循环水泵，进行凝汽器通循环水、凝结水除盐装置的准备和投运。

2）启动工业水泵，投入连锁开关。

3）启动空气压缩机，投入厂用压缩空气系统。

4）启动润滑油系统，低油压保护投入。启动润滑油泵，进行油循环。当油系统充满油、润滑油压已稳定时，对油管、法兰、油箱油位、主机各轴承回油等情况进行详细检查。

5）投密封油系统。

6）投调速抗燃油系统。

7）发电机充氢。

8）启动顶轴油泵，投入汽轮机盘车装置。

9）启动化学补充水泵，向凝汽器补水至正常位置。

10）启动锅炉或邻机送汽至辅助蒸汽母管暖管。暖管结束后投辅助蒸汽系统运行。

11）启动凝结水泵，投连锁开关，凝结水再循环和水质合格后，向除氧器上水，冲洗凝结水系统及除氧器。冲洗合格后，将除氧器水位补至正常水位，然后投"自动"。

12）给水泵充水及暖管，给水泵投正暖。

13）锅炉投回转式空气预热器。

14）投盘车，冲转前盘车应连续运转 4h，特殊情况不少于 2h。

15）投轴封系统，用辅助汽源向轴封送汽。转子静止时绝对禁止向轴封送汽，否则可能引起大轴弯曲。高压内缸上壁温度小于 150℃时，要求进行盘车状态下汽缸预热。

16）启动真空泵，抽真空。真空大于相关规程规定的限值时，联系锅炉点火。

17）启动发电机水冷系统。

运行证明，若启动前的准备工作不全面、细致，以及对某设备缺陷或隐患未能及时发现，将会造成启动持续时间拖长，启动损失大，设备可靠性差，同时还易使运行操作人员发生误操作的几率增加，使启动自动化的问题变得复杂等。所以，在启动前必须认真仔细地对设备及系统进行检查，对设备的保护装置和主要辅机都要按照有关规程规定的内容认真进行试验，确保其性能良好，减少启动操作次数，提高机组的可靠性。

78. 对于单元机组的连锁保护，有哪些试验方法？

答：（1）信号模拟法。保护信号原则上应在发信源就地一次元件处采用物理试验方法进行。如锅炉汽包水位保护用上水和放水方法进行高低水位保护试验，严禁用信号短接方法模拟替代；高压加热器水位采用就地注水；汽轮机润滑油压力低停油泵等加温、加压、注水、放水、放油的方法。当现场采用物理试验法有困难时，在确保测量设备校验准确的前提下，可以在现场测量设备处模拟试验条件。

如果有些试验信号要通过DCS转换，将模拟量转换为开关量信号，而在现场采用物理试验法有困难，原则上应在现场变送器处通过信号发生器模拟进行。若仍有困难，由技术人员在电子室或工程师站上加模拟量信号，在操作员站上检查开关量动作情况及相应的模拟量定值。

由现场信号开关直接发送的开关量信号，可在现场信号开关处短接模拟。

（2）传动试验法。试验前应完成试验设备远操手动分、合闸操作（在操作员站上完成）并确认正常。6kV电气设备的传动试验，应将开关送至"试验"位置进行。

380V电气设备的传动试验，如开关有"试验"位置，应将开关送至"试验"位置进行；如开关无"试验"位置，在条件许可的情况下，应将开关送至"工作"位置投运设备后再进行。

在同一设备的传动试验中，至少应完成一次至一次设备（如电气开关）的传动试验，其余传动试验可做至出口信号动作为止。

（3）辅机保护试验。

1）试验前有关设备按要求进行检查。

2）由运行人员调整系统运行状态，以满足试验要求；如果无法满足试验要求，应由热工人员负责强制有关信号，并做好记录。

3）在 OPR 的画面上检查设备无禁止启动条件。

4）由运行人员按要求投入试验设备。

5）由热工人员按要求模拟连锁保护信号；就地有试验装置的应通过试验装置发信号。

6）同一设备的保护试验至少应完成一次至一次设备（如电气开关）的传动；其余保护确认方法可通过检查 OPR 中该设备保护首出画面中相关的保护动作信号及打印记录进行判断。

7）每做完一项保护信号模拟试验后，应及时按试验要求恢复，并在 OPR 及打印记录上确认无误后，方可进行下一项信号模拟试验。

（4）设备切换连锁试验。

1）如参与试验的设备在试验中需处于实际运行状态，则应按有关设备的正常启停要求进行试验前的检查工作；如参与试验的设备在试验中电气开关处于"试验"位置，则要求在试验前检查开关的状态、开关分合的许可条件及 DCS 中有关设备的启停条件。

2）按试验要求在 OPR 上将主设备投入，检查备用设备处于正常备用状态。

3）在 OPR 上将设备连锁开关切至自动位置。

4）停用运行主设备，检查备用设备自启动、OPR 上运行设备控制窗口黄闪，相关光字报警。

5）由热工人员负责模拟热工连锁信号，检查备用设备自启。

6）由热工人员负责模拟热工连锁信号，检查备用设备自停（如有自停功能）。

（5）阀门连锁试验。

1）试验前检查有关阀门在 OPR 上可进行开、关操作。

2）投入相关连锁。

3）由热工检修人员模拟连锁信号。

4）检查相应阀门动作情况。

（6）报警回路试验。由热工检修人员模拟报警信号，在 OPR、DEH、就地屏上确认报警信号到位情况。

在试验结束后，所有试验记录应进行归档，热工连锁保护试验应如实记录试验时间、试验结果及参加试验的有关人员。有关人员应将根据试验要求进行强制及模拟的回路信号及时恢复至试验前的状态，将系统设备及时恢复至试验前状态，并做好记录。

79. 如何进行锅炉总连锁试验？

答：（1）试验条件。各转机单项试验合格，将转机开关拉至试验位置；其他启动条件符合。

（2）试验操作。依次合上全部空气预热器、引风机、送风机、一次风机、磨煤机、给煤机均应显示合闸成功，分别进行如下操作：

1）事故切断两台空气预热器或一台运行的空气预热器（另一台停用），延时 5min 后，联跳运行的全部引风机、送风机、一次风机、磨煤机、给煤机，并联关送风机、一次风机出口联络门；MFT 保护动作。空气预热器主电动机跳闸后，辅电动机联动投运。

2）事故切断两台引风机或一台运行的引风机（另一台停用），则联跳全部运行的送风机、一次风机、磨煤机、给煤机；MFT 保护动作。

3）事故切断一台引风机（两台运行），则联跳相应侧送风机；RB 保护动作。

4）事故切断两台送风机或一台运行的送风机（另一台停用），则联跳全部运行的引风机、一次风机、磨煤机、给煤机、关闭一次风机及送风机出口联络门；MFT 保护动作。

5）事故切断一台送风机（两台运行），则联跳相应侧引风机；RB 保护动作。

6）事故切断两台一次风机或一台一次风机（另一台停用），则联跳全部运行的给煤机、球磨机；MFT 保护动作。

7）事故切断一台一次风机（两台运行）；RB 保护动作。

80. 如何进行机炉电大连锁试验?

答:（1）试验前机组状态。发电机冷备用、锅炉未点火、汽动机处于盘车状态。机组大连锁试验前应确认锅炉 MFT 试验及汽轮机 ETS 试验正常，机组大连锁试验一般在锅炉 MFT 试验及汽轮机 ETS 试验后进行。

（2）试验前的准备工作。

1）确认锅炉 MFT 试验已结束，锅炉吹扫完成，MFT 复归。

2）确认汽轮机 ETS 试验已结束，汽轮机具备挂闸条件后将汽轮机挂闸。

3）检查发电机—变压器组断路器、励磁断路器、起励断路器均在"断开"位置。

4）检查发电机—变压器组断路器两侧的隔离开关及发电机—变压器组出口隔离开关在"断开"位置。

5）检查发电机—变压器组保护动作关主汽门连接片投入。

6）送上发电机—变压器组的控制、信号、保护及励磁开关的控制电源。

7）通知热控人员强制试验信号。

（3）试验操作步骤。汽轮机跳锅炉、电气操作步骤如下。

1）确认上述准备工作全部完成，并通知各试验人员开始试验。

2）联系热控复置 ETS 信号正常，并清除 ETS 首跳记忆。

3）在 DEH 画面上进行机组挂闸，检查高压安全油压建立，按下功能键"RUN",检查高、中压主汽门开启。

4) 在 DEH 手操面板上按"手动"按钮,将控制方式切为操作员手动。

5) 手动将高压调门、中压调门开至100%。

6) 确定发电机励磁断路器、发电机—变压器组两只断路器已合闸。

7) 确定机跳炉、机跳电保护连锁投入。

8) 在 DEH 盘上按"停机"按钮。

9) 检查高、中压主汽门、调门关闭。

10) 检查"MFT"动作正常。

11) 确认灭磁开关、主断路器已跳闸。

12) 相关信号发信正常。

根据要求,分别做炉跳机、电,电跳机、炉保护试验,试验方法同上。

确认以上保护、信号动作正确,保护连锁试验完毕;通知热控人员将因试验强制的信号和退出的保护全部恢复,运行人员将发电机—变压器组(包括厂用工作开关)重新恢复到冷备用状态,其他系统根据值长命令保持运行或停运。

81. 超临界机组的启动有什么特点?

答:超临界机组中的超临界锅炉与亚临界自然循环锅炉的结构和工作原理不同,启动方法也有较大的差异,超临界锅炉与自然循环锅炉相比,有以下启动特点。

(1) 设置专门的启动旁路系统。直流锅炉的启动特点是在锅炉点火前就必须不间断地向锅炉进水,建立足够的启动流量,以保证给水连续不断地强制流经受热面,使其得到冷却。一般高参数大容量的直流锅炉都采用单元制系统,在单元制系统启动中,汽轮机要求暖机、冲转的蒸汽在相应的进汽压力下具有50℃以上的过热度,其目的是防止低温蒸汽送入汽轮机后凝结,造成汽轮机的水冲击。因此直流炉需要设置专门的启动旁路系统来排除这些不合格的工质。

（2）配置汽水分离器和疏水回收系统。超临界机组运行在正常范围内，锅炉给水靠给水泵压头直接流过省煤器、水冷壁和过热器，直流运行状态的负荷从锅炉满负荷到直流最小负荷，直流最小负荷一般为 25％～45％。低于该直流最小负荷，给水流量要保持恒定。例如在 20％负荷时，最小流量为 30％意味着在水冷壁出口有 20％的饱和蒸汽和 10％的饱和水，这种汽水混合物必须在水冷壁出口处分离，干饱和蒸汽被送入过热器。因而在低负荷时超临界锅炉需要汽水分离器和疏水回收系统。疏水回收系统是超临界锅炉在低负荷工作时必需的另一个系统，它的作用是使锅炉安全可靠地启动并使其热损失最小。

（3）启动前锅炉要建立启动压力和启动流量。启动压力是指直流锅炉在启动过程中水冷壁中工质具有的压力。启动压力升高，汽水体积质量差减小，锅炉水动力特性稳定，工质膨胀小，并且易于控制膨胀过程；但启动压力越高对屏式过热器和再热器的保护越不利。启动流量是指直流锅炉在启动过程锅炉的给水流量。

（4）内置式汽水分离器的控制方式。超临界机组具有启动分离器，按分离器在系统运行时是参与系统工作还是解列于系统之外，可分为内置式分离器启动系统和外置式分离器启动系统。在国内的超临界机组中均采用内置式汽水分离器。

内置式启动分离器在湿态和干态的控制是不同的，而且随着压力的升高，湿态与干态的转换是内置式汽水分离器的一个显著特点。

1）内置式汽水分离器的湿态运行。锅炉负荷小于 35％时，超临界锅炉运行在最小流量，产生的蒸汽小于最小流量，水分离器处于湿态运行，汽水分离器中多余的饱和水通过汽水分离器液位控制系统控制排出。

2）内置式汽水分离器的干态运行。当锅炉负荷大于 35％以上时，锅炉产生的蒸汽大于最小流量，过热蒸汽通过汽水分离器，此时汽水分离器为干式运行方式，分离器出口温度由煤水比控制，即由汽水分离器湿态时的液位控制转为温度控制。

3）汽水分离器湿干态运行转换。在湿态运行过程中锅炉的控制参数是分离器的水位和维持启动给水流量，在干态运行过程中锅炉的控制参数是温度控制和煤水比控制，在湿、干态转换中可能发生蒸汽温度的变化，故在该转换过程中必须保证蒸汽温度的稳定。

超临界直流锅炉与亚临界汽包锅炉最大的区别在于超临界直流锅炉设计有启动旁路系统。启动旁路系统在锅炉启动时，需保证直流炉水冷壁的最小流量（约 35％MCR）。当负荷小于 35％MCR 时，汽水分离器处于有水状态（即湿态运行），此时通过水位控制阀完成对分离器水位控制及最小给水流量控制；当负荷上升等于或大于 35％MCR 时，给水流量与锅炉产汽量相等，为直流运行方式，进入干态运行，汽水分离器变为蒸汽联箱使用。

为平稳实现锅炉控制由分离器水位和最小流量控制转换为蒸汽温度控制及给水流量控制，必须首先增加燃料量，而给水流量保持不变，这样过热器入口焓值随之上升。当过热器入口焓值上升到定值时，温度控制器参与调节，使给水流量增加，从而使蒸汽温度达到与给水流量的平衡（燃水比控制蒸汽温度）。升负荷过程中，分离器从湿态向干态转换。

82. 机组升负荷过程中有哪些注意事项？

答：（1）汽轮机注意事项。

1）启动过程中，要注意凝汽器、除氧器、加热器、定子冷却水箱水位正常，各油箱油位正常，油温符合要求。

2）检查各冷却器自动温度调节正常。

3）在机组启动过程中，化学应连续监测各汽、油、水品质合格。

4）汽缸进汽转换结束后，确认 DEH 显示的阀位指令与 CCS 的负荷指令一致后，可将机组的负荷控制由 DEH 切至 CCS

控制。

5）在低压缸排气温度高于 52℃时，不宜快速加负荷，以免低压排汽缸过热，并注意低压缸减温水的运行情况。

6）负荷低于 180MW 不宜长久运行，其间应注意高压排汽金属温度的变化。

7）机组加负荷的速率，应使汽缸及阀门室的金属温度变化率及内、外壁温差分别满足金属温度变化率及温差控制曲线的要求，必要时稳定负荷，调整蒸汽参数以改善机组金属温度及差胀等的变化。

8）机组运行正常后，应注意及时将轴封溢流切向低压加热器。

9）根据主机真空及冷却水温情况，启动第二台循环水泵运行。

10）机组升负荷过程中，及时对发电机补氢，将氢压升至额定值。

11）机组负荷大于 40%以上应尽早投入机、炉协调控制。

（2）锅炉注意事项。

1）锅炉启动过程中，应严格控制汽包上、下壁温差小于 56℃及炉水温升率满足要求。

2）启动期间应监视锅炉本体膨胀情况，并保持各部膨胀均匀。

3）在锅炉启动燃油期间，应保持空气预热器蒸汽连续吹灰。注意监视空气预热器各参数的变化，防止发生二次燃烧。

4）全部油枪撤出后，燃油系统应处于热备用状态，就地检查所有油枪均已退出炉膛。

5）当蒸汽流量小于 10%MCR 或发电机并列前，炉膛出口烟温不高于 540℃。

6）一级过热喷水减温器后的蒸汽温度，须保证大于 14～28℃的过热度，严防蒸汽带水。

7）锅炉启动过程中，应注意监视过热器、再热器的管壁温度，严防超温爆管。

8）升压过程中当 SiO_2 含量超限时，应停止升压，并开大连续排污进行洗硅。

9）燃料量的调整应均匀，以防汽包水位、主蒸汽压力、主蒸汽温度、再热蒸汽温度，炉膛负压波动过大。

10）注意监视和调整燃烧情况，保持炉内燃烧稳定，特别是在投、撤油枪及启、停磨煤机时。

（3）电气注意事项。

1）在机组升负荷过程中要随时调节发电机的功率因数，保证有、无功负荷的比例。

2）机组在升负荷过程中要严密监视发电机—变压器组的参数（如发电机、主变压器温度，发电机、主变压器电流、电压等）。

3）机组在升负荷过程中监视励磁系统的参数（如励磁电压、电流，各功率柜的电流均匀分配等），跟踪正常无报警。

83. 机组温、热态启动的操作原则是什么？

答：机组温、热态启动，关键是控制主、再热蒸汽温度与汽动机高、中压内缸金属温度相匹配，其基本操作过程类似于机组冷态启动。机组温、热态启时应尽快带负荷，以避免转子金属温度下降而产生过大的热应力。

除严格执行冷态启动的有关规定及操作步骤外，应按温、热态启动曲线进行升速、暖机、带负荷。汽轮机冲转时，主、再热汽温分别与高压缸第一级及中压进汽室金属温度的失配值不超过 $-55\sim+110℃$，且主、再热汽温必须有 $56℃$ 以上的过热度；在盘车状态下应先送轴封，后抽真空，根据缸温决定轴封汽源，尽量采用与轴封金属温度相匹配的高温蒸汽供轴封，轴封供汽前应充分疏水暖管；锅炉点火后应及时投入汽机旁路系统，严格按升温升压率控制主、再热蒸汽温度。

热态（温态）启动时所有汽轮机防进水保护阀门应打开，汽轮机冲转前，必须确保主、再热蒸汽管道各疏水点的疏水时间不少于 5min；汽轮机冲转前，必须确认汽轮机处于盘车状态或汽轮机还处于惰走阶段但转速不在临界转速区域内，严禁汽轮机在临界转速区域惰走时冲转升速。

升速率、升负荷率及暖机时间查启动和升负荷图确定，汽轮机冲转升速时，应严密监视高、中压缸第一级金属温度变化率、高压差胀、低压差胀、汽缸膨胀、轴向位移的变化和机组振动情况。汽轮机状况允许时，可以不进行中速暖机，快速冲转、升速，避免汽缸冷却。

锅炉温、热态启动各项检查和准备与冷态启动情况基本相同；锅炉温、热态启动点火步骤与冷态相同，按热态启动曲线控制升温升压，一般先点燃中间层和上层燃烧器油枪。

机组温、热态启动应注意中压缸内壁上下缸温差不大于 35℃；高、中压阀座内外壁金属温度差在金属温差曲线要求范围内时，冲转前必须进行不少于 5min 的疏水；疏水期间，禁止凝汽器高水位运行，避免出现汽水撞击振动。

汽轮机冲转、并网过程中的主蒸汽流量必须满足低压旁路阀的开度，维持再热蒸汽压力处于可调范围内。切缸前的主蒸汽流量必须满足所对应负荷的蒸汽流量；如送、引风机已停运，则锅炉点火前，在各项准备工作完成后，再启动送、引风机进行炉膛吹扫，尽可能减少对炉膛的冷却。

点火后，尽快启动一次风机，将两台磨煤机处于暖磨备用状态，必要时可启动一台磨煤机提高主、再热汽温；机组带初负荷后，必须确保低压缸排汽温度不高于 52℃方可进行快速升负荷；机组升负荷的过程同样应控制金属温度变化率及汽轮机各部位的内、外壁温差满足相关曲线的要求；汽动给水泵组的检查和预暖要及时，第一台汽动给水泵应尽早冲转升速，并入给水系统。

84. 机组极热态启动时，对运行人员的操作有哪些具体要求？

答：机组极热态启动，确认 DEH 显示机组状态在极热态；

极热态启动采用中压缸冲转时，通过疏水对锅炉进行缓慢泄压，再投入旁路系统，以免造成锅炉的快速冷却。

对于运行人员而言，极热态启动应注意下列具体规定及注意事项。

（1）运行中机组跳闸，如果故障能很快排除且机组准备马上启动时，则不破坏真空。

（2）机组极热态启动，关键是控制主、再热蒸汽温度与汽轮机高中压内缸金属温度相匹配，其基本操作过程与机组冷态启动相似。汽轮机可快速冲转、升速、并网，按缸温及温差对应曲线快速带负荷，以避免转子金属温度下降而产生过大的热应力。

（3）极热态启动时所有汽轮机防进水保护阀门应打开。汽轮机冲转前，必须保证主、再热蒸汽管道、导汽管疏水阀已连续疏水不少于5min；在中压缸内壁上下缸温差不大于35℃，高、中压阀座内外壁金属温度差在金属温差曲线要求范围内时，在冲转前必须进行不少于5min的疏水，禁止凝汽器高水位运行，避免出现汽水撞击振动；汽轮机冲转、并网过程中的主蒸汽流量必须满足低压旁路阀的开度在维持再热蒸汽压力处于可调范围内。

（4）如送、引风机已停运，则锅炉点火前，应在各项准备工作完成以后，再启动送、引风机进行炉膛吹扫，尽可能减少对炉膛的冷却；锅炉一般先点燃中间层燃烧器油枪，点火后，尽快启动一次风机，将两台磨煤机处于暖磨备用状态。

（5）锅炉点火后，开启包墙环形集箱疏水阀后，低温过热器进口联箱的疏水阀应迅速关闭。尽可能提高主蒸汽温度；根据升温、升压率及时投入制粉系统运行。

（6）机组带初负荷后，必须确保低压缸排汽温度低于52℃方可进行快速升负荷。

（7）机组升负荷的过程同样应控制金属温度变化率，保证汽轮机各部位的内、外壁温差满足相关曲线的要求。

汽动给水泵组的检查和预暖要及时，第一台汽动给水泵应尽早冲转升速，并入给水系统。

第二节 锅 炉 机 组 启 动

85. 锅炉启、停过程时，如何兼顾安全性和经济性？

答：在锅炉启、停过程中，各部件的工作压力和温度随时都在变化，且各部件的加热或冷却是不均匀的，金属部件中存在着温度差，膨胀变形不一致会产生热应力。所以对汽包、联箱等厚壁部件的上下壁、内外壁温差要严格控制，以免产生过大的热应力而使部件损坏。该温差是随着升（降）压速度与升（降）负荷速度增大而增大的，为减小热应力，必须限制升（降）压和升（降）负荷速度，但这势必会增加启、停时间。

锅炉点火后就开始加热各受热面和部件。此时，工质尚处于不正常的流动状态，冷却受热面的能力差，会引起局部金属受热面管壁超温，使汽包等靠工质间接加热的部件产生不均匀的温差。启动初期，水循环尚未建立的水冷壁、未通汽或汽流量很小的再热器、断续进水的省煤器都可能有管壁超温损坏的危险。

在启动初期，炉膛温度低，点火后的一段时间内投入的燃料量少，燃烧不易控制，容易出现燃烧不完全、不稳定，炉膛热负荷不均匀，可能出现灭火和炉膛爆燃事故。此外，燃烧热损失也较大，同时会使并联管吸热偏差增大。所以，点火后希望快速增加燃料投入量，以加强燃烧，提高炉膛温度，均匀炉膛热负荷，建立稳定、经济的燃烧工况。但是增加燃料投入量受到升温速度与排放损失等的限制。

在启、停过程中，所用的燃料除用以加热工质和部件外，还有一部分消耗于排汽和放水，而后者是一种热量损失。如排汽和放水未能全部回收，热量就必然伴随工质的损失而损失掉。此外，在低负荷燃烧时，不仅过量空气量较大，而且不完全燃烧损失也较大。这些损失的大小与启动方式、操作方法及启动持续时间有关。

86. 在机组启停时，为什么要控制汽包温差？

答：冷态启动时，汽包在进水前，其金属温度接近环境温度。进水时，一定温度的给水与汽包内壁接触，由于汽包壁较厚，其内壁温度升高较快而外表温度上升较慢，因而形成内、外壁温差。另外，汽包壁在汽包水位以下被给水浸没，该部分受热，壁温上升，使汽包下半部壁温高于上半部。由于汽包内外壁、上下壁存在温差，温度高的部位金属膨胀量大，温度低的部位金属膨胀量小，而汽包是一个整体，其各部位间无相对位移的自由，因而汽包内侧和下半部受到压缩，外侧和上半部受到拉伸。汽包压缩部位产生压缩热应力，拉伸部位产生拉伸热应力，且温差越大，所产生的热应力也越大。该热应力与温差成正比关系，而温差的大小又取决于金属加热或冷却的速度和金属壁厚。故在进水时，汽包下部内壁产生的压缩热应力由汽包下部的压缩热应力和汽包内外壁温差使内壁产生的压缩热应力叠加而达到最大。为减小该热应力，在进水过程中应限制汽包上下壁、内外壁温差，其方法为限制进水温度和进水速度。一般规定冷态启动时，锅炉进水温度不高于100℃，热态进水时，水温与汽包壁温差不大于40℃。

现今高参数、大容量的锅炉汽包均装设上下壁温测点若干对，以便于监视，若发现温差过大，应减缓升、降压速度或暂停升降压。对单元机组采用滑参数启动时，升压速度更应严格控制，因为在低参数启动阶段，若升压太快，则蒸汽对汽包上半壁的加热更剧烈，引起的温差就更大。在点火后升压的初期阶段，应设法迅速建立正常的水循环，以加强汽包内水的流动，从而减小汽包温差。为此，可在各水冷壁下联箱内设置邻炉蒸汽加热装置。在点火前先预热带压，不仅有利于水循环的建立，而且有利于缩短启动时间。

在停炉过程中，锅炉部件要从热态过渡到冷态，同样要经历温度与压力的变化。注意点仍需放在温度的变化上，合理控制冷却速度，防止产生过大的内外壁温差和热应力。若该热应力与锅炉部件工作引起的机械应力、自重和圆度引起的弯曲应力，以及焊接残余应力叠加，会使汽包处在十分复杂的应力状态。

在降压过程中，汽包仍会出现上下壁温差，因为汽包壁是靠内部工质进行冷却的，冷却不均就出现温差。停炉时，汽包内炉水的压力及对应的饱和温度下降，下汽包壁对炉水放热，使壁面得到较快的冷却，而与汽包上壁接触的蒸汽在降压过程中仍呈过热状态，放热系数较低，金属冷却较慢，所以仍会出现上壁温度高于下壁温度的现象。而且，降压速度越快，该温差越大。应特别注意，当压力降到低值时，将出现较大的温差，故在低压范围内，更应注意严格控制降压速度，一般在最初的 4h 内应关闭锅炉各处挡板，避免大量冷空气进入。此后如有必要，可逐渐打开烟道挡板及炉膛各门孔进行自然通风冷却，同时进行一次放水，促使内部水的流动，使各部分冷却均匀。在 8h 内，如有必要加强冷却，可开启引风机通风，并可适当增加进水、放水次数。

87. 锅炉启动时有哪些主要步骤？

答：（1）锅炉上水。在汽包无压力的情况下，可用疏水泵或凝结水泵上水。汽包有压力或锅炉点火后，可利用电动给水泵由给水操作台的小旁路缓慢经省煤器上水，电动给水泵运行时汽动给水泵改为倒暖。为避免汽包产生过大的热应力而损伤，必须控制上水的水温和上水的速度。

上水完毕后，应检查汽包水位有无变化。若水位上升，则说明进水阀门或给水门未关严或有泄漏。若水位下降，则表明有漏水之处，应查明原因并消除。此外，在进水过程中还应注意汽包上、下壁温差和受热面的膨胀是否正常。

（2）风烟系统投用及炉膛和烟道吹扫。锅炉点火前，应顺序启动空气预热器、引风机和送风机，对烟道和炉膛进行通风，排除炉膛和烟道中的可燃物，防止点火时发生爆燃。然后启动送风机和一次风机对一次风管吹扫，吹扫应逐根进行。倒换一次风挡板时，必须先开、后关。吹扫完毕，调整总风压为点火所需数值。此时，维持炉膛内负压一般范围。

（3）准备点火。复归（主燃料跳闸事故），油系统做泄漏试验。点火前，应当进行蒸汽对油系统和油枪逐一进行加热冲洗，以保证燃油雾化良好。点火前，重油和蒸汽的压力和温度必须符合规定值。

（4）锅炉点火。机组通常采用二级点火，即先用高能点火器点燃重油，经过一定时间后再投入煤粉燃烧器。首先投入下层对角油枪点火，按自下而上的原则投入其余点火油枪。在点火初期，为使炉膛温度场尽量均匀，每层初投的对角油枪运行一段时间后，应切换至另一对角运行。切换原则为"先投后停"。点火时应注意通过火焰监视器对炉膛火焰进行监视。投煤粉时，应先投油枪上面或紧靠油枪的煤粉燃烧器，这样对煤粉引燃有利。投煤粉时，若发生炉膛熄火或投粉不能引燃，应立即停止送粉，并对炉膛进行适当的通风吹扫，再重新点火，以防发生炉内爆燃事故。

（5）锅炉升温升压。锅炉起压后，启动除氧器循环泵，投入除氧器蒸汽加热，投入高、低压旁路运行，手动方式开低压旁路（LP）至额定值、高压旁路（HP）至额定值，配合升温升压，注意高、低压旁路减温水的投入。由对锅炉的热状态及热应力的分析可知，升压过程的初始阶段温升速度应比较缓慢。

在点火后升压的初始阶段，升压速度很低，在压力升到汽轮机冲转值时，维护参数。当汽轮机从冲转升速到额定转速后，锅炉的升温、升压则根据汽轮机增负荷的需要进行。升温升压过程中应控制两侧烟气温差、汽包的上下及内外壁温差、受热面各部分的膨胀和炉膛出口烟温等。

在升压过程中，随着压力逐渐升高，锅炉运行人员应按一定的技术要求，在不同压力下进行有关操作，如关空气门、冲洗水位计、进行锅炉下部放水、检查和记录热膨胀、紧人孔门螺栓等。在升压中期，还可再进行锅炉放水。

（6）汽包水位的控制。锅炉启动阶段，汽包进水后，水位计内的温度、压力与汽包内的温度、压力接近，水位计的水位与汽包内的水位基本相同。

锅炉点火过程中，油枪着火后，水冷壁突然受热，汽包水位会突升，水位上升幅度与油量有关，油量大，水位上升幅度就大，这一点应特别注意。在投停油枪时，应充分考虑到汽包水位的变化。为了使炉膛热负荷和水冷壁受热均匀，往往需要调换油枪运行，调换油枪后，某些原热负荷较低的部位会由于受热而膨胀，因此更应注意汽包水位的变化。

锅炉启动时，汽包水位波动较大，给水流量与蒸汽流量的测量又不能保证足够的精度。并且由于暖管操作需要消耗一部分蒸汽，使给水流量与蒸汽流量不能正确反映汽包输入/输出的物质平衡关系，因而此时一般采用单冲量自动控制方式。事实上，此时的水位自动调节往往调节特性较差，需要手动协助，有时甚至不得不用手动来进行调节。

锅炉点火后，水冷壁受热，炉水温度逐渐上升，当炉水达到饱和温度时开始沸腾，此时将产生大量的汽泡，使汽包水位急剧上升。为此，在炉水接近沸腾时，应将汽包水位适当控制得低一些，水位下降时，可利用连续排污门或定期排污门放水，以保持水位。锅炉起压后，汽包压力逐渐升高，水位计与汽包内工质的温差逐渐接近正常运行时的工况，因而就地水位计的显示也逐渐向汽包实际水位靠近。至正常运行，就地水位计水位即可作为参考。

88. 直流锅炉单元机组的启动为什么要采用滑参数启动？

答： 在直流锅炉的单元机组中，其厚壁部件只有联箱和阀门等，所以它的启动时间可以大大缩短。但是由于汽轮机暖机持续的时间比锅炉的升温升压时间长，若采用在锅炉启动完毕到额定参数后启动汽轮机的顺序，则会造成锅炉长时间处于低负荷下运行，使大量的工质和热量被损失掉。为缩短启动时间，减少启动损失，要求机、炉几乎同时启动，这在直流锅炉机组中称为锅炉和汽轮机成套启动。显然滑参数启动法可使机、炉几乎同时启动，所以特别适合于直流锅炉的单元机组启动。

直流锅炉单元机组进行滑参数启动时，炉、机在同一时间内对蒸汽参数的要求是不同的。锅炉要求有一定的启动流量和启动压力。启动流量对受热面的冷却、水动力的稳定性，以及防止汽水分层都是必要的。当然流量过大也会造成工质和热量损失增加，所以一般规定启动流量为额定值的30％。直流锅炉启动保持一定的压力对改善水动力特性，防止脉动、停滞，减少启动时汽水膨胀量都是有利的。

汽轮机在启动时主要是冲转和暖机，要求的蒸汽压力和流量不高。为解决直流锅炉单元机组这种启动时炉与机要求不一致的矛盾，使进入汽轮机的蒸汽具有相应压力下的过热度，回收利用工质和热量，减少损失，直流锅炉机组都安装了带有启动分离器的启动旁路系统。

89. 直流锅炉中启动分离器的作用是什么？

答： 启动分离器放在一、二级过热器之间的启动旁路系统。这种系统可以避免旁路系统在正常运行切换时造成过热汽温下跌，同时也可避免汽轮机因转换而产生过大热应力。启动旁路系统中最主要的协调装置就是启动分离器，其主要作用如下：

（1）将启动初期直流锅炉输出的热水或汽水混合物进行分离，防止不合格的工质进入汽轮机。

（2）保护过热器。从启动分离器出来的蒸汽进入过热器对其冷却，这些蒸汽为干饱和蒸汽，能防止启动过程中，尤其是热态启动时，过热器充水引起管壁热应力剧变而损坏过热器。

（3）回收工质和热量。启动过程中，剩余蒸汽或不合格水经启动分离器扩容、分离后成为蒸汽和热水，再分别送至高压加热器、除氧器及凝汽器等，回收工质并利用其热量。

通过调整启动分离器的压力来调整汽轮机的进汽参数和蒸汽流量，以适应机组滑参数启动的需要。当启动分离器的压力达到额定值时，即可切除启动分离器，但仍处于热备用。

90. 直流锅炉的清洗过程是如何进行的？

答：直流锅炉单元机组采用压力法滑参数启动时，在锅炉点火前，主蒸汽管道上的主蒸汽隔绝门处于关闭状态。锅炉应进行冷态循环清洗，其目的是除去管系内的杂质和盐分，提高给水品质。随后，锅炉应建立一定的启动压力和流量。

点火前，与汽包炉单元机组几乎相同，应做好启动的准备工作，如启动油系统与凝汽设备及系统，投入盘车装置，启动真空泵或抽气器，并由外来汽源向轴封送汽。锅炉点火后，当水中含铁量超过规定值时，还应进行热态清洗，并进行电动主汽阀前的暖管和疏水。

对于直流锅炉单元机组而言，在点火前，隔绝汽轮机本体，机组先进行低压系统清洗（通称小循环），再进行高压系统清洗（通称大循环）。小循环流程为凝汽器→凝结水泵→除盐设备→凝结水升压泵→低压加热器→除氧器→凝汽器；大循环流程为凝汽器→凝结水泵→除盐设备→凝结水升压泵→低压加热器→除氧器→给水泵→高压加热器→省煤器→水冷壁→炉顶过热器→包覆管→启动分离器→凝汽器。清洗流量以较大为好，可根据启动分离器的允许通流量来决定。

91. 直流锅炉启动后有哪些主要步骤？

答：（1）锅炉点火及工质加热。锅炉点火后，在点火初期，由于过热器和再热器内尚无蒸汽，故要求根据所用钢材的耐热性能限制这两个受热面前的烟温，另外还应控制管系升温率，要求在低燃烧率下维持一定时间。

启动分离器内最初无压力，随着燃烧的增强，工质温度逐渐上升，工质进入分离器。当工质温度超过大气压力下的饱和温度时，分离器中即有蒸汽产生，开始起压。当水温达到 260～290℃时，开始进行热态清洗，此时温度除去氧化铁的能力最强。热态清洗循环回路和高压系统冷态清洗回路相同。热态清洗结束时省煤器出口水含铁量应小于规定值。

(2) 锅炉本体的升温和升压。热态清洗结束后，可继续增加燃料量，进行锅炉本体（启动分离器之前的受热面）的升温升压。随着燃烧的继续，分离器压力逐渐提高。根据过热器壁温情况决定是否向过热器通汽。当向过热器送汽时，应同时开汽轮机旁路进行暖管。

(3) 汽轮机冲转、升速与并列。启动分离器出来的低压蒸汽达到一定数值后可供汽轮机冲转。关闭一级高压旁路，通过调节一级大旁路（去凝汽器）的开度来调节主蒸汽参数，使之符合冲转要求。此时开足高、中压自动主汽门，由高、中压调节汽门进行冲转。当转速达到 300r/min 时做全面检查，并在该转速下进行低速暖机。暖机时间随机组的结构形式而定。再热汽温要求接近过热蒸汽温度。

随着汽轮机转速的升高，所需蒸汽量增多，汽轮机各部件的温度逐渐升高，所以要求转速均匀升高。由低速升至中速后，应暖机一段时间，再升到高速暖机，最近用同步器升至额定转速。

(4) 切除启动分离器。当启动分离器的压力升至额定值，机组带至一定负荷时（即在启动分离器额定压力下，汽轮机调速阀门处于一定的开度时），应及时而平稳地切除启动分离器，使过热器通流改由低温过热器出口直接供汽，即锅炉转入纯直流运行。

切除启动分离器是直流锅炉单元机组启动过程的一个重要阶段。该阶段的关键是既要防止主蒸汽温度大幅度变化（尤其是下降），又要防止前屏过热器管壁超温，以免危及机组的安全。切换操作应适当增加燃料量，提高阀门前的工质焓值，使之尽量接近分离器内蒸汽的焓值，即实现所谓的"等焓切换"，这样可避免切换时造成汽轮机前主蒸汽量的大幅度波动。随后将启动分离器各排汇通道逐渐解列，将高压加热器和除氧器切换至正常汽源。

(5) 过热器升压升温至额定值。切除启动分离后，可以将汽轮机调速汽门全开，以锅炉"顶调"控制汽压和负荷的滑压方式来升负荷，并应控制升压速度，直到将压力升至额定值。也有的机组采用关小调节汽门，逐渐开大"顶调"，使过热器充压至开启"顶出"达额定压力的定压方式升压。

在升压过程中，机组的负荷保持不变，有利于操作。主蒸汽温度的上升速度取决于燃料的投入速度。由于直流锅炉没有厚壁的汽包，其出口联箱成为升温速度的限制元件。与厚笨的汽轮机相比，锅炉联箱的结构更简单，径向尺寸也小，壁厚也薄，显然允许的升温速度要比汽轮机大。故冷态启动时升温速度必须根据汽轮机的允许值来确定。

92. 什么是锅炉工质膨胀现象？

答：随着锅炉热负荷的增加，工质温度继续上升，当辐射受热面中某处达到相应压力下的饱和温度时，该处工质开始汽化。由于工质蒸发后体积突然增加，使汽化后的水高速排出，这就形成了直流锅炉启动中的膨胀现象。膨胀过程持续的时间并不长，当分离器前受热面出口温度也达到饱和温度时，膨胀过程就会结束。如果膨胀量很大，持续时间又短，则膨胀现象就比较严重，将造成锅炉工质压力和分离器水位等难以控制。为此，要求合理控制锅炉燃烧率并及时控制"分调"开度和分离器的各排出量。

必须说明，炉内辐射受热面的哪一点先达到其压力下的饱和温度（工质膨胀的开始），具体位置是不可能精确知道的，因为不可能沿整个受热面装设压力、温度测点和表计，通常只在各辐射区（如上、中、下辐射区）的出口处才有，所以只能近似地以某一辐射区出口温度达到饱和温度来判断膨胀的开始。每一台锅炉的燃烧结构及燃烧器的布置位置是不同的，膨胀起始点的位置当然也不相同。

第三节　汽轮机组启动

93. 汽机冲转前，盘车应当如何投运？

答：（1）汽轮机润滑油系统投运。盘车启动的条件是润滑油系统、顶轴油系统，以及发电机密封油系统运行。汽轮机冲转前必须提前 4h 以上投运盘车。另外，汽轮机冲转前应进行油循环，目的是检查油系统完好程度，进一步净化油质，并将油温调节到所需温度。

1) 汽轮机润滑油系统投运的操作。检查主油箱油位正常，油质化验合格，主油箱、润滑油泵、顶轴油泵及冷油器的各进、出口阀门启闭状态符合启动要求，使油系统进入启动油泵及盘车前的状态。

启动交流润滑油泵，检查电动机电流、油压正常，投入直流润滑油泵连锁，检查轴承回油正常，根据油温情况投入冷油器的冷却水，控制油温在规定的范围内，投入排油烟机运行。

2) 润滑油温度的规定。汽轮机启动时，润滑油温不得低于 35℃。润滑油温随转速的升高而升高，在转子通过第一临界转速后，油温应在 40℃ 以上。正常运行时，油温一般控制在 40～45℃，但不得超过 45℃。

润滑油系统可采用油箱加热设备提升润滑油温，也可采用提早开动油泵，通过油循环加热的方法来提高润滑油温。

(2) 发电机密封、冷却系统投运。

1) 密封油系统的投运。对于氢冷发电机，无论内部是否充有气体，只要盘车运行，密封瓦就要供密封油，以防密封瓦干磨烧瓦。

密封油系统启动前必须先启动润滑油系统。发电机密封油系统用油来自汽轮机润滑油系统。只有润滑油系统正常后，才能启动密封油系统。密封油系统投用时，先投空侧密封油，再投氢侧密封油。

2) 发电机氢气冷却系统的投入。发电机定子冷却水系统在充氢后才能投入，并应保证定子冷却水压低于发电机内的氢压。

当发电机转子静止时，首先应将发电机氢气冷却系统投入运行，然后逐步投入发电机密封油系统。充氢时，应保持密封油压，以免漏氢，最后逐步升压至额定氢压。

充氢、升氢压过程：①充氢，先用二氧化碳充满气体系统，以驱出空气，再用氢气充满气体系统，以驱出二氧化碳，将发电机转换到氢气冷却运行状态。②升氢压，充氢达到规定纯度（大于98%）后，逐步升氢压至额定值。

当发电机内的氢纯度、定子冷却水水质、水温、压力、密封油压等均符合规程规定时，氢气冷却器通水正常，方可启动转子。

3）发电机定子水冷却系统的投入。首先应将发电机定子冷却水水箱进行外部循环的反复冲洗，直至水质化验合格。维持水箱水位，投入发电机定子水冷却系统，进行包括发电机本体定子、转子、阻尼环等水回路的冲洗，直至水质合格，投入一台定子冷却水泵运行，另一台联动备用。测量发电机绝缘电阻应合格。

4）发电机水冷泵校验。在发电机冷却水水箱已经投入的情况下，逐台启动水冷泵检查，校验低水压自启动和相互自启动符合要求。

（3）汽轮机盘车的投运。

1）盘车投运的条件。汽轮机润滑油系统工作正常，发电机密封油系统运行正常。

2）盘车投运的操作及检查。首先投入顶轴油系统运行，然后启动盘车装置，检查盘车电动机电流正常，汽轮机转速为盘车转速，检查大轴的偏心值不超过 0.03mm（或不大于原始值的 110%），同时通过听声检查汽轮机是否有动静摩擦。

94. 启动汽轮机时，会产生哪些热膨胀？

答： 汽轮机在启停和工况变动时，设备零部件由于受热不均，要产生热膨胀。由于零部件的几何尺寸及材质的不同，其热膨胀也不尽相同。转动部分的零部件热膨胀要比静止部分的大，致使动静部分的轴向间隙变小，有可能危害汽轮机的安全。

（1）汽缸的绝对热膨胀。高温高压汽轮机从冷态启动到带额定负荷运行，金属温度变化很大，因而引起汽缸轴向、垂直和水平等各个方向的尺寸都有显著增大。当汽轮机启停和工况变化时，汽缸的膨胀、收缩是否自由，直接决定机组能否正常运行。滑销系统的合理布置和应用，可以保证汽缸在各个方向能自由膨胀和收缩，同时保证汽轮机、发电机各部件的相对位置正确，从而保证机组正常运行。

启动时汽缸膨胀的数值取决于汽缸的长度、材质和汽轮机的热力过程。由于汽缸的轴向尺寸大，所以汽缸的轴向热膨胀成为重要的监视指标。对大容量中间再热机组，汽轮机法兰比汽缸壁厚得多，因此汽缸的热膨胀往往取决于法兰的温度。启动时，为了使汽缸得到充分膨胀，通常用法兰加热装置来控制汽缸与法兰的温差在允许范围内。

随着机组容量和参数的提高，汽轮机转子和汽缸的轴向长度也随之增加，因此，转子和汽缸的绝对膨胀值也会达到相当大的数值。所以在运行中必须加强对汽缸和转子绝对膨胀的监控，防止左、右膨胀不均，造成卡涩和动静部分的磨损。为保证汽缸左、右均匀膨胀，规定主蒸汽和再热蒸汽两侧温差一般不应超过 28℃。

汽轮机启停或正常运行中，要经常将汽缸的轴向膨胀值与正常值对照。汽缸的膨胀值在膨胀或收缩过程中有跳跃式增加或减小，则说明滑销系统或台板滑动面可能有卡涩现象，应查明原因予以消除。对抽汽管道的合理布置也应给予重视，否则会发生膨胀不均匀及动静部分中心偏斜等现象。

（2）汽缸和转子的相对膨胀。在启停和工况变动时，由于流经转子和汽缸相应截面的蒸汽温度不同，蒸汽对转子表面的放热系数比对汽轮机汽缸室的放热系数高，以及转子质面比（传热表面积与质量之比）大于汽缸的质面比等原因，使转子与汽缸之间明显存在温差。

启动时，转子温度大于汽缸温度，所以对某一区段而言，转子的轴向膨胀比汽缸大，两者存在膨胀差，称为相对膨胀，简称胀差，其值为正值，又称正胀差。减负荷或停机时，转子的温度比汽缸低，转子的轴向膨胀值比汽缸小，两者的膨胀差为负值，又称负胀差。由于汽轮机各级动叶片的出汽侧轴向间隙大于进汽侧轴向间隙，所以允许的正胀差大于负胀差。如果转子与汽缸的相对膨胀值超过了规定值，就会使动静间的轴向间隙消失，发生动静摩擦，轻则增加启动时间，降低经济性，重则引起机组振动、大轴弯曲以及掉叶片等恶性事故，甚至毁坏整台机组。因此，在启停和工况变化时，要密切监视和控制胀差的变化。

热态启动的初始阶段，汽轮机暂时冷却，转子明显相对缩短。随着转速的升高，在离心力的作用下；转子的相对收缩加剧。当转子相对缩短超出极限值时，就不能进行启动。

极热态启动和热态启动时，为减小高、中压转子的相对缩小值，应给汽封送热蒸汽。可采用厂用新蒸汽代替来自除氧器的蒸汽送给汽封，并根据汽轮机温度状态调整汽封送汽的温度。

冷态和温态启动时，进入汽轮机的蒸汽温度高于汽缸的金属温度，转子的温度高于汽缸，其结果是转子相对伸长。此时，防止转子相对伸长增大的有效措施是加热法兰。对于多数汽轮机，因为使用了法兰加热装置，在相当程度上取消了因轴向间隙的变化而限制启动速度。

运行时，还应当考虑真空与摩擦送风对胀差的影响。在升速和暖机过程中，真空变化会使胀差值改变。当真空降低时，欲保持机组转速不变，必须增加进汽量，使高压转子受热加快，其胀差值随之增大；对中、低压转子，由于其叶片较长，因而摩擦送风热量也较大，但这时的摩擦送风热量容易被增加的进汽量带走，其胀差会相应减小；此外，排汽缸温度的上升，也会使低压转子胀差减小。当真空提高时，高压转子胀差减小；由于摩擦送风热量相对增大，同时由于通过再热器的蒸汽流量相对减少，再热汽温要升高，因而中、低压转子胀差会相应增大。

汽轮机转子的摩擦送风损失，不仅与动叶片长度成正比，而且与圆周速度的三次方成正比，所以低压转子的摩擦送风损失远比高、中压转子大。这部分损失产生的热量会对胀差产生影响，特别在小流量工况下，这种影响尤为显著。当转速和蒸汽流量增加到某个值，蒸汽流量能将摩擦送风热量全部带走时，摩擦送风热量对胀差的影响会随之消失。

转速对胀差也存在一定的影响。当转速升高时，受离心力的影响，转子径向会伸长，轴向会缩短，胀差值随之减小；转速降低时，过程与之相反。这种影响对离心力较大的低压转子尤为明显。

95. 中压缸启动有哪些主要步骤？

答：由于启动时，高压缸不进汽，在此期间一部分蒸汽通过旁路排到凝汽器，热量损失较多。对于高中压缸合缸的机组，把高中压汽缸前后分段加热，分缸处热应力较大，高中压缸在切缸前后轴向推力变化较大。

若高压缸在中速暖机期间预暖效果不佳，势必延长暖机时间，可能使高压缸末几级产生较大的摩擦送风损失，引起高压缸排汽部分过热超温，保护动作跳闸；预暖结束的抽真空阶段，若抽真空效果不佳，也会发生上述情况。其主要步骤如下。

（1）高压缸预暖。冷态启动时，高压内缸调节级金属温度低于150℃。锅炉点火后旁路系统开始升参数，在中压缸冲转前，当再热器冷段蒸汽温度比高压缸温度高出50℃左右时投入高压缸预暖，蒸汽通过高压旁路倒暖阀（或辅汽倒暖阀）进入高压缸排汽管对高压缸预暖。

进入高压缸的蒸汽，一部分经汽缸各疏水口排入疏水系统，另一部分经高、中压缸间汽封漏入中压缸，再经连通管进入低压缸排到凝汽器。

在进行倒暖的同时，主蒸汽、再热蒸汽参数按规定升高，注意控制温升速度，待蒸汽参数达到冲转要求时，采用中压缸进汽冲转。

（2）冲转、升速。中压缸启动也分冷态、温态、热态、极热态启动，应根据汽轮机中压缸金属温度决定冲转参数，检查旁路投入，冲转参数合格后即可冲转。

1）冲转操作。在 DEH 上设定"中压缸启动"和"中压调节阀冲转"方式，并设定目标转速、升速率，然后冲转、升速暖机至额定转速，其过程与高中压缸联合启动方式一致。

2）中压缸冲转升速至中速暖机转速后，可停止高压缸预暖，同时开大高压缸至凝汽器管道上的抽真空阀（通风阀），使高压缸处于真空状态下，注意控制其温度水平；暖机结束后，继续升速到额定转速。

（3）并网、带初始负荷及进汽方式切换。当机组具备并网条件后即可并网，进一步开大中压调节阀，逐渐关闭低压旁路阀。机组按规定的升荷率升荷至初始负荷，注意控制中压主汽阀前压力，进行初始负荷暖机。

暖机结束后，在初始负荷（约 5%～10%额定负荷）下，进行高中压缸进汽方式切换（切缸）。选择"高压缸启动"方式，高压调节阀以单阀方式逐渐开启，约 1min 后高压调节阀与中压调节阀开始进入比例关系，此时切换结束，中压调门逐渐全开。在切缸期间应检查通风阀关闭、高压排汽止回门自动开启。高压缸进汽后，应关小高压旁路阀直至全关，完成切换过程。

（4）升负荷至目标值。旁路全关后，增加高压调门开度，机组升负荷，按高中压缸联合启动步骤增加负荷至目标值。

中压缸冲转升速的同时进行高压缸预暖，暖机充分，提前越过脆性转变温度，且缩短了机组启动时间，安全性、经济性好。对于切缸负荷较高的机组，因小流量下高压缸不进汽，不用考虑高压缸的热应力和胀差问题，因此采用中压缸启动对特殊工况具有良好的适应性，主要体现在低负载和空载运行。

96. 汽轮机组低速暖机的检查项目有哪些？

答：汽轮机在转速达到 600r/min 过程中，要注意监视润滑油压的变化，调整发电机风温励磁机风温在正常范围内。在暖机过程中，应检查盘上 TSI、ETS、DEH、DAS、CRT 各监视参数无报警，主辅设备运行正常，并按时进行启停机记录，并监视高中压缸上下温差小于 40℃。要对整个机组进行详细而具体的检查，包括但不限于下列项目：

（1）倾听汽轮发电机组声音正常。

（2）各支持轴承、推力轴承金属温度低于 70℃。

（3）各轴承回油温度低于 65℃。

（4）各轴承润滑油压正常，油温高于 35℃。

（5）密封油系统运行正常，顶轴油泵退出工作。

（6）汽轮机主蒸汽、再热蒸汽、本体、抽汽管道疏水处于全部开启位置。

（7）低压缸喷水处于投入位置，真空正常，排汽温度低于 79℃。

（8）EH 油系统工作正常，系统无泄漏，油温为 43～54℃。

（9）机组振动、窜轴、差胀、绝对膨胀、上下缸温差在允许范围内。

（10）除氧器、凝汽器、真空泵分离水箱、内冷水箱水位指示准确。

（11）主油箱油位指示正常。

（12）以上参数若超限或接近超限值且有上升趋势或不稳定时，应立即汇报有关技术人员，同时禁止升速，查找原因。

97. 汽轮机组热态启动的注意事项有哪些？

答：汽轮机调节级金属温度或中压缸第一级静叶持环温度大于或等于 121℃为热态启动。汽轮机在热态启动时，进入汽轮机的主蒸汽至少有 56℃的过热度，满足"主汽门前启动蒸汽参数"曲线要求，根据厂家的"热态启动曲线"决定升速率和 5％负荷暖机时间。

目前，大多数机组的热态启动都采用了压力法滑参数启动的方式。热态启动前机组金属温度水平高，汽轮机进汽冲转参数高，启动时间短。

热态启动时，锅炉提供的蒸汽温度相对汽轮机金属温度而言较低，故应先将机炉隔绝，点火后，锅炉来汽经旁路系统送到凝汽器，直至蒸汽参数满足冲转要求。在过程中，锅炉出口汽温在保证安全的前提下升高较快，而压力上升的速度要相对慢一些。解决这个问题的措施主要有提高炉内火焰中心位置、加大过量空气系数。

在锅炉升温升压的过程中无需暖管，启动时能够较快地完成冲转、升速。若检查无异常，则不需暖机（金属温度水平较高）即可升速至额定转速，此后发电机应尽快并网带负荷。并网后不允许在初负荷点之前作长时间停留，以免冷却汽轮机金属。其后可按冷态滑参数启动曲线滑升负荷，操作工作与冷态滑参数启动的操作过程相似。

由于热态启动前，汽轮机金属部件已有较高温度，因此只有选择较高的冲转参数，才能使蒸汽温度与金属温度相匹配。它们的温差应符合汽轮机的热应力、热变形和胀差的要求，最好采用正温差启动（即蒸汽温度高于金属温度）。对于极热态启动，正温差启动则存在困难，此时不得不采用负温差启动（即蒸汽温度低于金属温度）。在负温差启动过程中，汽缸和转子先受到冷却，而后随着蒸汽参数升高又被加热。汽缸和转子经受一次交变的应力循环，增加了疲劳寿命损耗。若汽温过低，则在转子表面和汽缸内壁会产生较大的热拉应力，严重时将产生裂纹和过大变形，导致动、静部件的间隙变化，发生摩擦事故。在负温差启动过程中，为了确保机组安全，要密切监视主蒸汽温度值，并尽快提高汽轮机的进汽温度，密切监视机组的胀差、热应力和振动等，尽快升速、并网带负荷。

98. 有哪些措施可以减少上下缸温差和转子热弯曲？

答： 由于汽轮机经过短时间停机后，其各部件的金属温度还比较高，且停机后各部件冷却速度不同而存在温差，因此处于热状态的汽轮机在启动前就存在一定的热变形，动静部件间的间隙已经发生变化。若热态启动前热变形超过允许值或启动过程中操作不当，将造成动静部件的严重磨损和大轴弯曲等事故。对装有连续盘车的汽轮机，虽然停机后连续盘动转子可避免因径向温差产生热弯曲，但汽缸仍可能由于上、下缸温差过大而变形，以致转子和汽封发生摩擦。因此，上、下缸温差就成为限制机组热态启动的主要矛盾。在热态启动过程中，汽轮机从冲转到带初负荷时间较短，不能期待在机组冲转后再来矫正转子热弯曲，因此，要求热态冲转前连续盘车不应少于4h，以消除转子暂时弯曲。

若启动前转子挠度超过规定值，还应延长盘车时间。盘车应连续，不要出现中断，若有中断，则应按规定延长盘车时间。在盘车时应仔细听声，检查轴封处有无金属摩擦声，如有，则必须停止启动，采取措施消除摩擦后方可再启动。在热态启动过程中，同样要求双层缸内缸的上、下缸温差小于35℃。随着机组容量的增加，可能要求更严、更高。

在运行操作上，应做好防止汽轮机进冷汽的措施，根据主蒸汽、再热蒸汽的汽温、汽压变化趋势，合理调整旁路站开度，保证站前、站后温度没有突变，并保持上升趋势。进行锅炉燃烧调整时，要与旁路站的调节密切配合，使主蒸汽压力变化时，保证蒸汽有过热度，以防汽轮机侧蒸汽参数压力高而汽温低。

99. 热态启动时，如何减少对轴封的冲击？

答：在热态启动中，轴封是受热冲击最严重的部位之一。热态启动时，轴封段转子温度也很高，如果轴封供汽温度与金属温度不匹配，或大量的低温蒸汽、冷空气经轴封进入汽缸，则会使轴封段转子因剧烈冷却而收缩。这不仅使转子产生较大的热应力，还会引起前几级轴向间隙减少，甚至导致动静部件的摩擦。

因此，一般高参数机组都配置有高、低温两套轴封汽源。热态启动时，高温轴封汽源的温度应与轴封处金属温度相匹配，并且要求高温汽源有一定的温度裕度。由轴封供高温蒸汽不仅能保护转子轴封免受冷却，而且能有效地控制高压胀差。此外，热态启动与冷态启动区别的另一个方面就是热态启动时必须先向轴封供汽，后抽真空。若不先向轴封供汽就开始抽真空，则大量的冷空气将从轴封段被吸入汽缸，使轴封段转子收缩，胀差负值增大。

在运行操作上，轴封供汽管路投入前要充分暖管疏水，以防蒸汽带水进入汽轮机。具有高、低温轴封汽源的机组，冷源切换时要谨慎，避免切换过快，以防止轴封汽源急变造成热冲击和胀差的变化。现代大型机组高、中压转子轴封段均不采用套装的轴封环，但低压轴封段仍是套装的。轴封环对轴有保护作用，其本身的预紧力、热应力对轴封温度变化较敏感，所以也应注意。

100. 一般在哪些情况下禁止运行或启动汽轮机？

答：（1）危急保安器动作不正常；自动主汽门、调速汽门、抽汽止回门卡涩不能严密关闭，自动主汽门、调速汽门严密性试验不合格。

（2）调速系统不能维持汽轮机空载运行（或机组甩负荷后不能维持转速在危急保安器动作转速之内）。

（3）汽轮机转子弯曲值超过规定。

（4）高压汽缸调速级（中压缸进汽区）处上下缸温差大于35～50℃。

（5）盘车时发现机组内部有明显的摩擦声时。

（6）任何一台油泵或盘车装置失灵时。

（7）油压不合格或油温低于规定值；油系统充油后油箱油位低于规定值时。

（8）汽轮机各系统中有严重泄漏；保温设备不合格或不完整时。

（9）保护装置（低油压、低真空、轴向位移保护等）失灵和主要电动门（如电动主汽门、高压加热器进汽门、进水门等）失灵时。

（10）主要仪表失灵，包括转速表、挠度表、振动表、热膨胀表、胀差表、轴向位移表、调速和润滑油压表、密封油压表、推力瓦块和密封瓦块温度表、氢油压差表、氢压表、冷却水压力表、主蒸汽或再热蒸汽压力表和温度表、汽缸金属温度表、真空表等。

101. 汽轮机冷态启动前应做哪些主机保护试验？

答：（1）调节系统静态试验。

（2）手动停机试验。

（3）EH 油压低跳机试验。

（4）润滑油压低跳机试验。

（5）真空低跳机试验。

（6）轴承振动大跳机试验。

（7）轴向位移大跳机试验。

（8）炉 MFT 联跳主机、给水泵汽轮机试验。

（9）内冷水断水试验。

（10）发电机跳闸联跳给水泵汽轮机试验。

（11）润滑油压低联泵跳盘车顶轴试验。

（12）程控疏水开关试验。

（13）防进水保护试验。

第四节　发电机组启动

102. 发电机并列前有哪些准备操作？

答：在汽轮机冲转后应进行发电机并列前的准备操作，使发电机处于并列前的状态，其主要内容如下。

（1）励磁系统投运前的检查准备。包括对励磁整流柜和开关柜内的照明、控制电源、熔断器、开关分闸状态及指示灯光的检查，投入整流柜冷却风机运行等。

（2）投入发电机出口 TV 运行，并确认高低压熔断器完好。

（3）投入发电机—变压器组保护。

（4）投运主变压器冷却器，投运厂用高压变压器冷却器。

（5）确认合上主变压器高压侧中性点隔离开关。

（6）检查出口断路器气体压力正常。

（7）检查确认发电机—变压器组出口断路器（母线侧、中间侧）确已分开，断路器两侧隔离开关的操作电源熔断器和电动机控制、动力电源熔断器已送上。

（8）合上发电机—变压器组出口断路器两侧隔离开关。

103. 发电机升压、并列过程有哪些注意事项？

答：当汽轮发电机升速至额定转速且定子绕组已通水的情况下，可投入励磁系统运行，升高发电机定子绕组电压，称为发电机升压。

升压时应注意：三相定子电流表的指示均应等于或接近于零；三相电压应平衡（以此检查一次回路和电压互感器有无开路）；励磁电流的空载值是否正常。

发电机并列是一项非常重要的操作，必须小心谨慎，操作不当将产生很大的冲击电流，严重时会使发电机遭到损坏。

发电机与系统并网的要求：主断路器合闸时没有冲击电流；并网后能保持稳定的同步运行。

汽轮机达到额定转速和发电机升压到额定电压后，经检查确认设备正常，完成规定试验项目，即可进行发电机的并网操作。汽轮发电机组并网操作都采用准同期法，严格防止非同期并列。

准同期并网必须满足四个条件：①待并发电机与系统的电压相等（电压差不大于 5%）；②频率相等（频率差不大于 0.2Hz）；③电压相位相同（相位差为 10°）；④电压相序一致。

现代大型机组一般都采用自动准同期法并网。自动准同期装置（ASS）能够根据系统的频率调节机组的转速（通过 DEH 调节实现），电压自动调节装置（AVR）根据系统电压调节发电机的励磁以改变发电机电压，并检查和判断同期情况，当满足同期条件后，自动发出合闸脉冲，主断路器自动合闸，实现与系统的并列。

第五节　单 元 机 组 停 运

104. 什么是单元机组的额定参数停机？

答：发电机组参加电力系统调峰或因设备系统出现一些小缺陷而只需短时间停运时，要求炉、机金属部件保持适当的温度水平，以便利用蓄热缩短再次启动时间，加快热态启动速度，提高其经济性。针对这种情况，一般可采用额定参数停机的方法。它采用关小调节汽阀逐渐减负荷的方法停机，而保持主汽阀前的蒸汽参数不变。由于关小调节汽阀仅使流量减少，不会使汽缸金属温度有大幅度的下降，因此，能较快速地减负荷。大多数汽轮机都可在额定参数均匀减负荷停机，不会产生过大的热应力。额定参数停机步骤如下：

（1）停运前的准备。停运前，运行人员应根据机组设备与系统的特点，以及运行的具体情况，预测停运过程中可能发生的问题，制定相应的停运方案和解决问题的措施。

对锅炉原煤仓的存煤和煤粉仓的粉位，应根据停炉时间的长短，确定相应的措施。停炉前应做好投入点火油燃烧器的准备工作，以备在停炉减负荷过程中用以助燃，防止炉膛燃烧不稳定和灭火。对锅炉受热面应进行一次全面的吹扫。全面对锅炉检查一次，记录存在的缺陷，以备停炉后予以消除。

按有关规定做必要的试验。如试验交、直流润滑油泵，密封油备用泵，顶轴油泵，盘车电动机均应正常，并确认各油泵连锁投入。

电气在发电机采用"自动励磁"方式运行时，应采用逆变灭磁方式降压，倒换厂用电一、二段负荷，由厂用高压变压器到备用变压器供电。

（2）减负荷。在 DEH 控制下应合理选择降负荷方式，使机组所带的有功负荷相应下降，其有功减负荷率应控制在额定负荷的范围内。当负荷降到额定负荷时，停留一段时间，这时可进行辅助油泵及事故油泵的低油压联动试验。

在有功负荷下降过程中，应通过调节励磁变阻器调整无功负荷，维持发电机端电压不变。减负荷后发电机定子和转子电流相应减少，绕组和铁芯温度降低，应及时调整气体冷却器的冷却水量，以及氢冷发电机组的发电机轴端密封油压和氢气压力等。在负荷减到额定负荷的 50% 时，按规定的减负荷率继续减负荷。在此过程中，应根据燃烧工况的需要投入部分油枪助燃，且停一台循环水泵或减少循环水量，停一台凝结水泵；若配有两台汽动给水泵，应停一台汽动给水泵；若配有一台汽动给水泵，则应将汽动给水泵切换为电动给水泵运行。

在 30% 额定负荷的减负荷过程中，减负荷率不变，此时停止高压加热器，同时进行厂用电源切换。

在 20% 额定负荷的减负荷过程中，停低压加热器；将除氧器汽源切换为备用汽源；低压缸排汽减温喷水阀自动开启。负荷减至约 10% 额定负荷时，低压加热器和除氧器抽汽止回门自动关闭；手动停运低压加热器疏水泵。当负荷减至 5% 额定负荷时，启动辅助油泵和盘车油泵。

随着机组负荷的降低，锅炉要相应地进行燃烧调整（相应减少给粉量、送风量和引风量）。减负荷时要注意维持锅炉汽温、汽压和水位。应根据锅炉燃烧调整的要求及时投入汽轮机和旁路系统。对停用的燃烧器，应通以少量的冷却风，保证其不被烧坏。所有煤粉燃烧器停运后，即可准备停油枪灭火。及时停用减温水，以维持锅炉的汽温。炉膛熄火后，为排除炉膛和烟道内可能残存的可燃物，送风机停运后，引风机要继续运行再停运。对回转式空气预热器，为防止其转子因冷却不均而变形和发生二次燃烧，在炉膛熄火和送风机、引风机停转后，还应连续运行一段时间，待尾部烟温低于规定值后再停转。汽包或汽水分离器水位达最高值时，停电动给水泵。停止进水后，应开启省煤器再循环门，保护省煤器。

在减负荷过程中，应注意调整轴封供汽，以减少胀差和保持真空。减负荷速度应满足汽轮机金属温度下降速度不超过规定的要求。为使汽缸和转子的热应力、热变形及胀差都在允许的范围内，每当减去一定负荷后，要停留一段时间，使转子和汽缸温度均匀地下降，减少各部件间的温差。

（3）发电机解列及转子惰走。发电机解列前，带厂用电的发电机组应将厂用电切换到备用电源上供电。当发电机有功负荷下降到接近零值时，拉开发电机出口断路器，使发电机解列，同时应将励磁电流减至零，断开励磁开关。解列后调整抽汽和非调整抽汽管道上止回阀应自动关闭，这时应密切注意汽轮机的转速变化，防止超速。最后，将自动主汽阀关小，以减轻打闸时对自动主汽阀阀芯落座的冲击。然后手打危急保安器，检查自动主汽阀和调速汽阀，使之处于关闭位置。

打闸断汽后，转子惰走，转速逐渐降至零。在打闸前要注意监视各部分的胀差，把降速过程中各部分的胀差的可能变化量考虑进去。若打闸前低压胀差比较大，则应采取措施（如适当降低真空），以避免打闸后动静间隙消失，导致摩擦事故。

转子惰走时，要及时调整双水内冷发电机的水压，并调整氢冷发电机的密封油压。因为在转速下降的过程中，氢冷发电机的轴端密封油压将升高，如不及时调整，会损坏密封结构部件，并使密封油漏入发电机内。

转子静止后，应立即投入连续盘车，当汽缸金属温度降至250℃以下时，转为定期盘车，直到调节级金属温度降至150℃以下为止。转子静止后，要立即测量定子绕组和转子回路的绝缘电阻，检查励磁回路变阻器和灭磁开关上各触点，检查发电机冷却通风系统等。

（4）锅炉降压和冷却。锅炉从停止燃烧开始即进入降压和冷却阶段。应控制好降压和冷却速度，防止冷却过快产生过大的热应力，特别要注意不使汽包壁温差过大。在锅炉停止供汽初期，应关闭锅炉各处门、孔和挡板，防止锅炉急剧冷却。此后，再逐渐打开烟道挡板和炉膛各门、孔，进行自然通风冷却，同时进行锅炉放水和进水各一次，使各部分冷却均匀。

停炉后，如有必要加强冷却，可启动引风机通风冷却，并可适当增加进水和放水次数。在锅炉尚有汽压或辅机电源未切除之前，仍应对锅炉加强监视和检查。若需把锅炉水放净，为防止急剧冷却，应待锅炉汽压为零且炉水温度降至70℃以下时，方可开启所有空气门和放水门，将炉水全部放出。

105. 什么是滑参数停机？

答：正常停机如果是以检修为目的，希望机组尽快冷却下来，则可选用滑参数停机方式，即停机过程中在调节汽阀保持全开的情况下，汽轮机负荷或转速随锅炉蒸汽参数的降低而下降，炉、机的金属温度也相应下降，直至机组完全停运。滑参数停机应注意以下事项：

（1）滑参数停机时，对新蒸汽的滑降有一定的要求，一般高压机组新蒸汽的平均降压速度为 0.02～0.03MPa/min，平均降温速度为 1.2～1.5℃/min。较高参数时，降温、降压速度可以快一些；较低参数时，降温、降压速度可以慢一些。

（2）滑参数停机过程中，新蒸汽温度应保持50℃的过热度，以保证蒸汽不带水。

（3）新蒸汽温度低于法兰内壁温度时，可以投入法兰加热装置。

（4）滑参数停机过程中不得进行汽轮机超速试验。

（5）高、低压加热器在滑参数停机时应随机滑停。

滑参数停机时，由于汽轮机调速汽阀全开，所以汽轮机进汽比较均匀。随着负荷降低，蒸汽参数也逐渐降低，蒸汽体积流量可维持不变，使机炉金属能得到均匀冷却。停机过程中充分利用锅炉余热发电。在滑停过程中，参数逐步降低的蒸汽可用于发电，锅炉几乎不需要向空排汽，因此可减少停机过程中的热量和工质损失。另外，蒸汽管道金属释放的蓄热量，可加热工质、用于发电，即使锅炉灭火后，这一过程仍在进行。

　　由于汽轮机的冷却均匀，热应力和热变形较小，因此可以加快金属温降，缩短冷却时间，使金属温度降到较低水平，有利于检修人员尽快揭缸检修，缩短工期。同时对汽轮机喷嘴和叶片上的盐垢有清洗作用。由于滑参数停机有很多优点，所以单元机组在正常情况下多采用滑参数停机。

106. 滑参数停运有哪些主要步骤？

　　答：（1）停机前的准备工作。停机前，除做好与额定参数停机相似的准备工作外，还应将除氧器、轴封供汽汽源切换到备用汽源上，对法兰螺栓加热装置的管道应送汽暖管。

　　（2）减负荷。带额定负荷的机组在额定蒸汽参数下先减去20％额定负荷，锅炉开始减弱燃烧，让蒸汽参数滑降，调节阀门逐渐开大，并使机组在该条件下运行一段时间。当金属温度降低，部件金属温差减小后，再按滑参数停机曲线的要求逐渐减弱燃烧，滑降蒸汽参数和机组负荷。伴随每一阶段的降压降温，金属部件因受到蒸汽冷却，其温度会逐渐下降，每一阶段温差减小后，再继续滑降蒸汽参数，当降到较低负荷时，蒸汽参数也相应滑降至较低水平。在整个减负荷的过程中，应注意监视主蒸汽和再热蒸汽压力、温度、轴振动，胀差，上、下缸温差。

　　将负荷、蒸汽参数滑降到足够低时，锅炉再灭火，这是出于安全和经济两方面的考虑。如果在锅炉灭火时负荷仍较高，则一经灭火，汽压及饱和温度将迅速下降，另外负荷高，要求的补充水也多，这就使汽包上下壁温差增大，不安全。如滑降到很低负荷再灭火，必然要延长滑停时间，但可充分利用锅炉余热。

　　（3）注意事项。在蒸汽参数和负荷滑降的过程中，锅炉掌握着主动权，但锅炉必须根据滑停需要，考虑机组各设备的安全（尤其是应考虑汽轮机金属部件的温降速度不能太大的要求），兼顾快速性和经济性，采取有效手段，控制蒸汽参数的滑降。控制蒸汽参数滑降的主要手段是进行燃烧调整。煤粉炉在减弱燃烧时，应适时投入油枪，以防灭火过早，同时要注意维持燃烧的稳定性。在锅炉灭火时，要及时停用减温水，以防汽温骤降，汽包炉还应注意保持汽包水位。

中间再热机组要合理使用汽轮机旁路系统，将多余的蒸汽排入凝汽器。注意保证高、中压缸进汽的均匀性，防止汽轮机无汽运行。在条件许可的情况下，高、低压加热器和除氧器均可随主机进行滑降停运，这样对提高机组热效率、减少汽损失、加强汽缸疏水及降低温差均有好处。

107. 造成紧急停机的原因有哪些？

答： 紧急停机又称事故停机，是指在发电机组出现严重异常的情况下，采取任何措施均不能排除，若发电机组继续运行，将会带来严重后果的停机。造成紧急停机主要有以下原因：

（1）主燃料切断（MFT）保护动作。针对一些危及整个发电机组安全运行的事故所采取的主燃料切断的保护措施，即锅炉主保护。例如发生引（送）风机全部跳闸、主蒸汽压力超过危险界限、锅炉强制循环泵跳闸、水位极高或极低超极限值、炉膛负压异常高、锅炉熄灭、再热蒸汽中断等情况时，由于运行人员来不及调整，因此锅炉的燃烧保护系统将切断所有燃烧器的全部燃料。汽轮机组由于某种原因，如凝汽器真空低、汽轮机发生水击、油系统发生火灾等必须紧急停机，或厂用电母线发生故障时，应立即切断供给锅炉的全部燃料并使汽轮机脱扣，发电机从电网解列。

（2）锅炉发生严重故障。

1）发生严重爆管。给水管道、省煤器、水冷壁、过热器、再热器及蒸汽管道等发生破裂而严重泄漏，不能维持正常压力和水位，锅炉不能正常运行时应执行紧急停炉。

2）辅机故障。主要指两台空气预热器、两台送风机、两台引风机、火焰监视器、冷却风机因故障而全部停运，热控电源和气源消失，使发电机组无法正常运行。

（3）汽轮机严重故障。超速至危急遮断器动作；机组振动值异常高；确认汽轮机断叶片或听到发电机组内有金属摩擦声；汽轮机轴封处有异声或冒火花，轴瓦温度超定值；油系统发生火灾威胁发电机组的安全。

（4）发电机严重故障。发电机密封油中断、着火或氢气爆炸，发电机氢气纯度不能维持，发电机定子冷却水中断或大量漏水等。

108. 紧急停机后，有哪些处理措施？

答：（1）锅炉紧急停运后的处理。在确认锅炉主燃料切断保护动作后，检查所有燃烧器和油枪已灭火。一套引风机、送风机应维持运行，进行炉膛吹扫。检查过热器、再热器减温水门已关闭。手动控制给水门，保持汽包或汽水分离器水位正常。打开主蒸汽管上的疏水阀，有条件的还要投用炉膛温度监测器，不致使锅炉急剧冷却。若故障原因能迅速查明并很快被消除，则锅炉可重新点火。若锅炉灭火原因一时难以查清或是由其他原因引起的，则应按热备用停炉进行处理，停止各风机运行，关闭各风门挡板，以保持锅炉处于热备用状态。

（2）汽轮机紧急跳闸后的处理。紧急停机时，尽可能先手动启动顶轴油泵、盘车油泵和辅助油泵，以保证汽轮机转子惰走时轴承油的供应。若属于破坏真空的紧急停机，则应首先停止真空泵运行，并开启真空破坏门，真空未降至零时，不得停用轴封供汽。对不破坏真空的停机，其处理措施同正常停机一样。汽轮机跳闸后，应立即开启汽轮机疏水阀，并定期检查润滑油与轴封温度、轴向位移、胀差及加热器、除氧器水位等主要检测项目。

在汽轮机惰走过程中，应仔细检查惰走情况、汽轮机脱扣，确认转速下降，记录惰走时间。汽轮机转速为零时，立即投入盘车，并注意盘车工况与大轴偏心度。若大轴偏心度超过正常值，而经盘车后已恢复到正常值，则还应继续盘车以消除残余热应力，否则不得再次启动。在凝汽器真空为零时，方可停止轴封供汽，其余操作与正常停机操作步骤相同。

发电机在确认主断路器和励磁开关已跳闸后，其操作与正常停机操作步骤相同。

109. 发电机解列后汽轮机的操作措施有哪些？

答：（1）注意汽轮机打闸后转速开始下降，记录转子惰走时间，在惰走过程中，应注意监视润滑油压力、温度变化应正常。

（2）根据实际情况，调节或关闭高、低压旁路。

（3）转速达 2500r/min，检查顶轴油泵自启动，否则手动启动一台运行，检查顶轴油母管及各轴承顶轴油压力正常。

（4）检查汽轮机排汽缸喷水阀自动已投入，低压缸排汽温度小于或等于 50℃。

（5）转速到"0"后，检查确认盘车装置自动啮合，否则手动投入盘车。主机盘车投入后，定时记录转子偏心度及高中压缸膨胀、胀差、第一级温度、轴向位移等。

（6）关闭主蒸汽管道疏水阀，待锅炉泄压到 0 后再开启主蒸汽管道疏水阀。

（7）锅炉熄火后，确认旁路系统停运，无蒸汽及有压疏水进入凝汽器，停真空泵，开高、低压凝汽器真空破坏阀。

（8）凝汽器真空到零，停运轴封系统。

（9）停 EH 油泵，根据需要维持 EH 油循环系统运行。

（10）切除凝结水精处理装置。

（11）停发电机定冷水系统，根据需要进行定冷水反冲洗。

（12）锅炉完全不需要上水时，停止除氧器加热，停电动给水泵。

（13）当汽包压力接近于 0，汽轮机低压缸排汽温度低于

50℃，且无高温汽水进入凝汽器时，停用另一台循环水泵，注意调节各辅助运行设备温度。

（14）在无凝结水用户时可以停止凝结水泵运行。

（15）汽轮机最高点缸温低于150℃可停盘车装置。待转子静止后，停顶轴油泵。

（16）发电机的气体置换一般要求在主机连续盘车停止后进行，置换过程中应严密监视密封油各箱体油位的变化，防止发电机进油的发生。

（17）气体置换结束且汽轮机盘车停运后，方可停止密封油系统运行。

（18）当缸体金属温度最高点低于120℃后，停用主机润滑油系统及净油装置。

（19）做好停机后各设备的保养及检修隔离工作。

（20）停机时间短暂需要再次启动的，不必开启主蒸汽管道的疏水，在再次启动冲转前开启，进行3~5min的疏水。对汽轮机本体及导汽管疏水可在冲转前时进行5min疏水，疏水前可以保持关闭状态。

110. 发电机解列后锅炉有哪些操作措施？

答：（1）汽轮机打闸后，全停油枪，锅炉MFT，隔离炉前燃油系统。

（2）开启过热器出口对空排汽阀，当汽包压力降至过热器安全阀最低整定值时关闭。

（3）锅炉熄火后，关闭锅炉连排及汽水取样隔离阀。

（4）保持锅炉30%的总风量，对炉膛吹扫5min后停运引、送风机，关严锅炉各人孔、看火孔及各烟、风挡板闷炉。

（5）引风机停止5min后，停止电气除尘器运行。

（6）汽轮机破坏真空后，开启再热器疏水、放气阀。

（7）锅炉熄火停炉后，应将汽包水位补水至可视高水位。

（8）锅炉停止补水后，开启省煤器再循环门，并通知化学停止加药泵运行。

（9）锅炉放水前应尽量保持高水位，如需热炉放水，则汽包压力降至 0.5 MPa 左右时，开启全部空气阀和疏水阀、下部联箱排污阀进行锅炉全面放水。

（10）空气预热器入口烟温低于 150℃，允许停止空气预热器运行。

（11）炉膛出口烟气温度小于 50℃，允许停火检冷却风机。

（12）汽包压力未到零以前，应有专人监视和记录汽包上、下壁温。

（13）锅炉自然冷却。

1）自然循环锅炉停炉后一般应采用自然冷却方式。

2）当汽包壁温高于 90℃时，应尽量维持汽包高水位。

3）锅炉熄火 6h 后，打开风烟系统有关风门、挡板，使锅炉自然通风冷却。

4）锅炉熄火 18h 后，启动引、送风机维持约 30%MCR 风量对锅炉强制通风冷却。

5）整个冷却过程中，汽包上、下壁温金属温度平均温差和饱和温度变化率控制在允许范围内。

（14）锅炉快速冷却。

1）锅炉熄火吹扫后停运所有引、送风机，关闭烟气系统挡板闷炉，4h 后打开风烟系统有关挡板建立自然通风；熄火 6h 后启动引、送风机保持约 30%MCR 风量强制通风冷却。

2）若锅炉受热面爆破泄漏严重，锅炉熄火吹扫后保留一组引、送风机运行，调节锅炉通风量控制锅炉冷却速度。

3）应尽可能将汽包水位维持在高水位，直至放水。

4）调节锅炉过热器疏水阀和排汽阀，按 0.1MPa/min 的速率泄压。当汽包压力降至 0.1 MPa，炉水温度低于 90℃时，开启全部空气阀和疏水阀、下部联箱排污进行锅炉全面放水。

5）热炉放水过程中应关闭各人孔门、检查门、过热器烟气挡板、再热器烟气挡板，关闭引风机、送风机、一次风机各动叶、挡板，保持锅炉缓慢冷却。

6）在快速冷却过程中，应注意监视汽包上、下壁温金属温度平均温差和饱和温度变化率在允许范围内。

111. 机组停运时有哪些注意事项？

答：（1）机组滑停过程中机、炉要协调降温、降压，不应有回升现象。停用磨煤机时，应密切注意主蒸汽压力、温度、炉膛压力和汽包水位的变化。注意汽温、汽缸壁温下降速度，汽温下降速度严格符合滑停曲线要求，控制汽缸壁温差在允许范围内。

（2）滑停过程中，应加强对主蒸汽参数的监视，尤其是主蒸汽过热度应大于 56℃，若汽温在 10min 内急剧下降 50℃，应立即打闸停机。

（3）滑停过程中，再热蒸汽温度的下降速度应尽量跟上主蒸汽温度的下降速度，主、再热蒸汽的温度偏差应满足主、再热蒸汽温度偏差曲线的要求，否则应立即打闸停机。

（4）滑停过程中，应控制蒸汽参数的变化，使汽轮机本体各部分金属温度的变化及温差满足金属温度变化率及温差曲线的要求，否则暂停参数及负荷的进一步降低，以缓和金属部件的温差和热应力。

（5）严格监视机组振动、轴向位移、推力瓦温度、差胀等正常，当达报警值时，应停止滑停，调整参数正常。

（6）在汽轮机降负荷过程中，注意高、中压调节汽门无卡涩现象，注意除氧器、凝汽器及加热器水位正常。

（7）低负荷运行阶段，为防止由于压差不足而造成蒸汽在加热器之间的倒流，必要时关闭正常疏水阀，采用危急疏水阀维持加热器水位的正常运行。

（8）关汽包加药隔离阀前，应通知化学停止加药泵。

（9）注意汽轮机打闸后转速的下降，无特殊情况严禁在转速 2000r/min 以上开启真空破坏门。

（10）盘车运行期间，润滑油温应在 40℃ 左右，保持发电机密封油系统运行正常。定时仔细倾听高低压轴封声音。

（11）盘车应连续运行，直至汽轮机缸温最高点小于150℃时，方可停止主机盘车运行；缸温最高点小于120℃，方可停运主机润滑油系统，并注意密封油系统运行正常。

（12）停机后盘车期间禁止检修与汽轮机本体有关的系统，杜绝冷汽、冷水进入汽轮机，注意监视汽缸金属温度变化趋势，各疏水阀操作可按下列要求进行处理。

1）在机组停机检修的情况下，无特别需要，与汽缸直接相连的疏水阀、导汽管疏水在缸温降低到150℃之前可不予开启。

2）停机后，应注意上、下缸温差，主、再热蒸汽管道、各抽汽管道的上、下温差，以及容器水位及压力、温度的变化。如出现上、下缸温差急剧增大，应立即查明进水或进冷汽的原因，并切断水、汽来源，排除积水。

（13）在连续盘车期间，因工作需要必须停止连续盘车或盘车故障停止时，应遵循以下原则。

1）因盘车装置故障或其他原因确实需要立即停用盘车，中断盘车后，在转子上的相应位置做好记号，并记住停止盘车的时间。

2）高压缸第一级内壁温在350℃以上时，停盘车不能超过3min；高压缸第一级内壁温在220～350℃时，停盘车时间不能超过30min。如在该时间内不能完成工作，应每隔30min时间，将转子盘动180°后，再继续工作。

3）盘车中断后在可恢复连续盘车前应先盘动转子180°，等待盘车停用时间的一半后再继续连续盘车。此时应特别注意转子偏心度，盘车电流无过大的升高或晃动。在连续盘车期间，汽缸内有明显的金属摩擦声，且盘车电流大幅度晃动（非盘车装置故障），应立即停止连续盘车，按上述要求改为手动盘车进行直轴，直至可恢复使用连续盘车为止。

4）若汽轮机转子卡住，不许强行盘车（如利用向机组送汽或使用起重机来使转子转动等）。

5）顶轴油系统工作失常，盘车转子出现"爬行"现象，增开直流润滑油泵并降低油温（不小于27℃）仍不能消除，应停止连续盘车，每隔10min转动转子180°以保持转子伸直，直到投用连续盘车而不发生爬行为止。

（14）若锅炉热备用，炉膛吹扫后应解列炉前燃油系统，停止引、送风机，关闭所有挡板闷炉。

（15）锅炉熄火后，应监视控制汽包水位和汽包上、下壁温差，严格控制汽包上、下壁温差小于56℃，严密监视空气预热器进、出口烟温。发现烟温不正常升高和炉膛压力不正常波动等再燃烧现象时，应立即采取灭火措施。

（16）空气预热器入口烟温低于150℃，可停止空气预热器运行。烟温低于50℃时，可停止火检风机。

（17）锅炉采取热炉放水法，或采用十八胺法、干燥保养法、氨－联胺保养法等保养方法。

（18）机组在降有功负荷时，励磁应相应地调整，维持机端电压正常。

（19）机组在停运过程中，应及时将厂用电切至启动备用变压器供电。

（20）正常停机应在发电机有功负荷已降至15MW、无功负荷降至5Mvar时进行发电机解列操作。在确认主变压器出口断路器三相均已全部断开后，方可降压灭磁，以防发电机误解列或发电机非全相运行。

（21）只有当发电机定子电压已降为零后，方可关闭汽轮机主汽门。

（22）发电机解列一般采用自动、程控方式解列。

（23）机组正常情况下采用"先汽轮机打闸，后发电机与系统解列"的方式。

（24）若发电机解列后，定子电压未降压至零，发生汽轮机跳闸，转速下降，应及时退出励磁，防止发电机过励磁。

（25）发电机解列后，应注意密封油系统油压、油位，防止发电机进油，并注意监视调整发电机氢、油、水温度在正常范围内。

（26）当凝汽器无任何水源进入后，才可停止凝结水泵的运行。

（27）排汽温度下降到低于 50℃时可停止循环泵运行。

（28）当冷油器出口油温低于 35℃以下时可以停止冷油器冷却水。

112. 停机后汽轮机的保养措施有哪些？

答：（1）热风干燥。当汽轮机停机后需要一周以上的较长期停运，必须投入汽缸的热风干燥系统，将汽轮机内部的相对湿度控制到 50％以下。

从干燥处理开始时，应定期测量相对湿度，并做好记录。若发现任何测量部位相对湿度不降低，必须检查干燥装置内部有无积水，如有应放掉积水。

当相对湿度不再下降且已达到相关规程规定值时，可以降低被干燥装置的内部压力，否则应继续进行干燥。

（2）强制冷却。汽轮机缸体强制冷却方式仅适用于当汽轮机停机后需快速冷却并尽早再次启动的停机过程。强制冷却可大大缩短停机检修工期，但汽缸强制冷却系统的投用，必须是在汽缸温度已降低到规定值以下的情况下。汽轮机强制冷却系统和汽缸干燥系统相同，只是强制冷却用的压缩空气温度较低。

当汽轮机高压内缸内壁温度降到 400℃时，开始投强制冷却。开始进行冷却时，必须通过调整冷却空气的压力，来控制汽缸温度下降速率。注意监视汽缸上、下缸温差，法兰内外壁温差，胀差不得超过规定值。尤其注意避免出现负胀差。若有其中某项超过规定值，应暂停冷却，待其合格后再投入强制冷却。

113. 停机后锅炉有哪些保养措施？

答：锅炉停用后，若不进行保养，溶解在水中的氧和外界漏入锅炉的空气中所含的氧和二氧化碳，都会对金属产生腐蚀（主要是氧化腐蚀）。锅炉保养的方法都是通过尽量减少锅炉水中的溶解氧和外界空气的漏入来减轻锅炉的腐蚀。

（1）湿式保养法。联胺是较强的还原剂，可除去水中的溶解氧；氨的作用是调节水的 pH 值，保持水中有一定的碱性。炉水中含有一定的联胺和氨，可防止锅炉水侧的氧腐蚀。在未充水的部分用氮气顶压，可防止空气漏入。

停炉后，随着锅炉的冷却，将汽包或汽水分离器水位上升到上限，并关闭各疏放水门及取样门。为防止联胺分解，炉水温度降到 180℃ 以下时进行加药，使联胺浓度达到规定范围值。若停用 3 天以内，在停炉前，把给水、炉水的 pH 值保持在运行限值的上限，锅炉继续进一步冷却。当锅炉压力降至 0.2MPa 以下时，开始对汽包及过热器充入氮气保养，且保持锅炉及过热器中氮气压力在规定值。

若保养期在 1 个月以内，则当主、再热蒸汽管道温度降到 100℃ 时，将氮气充入主、再热蒸汽管道和过热器再热器管道内；若保养期在 1 个月以上，则当主汽管温度降到 100℃ 时，通过减温器对过热器及主汽管充水，当汽包或汽水分离器、过热器和主蒸汽管均充满水后，再充入氮气，保持系统压力。再热器的满水保养方法与过热器相同，只是低温再热器管应加堵板或进行止回门的固定。

锅炉在保养期间，应定期取各系统中水样分析水质，保持氮气压力，并每天检查系统中阀门状态正确。

（2）充氮置换法。该方法是利用化学性质较稳定的氮气充满锅炉，并维持一定压力，防止外界空气进入炉内，从而达到防腐的目的。对于气温会降至 0℃ 以下的地区，该方法较为适用。采用该方法时，锅炉各部分的水必须完全放空，而且保证空气湿度维持最低。

停炉前对再热器进行烘干。停炉后，当锅炉压力降至 0.1MPa 时，开启锅炉充氮门，并维持氮气压力。开启锅炉排污门或放水门进行锅炉放水，放水门的开度应加以控制，并注意保持锅炉中氮气压力不降到零。当炉水放尽后，即关闭排污门或放水门，防止氮气逃逸。

调节充氮门，维持炉内氮气压力。当再热蒸汽温度降至100℃时，可向再热器充入氮气，并维持其压力。以上方法也可在热炉放水过程中进行。

在锅炉充氮时，应定期对氮气压力及浓度进行检查，未达要求应进行充氮。

（3）烘干防腐保养法。该方法是在锅炉停运后，当其压力降至一定值时，采用带压放水。利用锅炉余热，烘干锅炉，保持锅炉汽水系统金属表面的干燥，以避免腐蚀。该方法适用于大修或中修停炉后的保养，常见的有热炉放水保养法和热炉充氮放水排汽干燥保养法。

114. 机组其他设备的保养措施有哪些？

答：（1）锅炉设备。锅炉炉膛不论是长期还是短期保养，其内部都应保持干燥状态，特别是在长期保养的场合下，应除去烟道、受热面等的积灰，必要时还应设置盘状加热器，进行干燥保养。

风烟道保养1个月以上的长期保养，应对风烟道内表面积灰进行清扫，且关闭所有风门、挡板；1个月以内的风烟道保养，则不必处理积灰等。

锅炉辅机的保养原则是保护冷却水畅通，各辅机在随时投运的状态下保存。此外，应按防止轴承部件锈蚀所规定的周期，对辅机进行定期运转或用手盘动，以防轴承部件锈蚀，并在其他部分涂上防锈油。

（2）发电机—变压器组保养。发电机—变压器组停运后的保养，应根据其环境及冷却系统的不同而有所差别。对于氢冷发电机，根据发电机组停运时，须考虑排氢或降低低压。对于定子绕组用水冷却的发电机组，在冬季停运期间，应保持机房内温度不低于5℃。

若不能保证机房气温在 5℃ 以上，则应考虑以下措施启动一台定子冷却水泵，用通水循环的方法防冻。若冷却水系统故障或长时间停运，则应将水排放干净，并用压缩空气冲洗干净。

　　对于发电机滑环与碳刷，因停运后，滑环与碳刷的机械磨损比流过正常电流时大，因此根据停运时间长短应拔松或拔出碳刷；另外由于滑环、碳刷正负极性的磨损程度不同，应根据厂家规定的时间调换极性。

　　变压器作为室外设备，在停运时无需特别维护，但可根据环境情况考虑各部件的防潮问题。若环境温度过低则应投入冷却风扇，对某些会受气温过低影响的设备（如变送器等），则应可靠地投入加热系统。

第四章

单元机组正常运行维护与调整

第一节 汽包锅炉运行调整

115. 不同型式的锅炉对变压运行方式的适应性有什么区别？

答：采用变压运行方式时，锅炉要承担较繁重的调节任务，以适应负荷变化需要，同时要承受较大的工况变化。不同类型锅炉对变压运行的适应性不同，每种锅炉必须考虑的特殊问题也不同。汽包锅炉对变压运行方式的适应性不太理想。因为压力变化时，饱和温度变化，厚壁的汽包要承受温差应力，它将成为限制负荷变化速度的因素。同时，汽包锅炉有固定的过热器受热面，在不同负荷和不同压力下维持额定的主蒸汽温度会有一定困难。直流锅炉可用于变压运行方式，但要考虑低负荷时，压力也会降低，影响水冷壁内水动力工况的稳定性，要注意防止水冷壁的倾斜管段中可能出现汽水分层的问题。复合循环锅炉较适合变压运行方式，因为复合循环锅炉有再循环泵，在低负荷时也能维持水冷壁中具有一定的质量流量。超临界参数锅炉采用变压运行方式，在压力低于临界值时，需注意防止发生沸腾换热恶化、汽水分配不均和汽水分层等问题。

116. 锅炉低负荷运行时应注意什么？

答：燃煤锅炉正常的负荷变化范围一般为 70％～100％额定蒸发量。低于这个范围即为低负荷运行。低负荷运行时的主要问

127

题是燃烧稳定性差，要注意防止灭火及发生炉膛爆炸，自然循环锅炉还必须考虑水循环的安全性。为此，锅炉在低负荷运行时应注意以下方面：

（1）低负荷时应尽可能燃用挥发分较高的煤。当燃煤挥发分较低、燃烧不稳时，应投入点火油枪助燃，以防止可能出现的灭火。

（2）低负荷时投入的燃烧器应较均匀，燃烧器数量也不宜太少，这样有助于稳定燃烧和防止个别部位水循环不正常。

（3）增减负荷的速度应缓慢，并及时调整风量。注意维持一次风压的稳定，一次风量也不宜过大。燃烧器的投入与停用操作应缓慢。

（4）在进行启、停制粉系统及冲灰时，对燃烧的稳定性有较大影响，各岗位应密切配合，并谨慎缓慢地操作，防止大量冷空气漏入炉内。

（5）在低负荷运行时，投入燃油进入炉内燃烧，由于难以保证油的燃烧质量，应注意防止未燃尽油滴在烟道尾部发生复燃。

（6）低负荷运行时，要尽量少用减温水（对混合式减温器），但也不宜将减温水门关死。

（7）低负荷运行时，排烟温度低，低温腐蚀的可能性增大。为此，应投入暖风器或热风再循环。

117. 锅炉超出力运行可能出现哪些问题？

答：锅炉的蒸发量有额定蒸发量和最大连续蒸发量两种。当锅炉负荷高于最大连续蒸发量时，称为超出力运行或超负荷运行。超出力运行可能出现以下问题：

（1）由于燃料消耗量增大，炉膛容积热负荷相应增大，炉内及炉膛出口烟气温度均升高，会导致过热蒸汽温度、过热器、再热器管壁温度均升高，故必须严格监视与调整，尽量不使其超温。对于燃煤锅炉，由于炉膛容积热负荷的增大，使炉内结渣的可能性增大。

（2）锅炉蒸发系统内工质流速升高，流动阻力增大，对水循环不利。为此，应特别注意监视水循环较差的部位。

（3）过热器内工质流量增大，流动阻力升高，汽包到过热器出口之间的压差增大，使汽包及联箱承受的压力升高，必须考虑这些部件的强度问题。由于现代锅炉参数较高，应当尽量避免锅炉超负荷运行。

（4）汽包的蒸汽空间容积负荷、蒸发面负荷均增大，会使饱和蒸汽带水量增多，从而影响蒸汽品质。

（5）锅炉安全阀的总排汽量是按最大连续蒸发量设计的，若锅炉超出力运行，一旦突然甩负荷，安全阀虽全部开启也难以保证汽压能迅速下降，这时必须开启向空排汽门放汽，来确保锅炉的安全。

（6）由于燃烧所需空气量及生成的烟气量均增大，一旦引、送风机均全开仍出现风量不足，将影响锅炉燃烧工况，并使结渣的可能性增大；另外，由于烟气流速升高，使受热面的飞灰磨损程度加剧。

（7）超出力运行时，排烟温度将升高，排烟热损失增大；燃料在炉内停留时间缩短，未完全燃烧，热损失必然增大，均使锅炉热效率降低。

从运行实践来看，锅炉超出力运行对安全性、经济性均会带来不利影响，一般不应超出力运行。

118. 锅炉在运行过程中如何对风量进行调节？

答：运行过程中，当外界负荷变化时，需调节燃料量来改变蒸发量，但调节燃料量时，首先要调节风量，以满足燃料燃烧对空气的需要量。

风量调节的原则，是要维持最佳过量空气系数，以保持良好的燃烧和较高的热效率。最佳过量空气系数的大小，是通过锅炉的热力试验确定的。可按最佳过量空气系数确定在不同负荷时应供给的空气量，运行时据此进行风量调节。对于大多数锅炉来说，通常根据烟气成分分析来确定过量空气系数。现在大部分锅炉都装有氧量表，它所指示的氧量值是燃料燃烧后烟气中剩余氧的百分含量，对于不同的燃煤锅炉，由于其燃煤品质的不同，要根据试验确定过量空气系数，据此进行风量调节。供给的总风量应使氧量值控制在最佳范围之内。

119. 如果对锅炉燃烧进行调整？

答： 炉内燃烧调整的目的是保证燃烧供热量适应外界负荷的需要，以维持蒸汽压力、温度在正常范围内。保证着火和燃烧稳定，燃烧中心适当，火焰分布均匀，不烧坏燃烧器，不引起水冷壁、过热器等结渣和超温爆管。燃烧完全，使机组运行处于最佳经济状况。提高燃烧的经济性，减少对环境的污染。

煤粉正常燃烧时，应有光亮的金黄色火焰，火色稳定和均匀，火焰中心在燃烧室中部，不触及四周水冷壁；火焰中不应有煤粉分离出来，也不应有明显的星点，烟囱的排烟应呈淡灰色。如火焰亮白刺眼，表示风量偏大，这时的炉膛温度较高；如火焰暗红，则表示风量过小，或煤粉太粗、漏风多等，此时炉膛温度偏低；火焰发黄、无力，则表示煤的水分偏高或挥发分低。

由于直吹式制粉系统出力的大小直接与锅炉蒸发量相匹配，当负荷变化时，通过调节给煤机的转速或启动/停止制粉系统来适应负荷变化的需要。若锅炉负荷有较大变动，即需启动或停止一套制粉系统。在确定制粉系统启动、停止方案时，必须考虑到燃烧工况的合理性，如投运燃烧器应均衡，保证炉膛四角都有燃烧器投入运行等。当锅炉负荷小于50%时，应投入油枪稳定燃烧。为了保持低负荷时燃烧的经济性，在停用制粉系统时，应注意先停上层燃烧器所对应的磨煤机，保持下层燃烧器的运行。

若锅炉负荷变化不大，可通过调节运行中的制粉系统出力来解决。当锅炉负荷增加，要求制粉系统出力增加时，应先开入磨煤机进口风量挡板，增加磨煤机的通风量，利用磨煤机内的少量存粉作为增负荷开始时的缓冲调节，然后加大给煤机的转速，增大给煤量，同时开大相应的二次风门，使燃煤量适应负荷要求。反之，当锅炉负荷降低时，则减少给煤量、磨煤机通风量以及二次风量。

120. 锅炉负荷变化时，燃料量、送风量、引风量的调节顺序是怎样的？

答：锅炉负荷变化时，燃料量、送风量、引风量都需进行调节，调节顺序的原则是在调节过程中，不能造成燃料燃烧缺氧而引起不完全燃烧。调节过程中，不应引起炉膛烟气侧压力由负变正，造成不严密处向外喷火或冒烟，影响安全与锅炉房的卫生。

根据上述基本原则，其调节顺序是当负荷增加时，应先增大引风量，再增大送风量，最后增大燃料量；当负荷降低时，应首先减小燃料量，然后减小送风量，最后减小引风量，并将炉膛负压调整到规定值。

锅炉的负荷变化时，送入炉内的风量必须与送入炉内的燃料量相适应，同时也必须对引风量进行相应的调整。

（1）送风调整。控制烟气中的氧含量，实际上就是控制过量空气系数的大小。锅炉控制盘上有氧量表显示，运行人员能够直接根据这种表记的指示值来控制炉内空气量，使其尽可能保持炉内为最佳过量空气系数，获得较高的锅炉效率。锅炉在运行中除用表计分析、判断燃烧情况外，还要注意分析飞灰灰渣中的可燃物含量，观察炉内火焰及排烟温度等，综合分析炉内工况是否正常。

事实上，对于风量的调节是通过电动执行机构改变送风机进口挡板的开度来实现的。除改变总风门外，还需要借助改变二次风挡板的开度来调节。如某燃烧器中煤粉气流浓度与其他燃烧器不一致，即应改变烧器的二次风门挡板开度来调整该燃烧器送风量。运行中，当锅炉的负荷增加时，燃料量和风量的调整顺序一般应是先增加送风量，随即增加燃料量。在锅炉减负荷时，则应先减燃料量，随即减送风量。但是由于炉膛中总保持有一定的过量空气，所以当负荷增幅较大或增速较快时，为了保持汽压不致有大幅度的下跌，在实际操作中，也可以酌情先增加燃料量，再增加送风量；在锅炉低负荷运行时，因炉膛中过量空气相对较多，因而在增负荷时，也可采取先增燃料量后增送风量的操作方式。

（2）引风调整。锅炉引风量的调整是根据送入炉内的燃料量和送风量的变化情况进行的。为了避免出现正压和缺风现象，原则上是在负荷增加时，先增加引风，再增加送风和燃料；反之，在减负荷时，则应先减燃料量，再减送风量。

121. 控制炉膛负压的意义是什么？炉膛负压如何控制？

答：大多数燃煤锅炉采用平衡通风方式，使炉内烟气压力低于外界大气压力，即炉内烟气为负压。自炉底到炉膛顶部，由于高温烟气产生自生通风压头的作用，烟气压力是逐渐升高的。烟气离开炉膛后，沿烟道克服各受热面阻力，烟气压力又逐渐降低，因此，炉内烟气压力最高的部位是在炉膛顶部。所谓炉膛负压，即炉膛顶部的烟气压力，一般维持负压为 20～50Pa。炉膛负压太大，使漏风量增大，结果会造成引风机电耗、不完全燃烧热损失、排烟热损失均增大，甚至使燃烧不稳或灭火。炉膛负压小甚至变为正压时，火焰及飞灰将通过炉膛不严密处冒出，恶化工作环境甚至危及人身及设备安全。

炉膛负压是反映燃烧工况正常与否的重要运行参数之一。在一定时间内，如果从炉膛排出的烟气量等于燃料燃烧产生的实际烟气量，则进、出炉膛的物质保持平衡，炉膛压力就保持不变；否则，炉膛负压就要变化。例如，在引风量未增加时，先增加送风量，就会使炉膛压力增大。可能出现正压。当锅炉负荷改变使燃料量和风量发生改变时，随着烟气流速的改变，各部分负压也相应改变，负荷增加，各部分的负压值也相应增大。

当燃烧系统出现故障或异常情况时，最先有所反应的就是炉膛负压表。例如锅炉出现灭火，首先反应的是炉膛负压表指针剧烈摆动并向负方向甩到底，光字牌报警，然后才是汽包水位、蒸汽流量和参数指示的变化。在运行中，因燃烧工况总有小量的变化，炉内风压是脉动的，负压表指示总在控制值左右。当燃烧不稳定时，炉内风压将出现剧烈脉动，负压表指示将会发生大幅度摆动，同时负压表报警装置动作，甚至出现锅炉 MFT 动作。

运行中，只要能维持从炉膛排出的烟气量等于燃料燃烧实际生成的烟气量，就能维持炉膛负压稳定。炉膛负压是通过调节引、送风机风量的平衡关系实现的。

122. 炉膛负压能够显示锅炉哪些问题？

答：炉膛负压是运行中要控制和监视的重要参数之一。监视炉膛负压对分析燃烧工况、烟道运行工况，以及某些事故的原因均有重要意义。如当炉内燃烧不稳定时，烟气压力产生脉动，炉膛负压表指针会产生大幅度摆动，当炉膛发生灭火时，炉膛负压表指针会迅速向负方向甩到底，比水位计、蒸汽压力表、流量表对发生灭火时的反映还要灵敏。

烟气流经各对流受热面时，要克服流动阻力，故沿烟气流程烟道各点的负压是逐渐增大的。在不同负荷时，由于烟气量变化，烟道各点负压也相应变化。如负荷升高，烟道各点负压相应增大，反之，相应减小。在正常运行时，烟道各点负压与负荷保持一定的变化规律，当某段受热面发生结渣、积灰或局部堵灰时，由于烟气流通断面减小，烟气流速升高，阻力增大，于是其出入口的压差增大。故通过监视烟道各点负压及烟气温度的变化，可及时发现各段受热面积灰、堵灰、泄漏等缺陷，或发生二次燃烧等事故。

123. 防止锅炉灭火应当注意哪几个方面？

答：燃煤挥发分降低，着火温度升高，使着火困难，燃烧稳定性变差，严重时会造成锅炉灭火。为防止锅炉灭火，运行过程中应注意以下几个方面：

（1）锅炉不应在太低负荷下运行，以免因炉温下降，使燃料着火更困难。

（2）适当提高煤粉细度，使其易于着火并迅速完全燃烧，对维持炉内温度有利。

（3）适当减小过量空气系数，并适当减小一次风风率和风速，防止着火点远离喷口而出现脱火。

（4）燃烧器应均匀投入，各燃烧器负荷也应力求均匀，使炉内维持良好的空气动力场和温度场。

（5）必要时应投入点火油枪来稳定燃烧。

（6）在负荷变化需进行燃煤量、风量调节，以及投、停燃烧器时，应均匀、缓慢、谨慎地进行操作。

（7）必要时应改造燃烧器。如加装预燃室或改用浓淡型燃烧器等。

124. 锅炉负荷与汽压有哪些调整方式？

答： 采用定压运行的单元机组，负荷与汽压的调节方式一般可分为锅炉跟踪方式（又称炉跟机方式）、汽轮机跟踪方式（又称机跟炉方式）和协调方式三种。

（1）锅炉跟踪方式。在锅炉跟踪调节系统中，负荷目标的指令送至汽轮机主控制器。在改变负荷时，汽轮机主控制器按给定的变负荷速率将同步器（即调速汽门）置于目标负荷的对应开度上，随着汽轮机调速汽门开度的变化，蒸汽流量和汽压反向变化。主蒸汽压力信号送至锅炉主控制器，当实际压力与给定压力产生偏差时，锅炉主控制器将通过改变给水、燃料和风量使压力恢复至给定值。该调节方式的特点是能充分利用锅炉的蓄热能力，对负荷的适应性较好；但变负荷过程中汽压波动较大，尤其对于燃烧设备惯性大而蓄热能力小的锅炉，汽压波动将更大。

（2）汽轮机跟踪方式。在汽轮机跟踪调节系统中，负荷目标的指令送至锅炉主控制器时，在改变负荷时，锅炉主控制器按给定的变负荷速率改变给水、燃料和风量，使锅炉蒸汽流量和汽压发生同向变化。当主蒸汽压力信号送至汽轮机主控制器时，通过改变同步器开度使压力维持在给定值，并使负荷发生改变。这种调节方式的特点是调压迅速、汽压稳定，但无法利用锅炉蓄热能力，且机组的负荷适应性较差。特别是采用直吹式制粉系统的锅炉，因燃烧设备的惯性大，对负荷的适应性就更差。

（3）协调方式。在协调调节系统中，负荷目标的指令和主蒸汽压力信号同时送往锅炉主控制器和汽轮机主控制器。在改变负荷时，锅炉主控制器和汽轮机主控制器同时动作，分别改变锅炉的给水、燃料、风量和汽轮机的调速汽门开度，同时还根据主蒸汽压力偏离给定值的情况，适当限制汽轮机调速汽门开度的变化和加强锅炉的调节作用。过程结束时，机组负荷达到目标值而主蒸汽压力仍稳定在给定值。这种调节方式综合了锅炉跟踪和汽轮机跟踪方式的优点，既具有汽压控制稳定的特点，又能充分利用锅炉的蓄热，同时具有较好的负荷适应性。各台机组具体的自动控制方式随机组设备状况和要求的不同而不同。

125. 锅炉过热汽压过高的原因是什么？

答：过热汽压过高时，会产生主蒸汽压力指示值越高限并报警，严重时高、低压旁路阀或锅炉向空排汽阀将自动打开，过热器安全门起座。

由于机组负荷突降引起汽压过高时，还将使功率指示下降、主蒸汽流量和给水流量下降、各段工质温度升高。由于高压加热器紧急停用造成汽压过高时，功率、主蒸汽流量均有可能上升，再热器压力升高，再热器安全门或低压旁路阀可能打开。如发生机组负荷大幅度下降、蒸汽压力突升，还将出现汽轮机各级抽汽压力降低，汽动给水泵出力下降，从而使锅炉给水母管压力下降的现象。

由于燃烧工况突变引起汽压过高时，若给水为自动方式运行，则锅炉的给水调节阀门开度或给水泵转速将自动开大或上升；炉膛出口氧量将下降，各段工质温度及烟气温度将升高。

造成主汽压力升高，主要有以下两方面原因：

（1）外界负荷突降。所谓外界负荷突降，一般应包括由于电网系统故障、馈线故障、发电机故障或汽轮机故障所造成的骤减负荷、汽轮机高压加热器紧急停用造成蒸汽消耗量骤减、汽轮机调速系统故障或机跟炉方式下汽压自动失灵造成调节汽门突然关小等引起的外界所需蒸汽流量突然减少。

（2）燃烧工况突变。由于燃料自动失灵或其他原因造成锅炉燃料量突然增加时，将使锅炉热负荷突升、过热汽压升高。

发生锅炉汽压过高时，应立即查明原因，视情况不同进行相应的处理，保证锅炉及单元机组的安全运行。

如因某自动装置失灵造成过热汽压过高，应立即将该自动装置切至手操，手动控制恢复锅炉各参数正常。如因电网系统或母线故障引起汽压过高，但机组功率尚未到零，应立即降低锅炉负荷，必要时开启高、低压旁路和过热器向空排汽阀，迅速降低过热汽压至正常值。当机组功率已到零或发生汽轮机停机、发电机故障跳闸时，则应立即按紧急停炉进行处理。如因调节汽门误关造成汽压过高，应当设法开大调节汽门，恢复过热汽压正常，而不应采用骤减负荷的方法，以免事故扩大。

高压加热器紧急停用造成过热汽压过高时，如机组尚可增加负荷，应立即开大调节汽门降压，如机组负荷已达到或超过额定值，应立即采用减负荷的方法进行降压。

126. 再热器压力过高的原因及处理方式是什么？

答：锅炉再热器压力过高的原因往往是机组负荷突升或汽轮机一、二级抽汽量减少（如高压加热器停用等），使高压缸排汽量增加。此外，如发生汽轮机中压缸联合汽门故障关闭，也将造成再热器压力升高。

如因机组负荷超限、高压加热器紧急停用造成再热器压力过高，应通过降低机组负荷使再热器压力恢复正常。

正常运行中如某联合汽门关闭，再热器压力将会升高。此时可通过降低机组负荷、开启低压旁路来降低再热器压力，同时还应按再热汽温异常的处理方法和要求，将再热汽温控制在正常范围内。

127. 运行中，汽包水位如何进行调整？

答：（1）汽包水位的测量。在锅炉运行中，应经常检查各水位计，定期校对就地水位计与二次水位计不少于 2 次。锅炉在冷态启动过程中或运行中发生汽包水位高事故时，可以打开连排和定排放水门，控制汽包的水位。运行中如果出现锅炉快速增减负荷、安全门动作、燃料增减过快、启动和停止给水泵、给水自动控制失灵、承压部件泄漏、汽轮机调节汽门、旁路门或过热器主蒸汽管路疏水门开关等情况时，应加强对汽包水位的监视，同时注意虚假水位现象。

汽包水位是通过水位计来监视的。在大容量单元机组的锅炉中，除在汽包两端各装一只就地一次水位计外，通常还装有多只机械式或电子式二次水位计（如差压计、电接点式水位计等），将信号直接接到操作盘上，以增强水位监视。另外，应利用机械水位计（双色水位计）用工业电视来监视汽包水位。

单元机组的锅炉汽包水位多采用给水自动调节，而二次水位计的准确性和可靠性均能满足运行要求。二次水位计的形式和数量很多，同时还设有高、低水位报警与跳闸，因此，在正常运行时可以将二次水位计作为水位监视和调整的依据。

在用水位计监视水位时，还需要时刻注意蒸汽量和给水量（以及减温水量）之差是否在正常范围内。此外，对于可能引起水位变化的运行操作，如锅炉排污、投、停燃烧器、增开给水泵等，也需予以注意，以便根据这些工况的改变可能引起水位变化的趋势，将调整工作做在水位变化之前，从而保证运行中汽包水位的稳定。

锅炉正常运行中要保持汽包水位稳定，当前的机组运行，通常采用 DCS 进行，给水调整的任务是使给水量适应锅炉的蒸发量，维持汽包水位在允许的范围内变化。对汽包水位的控制调整是依靠改变给水调节门的开度或改变给水泵的转速从而改变给水量来实现的。

（2）运行中的水位调节。当给水自动投入时，不可忽视对水位的监视；当给水自动失灵或锅炉出现故障，水位超过正常波动范围时，自动控制装置会切自动为手动控制。手动操作调节水位时，应尽量缓慢进行，避免水位出现较大的波动。要做到该点，需要工作人员平时熟练掌握调节阀门开度和流量与给水泵转速和流量之间的关系特性。在实际运行中，还应做到以下几点：

1）运行中要控制好水位，首先要做好对水位的运行监视。目前大容量的单元机组，锅炉的汽包水位在正常情况下都采用自动调节，二次水位计的准确性和可靠性也已能满足运行的要求。而且安装的二次水位计的形式和数量很多，同时还设有高、低水位报警与跳闸保护，因此除特殊情况外，在正常运行下可根据操作盘或二次水位计来监视和调节汽包水位。就地一次水位计可靠性好，可作校对汽包水位之用，在二次水位计失灵或故障时，应当迅速采取措施，防止造成事故。

2）为了保证汽包水位的正确性，正常运行时，每班应将二次水位计与就地水位计进行一次核对；汽包水位高、低信号报警也应定期进行校验，以保证其可靠性。

3）密切监视蒸汽流量、给水流量、汽包压力和给水压力等主要数据的变化，发现不正常时立即查明原因，及时处理。

4）在机组升降负荷、启停给水泵、投停高压加热器、锅炉定期排污、向空排汽或安全门动作及事故状态下，应对汽包水位进行适当的超前调节。

当汽包水位发生变化时，要认真检查和分析，判断水位变化的真正原因，识别虚假水位，及时调整和恢复汽包水位正常。处理中应具体情况具体分析，在不同的情况下采取不同的措施。例如汽包水位下降，首先应查明引起的原因。如果是负荷突降，汽包压力下升引起的，由于此时给水流量大于蒸发量，水位的下降现象是暂时的，很快就会上升，因此切不可盲目增加给水，而应尽快恢复负荷，保持汽包压力，若一时无法恢复，应减少燃料量，待汽包压力恢复时，减少给水流量，使其与蒸汽量相适应；如果是燃料量突降引起的，应先设法恢复燃料量，如暂时无法恢复，应即减少给水流量，调整锅炉负荷；如果是由于给水压力等其他原因引起的给水流量下降而造成汽包水位下降，则应按照给水压力低进行处理，尽量设法提高给水压力，减少负荷波动，如无法提高给水压力和保持给水流量，应及时减少燃料量，降低锅炉负荷，以维持汽包水位。

在运行中，影响汽包水位变化的因素很多，水位变化是各种因素综合作用的结果。所以，正常运行中应认真监视各项参数及工况的变化，及时进行有关的调节，将调节工作做在水位变化之前。一旦发生水位变化，应迅速查明引起水位变化的原因，及时分析判断汽包水位的变化趋势和进行必要的调节，保证汽包水位的稳定运行。在具体进行水位调节的过程中，应先根据实际运行情况，分析水位变化的趋势，然后再进行适当的调节。调节给水流量，不宜猛增、猛减。大幅度地调节给水流量，会引起汽包水位的反复波动。调节过程中应注意防止过度调节。

128. 运行中，如何对汽温进行监视与调整？

答： 运行中维持汽温稳定是非常重要的，而汽温变化是必然的，为了解决这一矛盾，除了在设计时从结构布置方面解决外，还需要在运行中根据复杂的工况变动情况采取不同的调节措施，才能满足汽温规范的要求。在单元机组中锅炉的汽温调节主要通过喷水减温和摆动燃烧器来实现。

（1）喷水减温。锅炉过热蒸汽通常都采用喷水减温作为主要调温手段。喷水减温器的调节操作比较简单，只要根据汽温的变化适当变更相应的减温水调节阀门的开度，改变进入减温器的减温水量即可达到调节过热汽温的目的。当汽温较高时，开大调节阀门增加调温水量；当汽温较低时，关小进水调节阀门减少减温水量，或者根据需要将减温器撤出运行。

锅炉对汽温调节的要求较高，通常配置两级以上的喷水减温器，在汽温调节时担负不同的任务。锅炉的过热器采用两级喷水减温。第一级喷水减温器布置在分隔屏过热器入口，由于该级减温器距过热蒸汽出口较远，减温器出口的蒸汽还要经过辐射式分隔屏过热器、半辐射式后屏过热器和高温对流过热器等，所以它对出口汽温的调节时滞较大；而且由于蒸汽流经这几级过热器后汽温的变化幅度较大，调节误差也大，很难保证出口蒸汽温度在规定的范围内。因此，该级减温器只能作为主蒸汽温度的粗调。它的主要任务有两个：① 将分隔屏过热器出口的汽温维持在设定值以下；② 保护后屏过热器，使其不超温，第二级喷水减温器设在高温对流过热器入口。此处距过热器系统出口近，且此后蒸汽温度变化幅度也不大，此时喷水减温的灵敏度高，调节时滞也小，能较有效地保证过热蒸汽温度符合要求，因而该级喷水调节作为主蒸汽温度的细调。

　　在再热器进口管道中通常也要装设喷水减温器，该喷水减温器在出现事故工况，再热器入口汽温超过允许值，可能出现超温损坏时投入运行，保护再热器。在正常运行情况下，只有当其他温度调节方法尚不能完全满足要求时，该喷水减温器才投入微量喷水，作为再热汽温的辅助调节。锅炉负荷小于 20% 时，一般不得投入喷水减温。必须投入时，应注意喷水后汽温变化，防止蒸汽带水。

　　喷水减温器调节汽温的特点是只能使蒸汽减温而不能升温。因此，锅炉按额定负荷设计时，过热器受热面的面积是超过需要的，也就是说，锅炉在额定负荷下运行时过热器吸收的热量将大于蒸汽所需的过热热量，这时必须用减温水来降低蒸汽的温度。

　　(2) 摆动式燃烧器。采用摆动式燃烧器调节汽温，也是目前国内外大型单元机组常见的一种方式。摆动式燃烧器调节汽温，就是将燃烧器的倾斜角度改变，从而改变燃烧火焰中心沿炉膛高度的位置，达到调节汽温的目的。在高负荷时，将燃烧器向下倾斜某一角度，让火焰中心位置下移，使进入过热器区域的烟气温度下降，减小过热器的传热温差，使汽温降低；在低负荷时将燃烧器倾角向上某一数值，提高火焰中心位置，使汽温升高。摆动式燃烧器调节汽温有很多优点。首先是调温幅度较大，其摆动角度可以使炉膛出口烟气温度变化 110～140 ℃，汽温调节幅度达到 40～60℃。其次是调节灵敏，设备简单，投资费用少，并且没有功率损耗。不过这种调节方式应注意倾角范围不可过大，否则可能增加不完全燃烧损失，出现结渣、燃烧不稳定等问题。如燃烧器上倾角过大，将增加不完全燃烧损失，并可能引起屏式过热器区域结渣、受热面超温等，在负荷较低时，还可能出现燃烧不稳定，甚至熄火。

摆动式燃烧器在用于过热蒸汽调温时，总是与喷水减温器配合使用。在锅炉的实际操作中，通常摆动燃烧器的倾角调整只是在安装、检修后的启动初期进行，调整燃烧器倾角时要与喷水减温配合，使之保证在 70％～100％负荷内，过热汽温可维持额定值，保证锅炉效率，同时不能出现受热面结渣或燃烧不稳定的情况。当满足这些要求后就得到了燃烧器的倾角数值。在以后的正常运行操作中该倾角通常不再改变，只是按照运行的实际情况，改变喷水减温器的减温水量来调节过热汽温符合要求即可。使用燃烧器调温还可以采用下列两种辅助调节手段：

1）改变燃烧器的运行方式。该方式是将不同高度的燃烧器喷口投入或停止运行，或将几组燃烧器切换运行，来改变炉膛火焰的位置高低，实现调节汽温的目的。当汽温较高时，应尽量先投下组燃烧器或燃烧器下排喷嘴运行；当汽温较低时，则优先投运上组燃烧器或燃烧器上排喷嘴。

2）改变配风工况。在总风量不变的前提下，可用改变上、下二次风量分配比例的办法改变炉膛火焰中心位置的高低，从而改变进入过热器区域的烟温，实现调节汽温的目的。当汽温偏高时，可加大上二次风量，减小下二次风量，降低火焰中心；当汽温较低时，则减少上二次风量，增加下二次风量，抬高炉膛火焰中心。采用燃烧器辅助调温方式时，应根据具体的运行情况灵活掌握。但必须强调的是，改变燃烧器的运行方式和配风工况时，首先应满足燃烧工况的要求，保证锅炉机组运行的安全性和经济性。

129. 防止锅炉高温受热面管壁超温，有哪些调整措施？

答： 在锅炉运行的任何阶段，必须严格控制过热器、再热器管壁温度不超限。受热面管壁温度一般控制在额定值以内，对于不同的受热面，控制的温度值不同。由于影响管壁温度的因素很多，调整措施也有多种。

（1）锅炉负荷的变化会引起管壁温度的变化。机组正常运行期间，随着锅炉负荷的变化，锅炉各部分的吸热特性发生变化，汽温也发生变化。在 75% BMCR 左右时，管壁温度处于最恶劣的状况，随着锅炉负荷的升高，管壁温度将逐渐下降。同时机组在负荷变化时，应尽可能维持汽温稳定，以免管壁超温。当出现个别壁温测点超限时，可适当降低汽温，同时确认其是否属实，并作出相应的处理。

（2）给水温度变化也会影响管壁温度。给水温度降低会使过热器烟气侧传热量增加，汽温和壁温升高。在正常运行期间，应保证各加热器及除氧器加热正常投入，监视省煤器进口给水温度与负荷对应。当有加热器撤出时，应严密监视汽温、壁温情况；为防止管壁超温，必要时应降低负荷。

（3）燃料的特性变化会影响到锅炉燃烧及受热面吸热特性，汽温及管壁温度也会发生相应变化，因此，在燃料品质改变时，应注意汽温及管壁温度变化。

（4）磨煤机投停及燃烧器运行层改变也会影响管壁温度。投磨煤机时，短时间内汽温上升很快，应注意汽温调整，停运磨煤机时正好相反。投用上层燃烧器汽温会上升，而投用下层燃烧器汽温会下降，运行人员可通过改变燃烧器运行层或燃烧器出力来调整因煤种、负荷变化等因素给壁温等带来的扰动，使锅炉处于较好的运行工况。

（5）风量增加（锅炉过剩空气量增加）时，可使汽温上升，尤其是再热汽温。正常运行时，应按负荷合理调整风量和氧量。

（6）受热面结焦、积灰后，会使受热面传热发生变化，其他受热面壁温上升，这时应加强对应区域的吹灰。吹灰时应注意监视汽温变化情况，防止汽温偏高或偏低。

130. 自然循环锅炉与强制循环锅炉在水循环原理上有什么区别？

答： 自然循环依靠下降管中的水和上升管中汽、水混合物的重度差工作。随着锅炉工作压力的提高，汽、水间重度差的减小，推动循环工作的驱动力（或者说有效压头）随之减小。强迫循环则是在循环回路的下降管侧增设炉水循环泵，提供额外压头，以弥补自然循环驱动力的不足，提高锅炉水循环的可靠性。其水循环动力由炉水泵及运动压头共同提供。除此之外，二者没有本质的区别。但强制循环具备下列有利因素：

（1）包括在升炉、停炉期间在内的任何工况下都能由泵提供足够的压头和流量，保证受热面的冷却，也因此加速各承压部件间金属温度均匀，有利于升炉、停炉时间的缩短。

（2）因炉水泵提供了足够的压头，使回路各管间的流量可通过在各管进口端设置节流圈来调节，使各管间因通流阻力系数与吸热量不均匀，导致的出口含汽率差异可通过节流圈变得均匀，循环的可靠性提高。水冷壁分割成若干个回路，供水管道复杂的问题得到改善，整个水冷壁可以构成一个回路。

（3）水冷壁因有足够的压头而允许采用比自然循环小的管径，管壁温度与材质要求也因流速的保证可以比较低。

（4）由于有足够的压头，使汽包内件布置的选择余地较大。

（5）在锅炉升炉期间，对省煤器受热面的保护问题，也可因炉水泵所提供的压头通过省煤器再循环管，使炉水在省煤器与汽包之间建立起足够的流量，省煤器内的水不致汽化，气体不致储积，不需要再进行排污换水，从而降低了炉水和热量的损失。

（6）在进行化学清洗时，由于炉水泵提供了压头，使药液在锅炉各部位保持均匀，可以减少取消时间，降低对受热面的损害。

（7）炉水泵前后压差在一定程度上反映了循环回路的通流阻力。从投运开始，经常记录和分析该压差，可以检测回路内部是否有结垢和是否存在异物。

（8）因有炉水泵提供压头，强制循环锅炉的水冷壁管径一般比自然循环锅炉小，加上采用节流圈来调整各管的出口蒸汽干度，所以若发生管子爆裂，小管径和节流圈都有助于对泄漏量的遏制，以减少对邻近管子的伤害，发生泄漏后可维持水位的时间也可相应比自然循环锅炉长。

（9）由于循环流速可以通过炉水泵控制，使锅炉运行的压力范围受循环特性的制约较小，锅炉运行的压力范围可以扩大，滑参数运行范围可以扩大。当然采用炉水泵也带来设备投资、维护方面的问题。

第二节　直流锅炉运行调整

131. 直流锅炉在运行时有什么特点？

答：在直流锅炉中，当负荷变化时，为了维持过热汽温的稳定，必须同时改变给水量和燃料量，并严格保持其固定比例，否则给水量或燃料量的单独变化或给水量、燃料量不按比例的变化都会导致过热汽温的大幅度变化。而汽包锅炉的负荷变化时，燃料量、给水量也要随之变化。但是，由于汽包水容积的作用，汽包锅炉在调节过程中不需要严格保持燃料量与给水量的固定比例。当燃料量与给水量两者有一个变化时，只能引起锅炉出力或汽包水位的变化，而对过热汽温的影响不大。因此，相对于汽包锅炉而言，直流锅炉运行有以下特点：

(1) 要保持燃料量与给水量的固定比例。在直流锅炉运行中，当给水量不变，而燃料量增加时，由于受热面的吸热量增加，开始蒸发点和开始过热点都提前，使得直流炉的加热、蒸发和过热三区段的分界点有了移动，加热和蒸发区段缩短，过热区段变长，因而过热汽温升高；相反，给水量不变而燃料量减少时，过热汽温降低。再如，燃料量不变而给水量增加时，由于工质需要的热量增多，以致开始蒸发点和开始过热点都推后，使加热和蒸发区段延长，而过热区段缩短，因而过热汽温降低；相反，燃料量不变而给水量减少时，过热汽温升高。因此，在运行中，直流炉的汽温调节要求燃料量与给水量应严格保持固定的比例。

(2) 要有超前信号。在直流锅炉工况变动时，首先变化的是过热器入口截面的汽温，然后逐渐向后变动，最后导致出口过热汽温的变化。为了提高调节质量，按照反应响应快和便于检测等条件，通常在过热区的开始部分选取一个合适的点，以该点工质温度作为超前信号来控制煤水比。该点称为中间点。调节时利用煤水比手段来保持中间点温度这一定值（相当于汽包炉过热器入口端），而中间点至过热器出口之间，则采用喷水减温器来适应过热器的工况变化及维持规定的过热器出口汽温。中间点的位置越靠近过热器入口，则汽温调节的灵敏度越高，但应保持中间点工质状态在维持额定汽温的负荷范围内为微过热蒸汽，因而也不宜过于提前。

(3) 要有较好的自动调节设备。汽包锅炉的水容积较大，又有汽包及下降管等厚壁部件，因而工质与金属的蓄热能力较大，当工况变化时维持自身平衡的能力较强。而直流锅炉采用薄管壁、小管径的管子，没有厚壁汽包、下降管等，因此水容积小，其工质与金属的蓄热能力只有汽包锅炉的 30%～50%，故直流锅炉自行保持平衡的能力较差。因此，当运行工况发生相同的变化时，直流锅炉运行参数的变化速度比汽包锅炉要快得多，直流锅炉对自动调节设备及系统在可靠性、灵敏度、稳定性等方面的要求比汽包锅炉高。但蓄热能力小也有其有利的一面。当需主动调节时，参数变化比较迅速，能很快适应工况的变动。

（4）保持相对平衡状态。锅炉的运行，必须保证汽轮机所需要的蒸汽量，以及过热蒸汽压力和温度的稳定。直流锅炉蒸汽参数的稳定主要取决于两个平衡，即汽轮机功率与锅炉蒸发量的平衡和燃料与给水的平衡。第一个平衡能使汽压稳定，第二个平衡能使汽温稳定。但是，由于直流锅炉受热面的三个区段无固定分界线，使得汽压、汽温和蒸发量之间又是紧密相关的，即一个调节手段不只影响一个被调参数。因此，实际上汽压和汽温这两个参数的调节过程并不独立，而是一个调节过程的两个方面。除了被调参数的相关性外，还由于直流锅炉的蓄热能力小，工况一旦受扰动，蒸汽参数的变化就会很敏感。

132. 直流锅炉的蒸汽温度如何调整？

答： 直流锅炉通过以给水泵为动力使炉水强制流动来达到受热面的冷却和蒸汽的产生。直流锅炉的水工况和汽包锅炉存在原理上的不同，因此其启动、停止、正常运行控制、调整与汽包锅炉在和汽水系统相关的操作上有很大的不同。其他烟风、燃烧、辅助系统则基本上是相同的。

发电机并列带负荷，高压旁路和低压旁路逐渐关毕后，锅炉继续升温升压提升负荷。在机组负荷在启动分离器设定值附近时，进入启动分离器的工质开始进入过热状态，启动分离器储水罐水位降，排水阀逐渐关小至关闭。启动分离器排水阀关闭标志着锅炉进入了直流工况。锅炉进入直流工况后再增加负荷，在增加燃料量的同时给水流量必须相应增加，以确保燃料量和给水量相匹配，最终达到蒸汽温度按设计的要求运行。此后启动分离器的蒸汽过热度成为煤水比调节的超前控制参数。启动分离器蒸汽过热度在机组启动和不同的负荷阶段有所不同，但转直流后为防止过热器进水，绝不允许其温度进入饱和及以下温度。

随着燃烧率的增加，产汽量逐渐增加，分离器内水越来越少，负荷为 35% 左右时，产汽量与进入省煤器的给水量相等，汽水分离器已无水位，由湿态转变为干态，锅炉转直流运行后标志着锅炉启动阶段的结束。锅炉的蒸汽温度通过煤水比的匹配和减温水的辅助控制进行调整。启动结束后主蒸汽压力根据机组负荷控制方式（以锅炉跟随为主协调、以汽轮机跟随为主协调、完全协调）的不同具有不同的控制方式。为保证机组具有一定的调门节流以保证快速的负荷适应能力和相对的运行经济性，一般在机组负荷为 90% 左右进入定全压运行方式。

煤水比失调会引起主蒸汽温度偏离设计值，因此要根据煤质情况确定合理的煤水比。中间温度点选为分离器出口温度，中间点温度比主蒸汽温度更灵敏地反映煤水比，中间点温度反映了锅炉蒸发和过热吸热的比例，改变中间点温度也可以影响主蒸汽温度。因此，根据主蒸汽温度曲线高低确定合适的中间点温度，在中间点温度合适的情况下，如果主蒸汽温度仍偏高，只有通过减温水来调节，投减温水时应注意减温水后蒸汽温度不能低于该压力下的饱和温度，避免造成水冲击。升负荷时，先加水再按比例加煤。

133. 如何对直流锅炉中间点温度进行控制？

答：中间点温度设定值是根据压力自动给出的，也就是分离器出口温度减去该点压力对应的饱和温度，即该点的过热度，一般取 20～30℃，这与每个锅炉的热平衡设计有关。在正常运行中，当中间点温度偏离设定值时，应立即调整给水量使实际温度恢复到设定值。在调试过程中根据主蒸汽温度曲线高低确定合适的中间点温度，有时中间点温度已符合设定值，但主蒸汽温度仍然偏离设计值，这时需要对中间点温度设定值进行修正。主蒸汽温度仍然偏离设计值说明锅炉水冷壁等蒸发吸热和过热吸热的比例不合适。

大量的运行实践表明，控制中间温度关键要调整好煤水比。影响煤水比的主要因素有 3 点：①煤质的变化，需要定期进行煤质化验；②给水温度变化，需要运行人员注意给水温度，特别是高、低压加热器投退，给水温度变化，水冷壁热负荷加重，应当避免超温，在满负荷遇到高压加热器退出时，应立即退出上层燃烧器，并适当降低负荷，以避免主蒸汽超温；③受热面污染，如水冷壁表面结焦、过热器积灰严重等，影响热吸收，造成吸热比例变化，导致调节失控。

134. 直流运行方式下如何对给水进行控制？

答：直流运行方式下锅炉的加热、蒸发和过热各区段之间无固定界限，因为没有汽包，直流锅炉的总蓄热量约为同容量汽包炉的 $1/4\sim1/2$。在直流运行方式下，采用强迫流动，给水流量变化将影响系统压力、蒸汽温度、蒸汽流量。给水量增加扰动时的动态特性（燃料量不变），由于需要加热的工质增加，使加热区段增长，过热区段缩短，同时蒸汽流量增加，均造成过热汽温下降。但蒸发量及汽温的变化均延迟一段时间后再上升，又由于增加的给水量变成蒸汽要经历工质流动及传热过程，蒸汽量的上升是逐渐的。由于大型直流锅炉的汽水流程长度很长，因此采用中间点温度来调整给水流量与燃料的比值。

135. 直流运行方式下锅炉压力如何调节？

答：直流运行方式下锅炉压力调节的实质就是保持锅炉负荷与汽轮机所需的蒸汽量相等。直流运行锅炉的蒸汽量等于进水量，单纯锅炉燃料量的变化，除在动态过程中蒸发量有所变化外，不能引起锅炉负荷的改变，只有改变给水量才能改变锅炉负荷。压力调节时，用给水量稳定汽压。负荷变动时，增减给水量的同时，相应调整燃料量和风量。

136. 直流锅炉的入炉煤量调节受哪些因素影响？

答：直流锅炉的入炉煤量波动对运行参数干扰大，因此制粉系统直接影响着锅炉的稳定运行。同样，风量调整不好会造成给粉管堵煤、给粉管超温、爆燃等现象，风煤比控制不好则会造成燃烧不稳定等。总的来说，磨煤机入炉煤量受磨煤机型式、一次风量、出口热风温度的影响。具体来说，应当进行下列调节：

（1）同其他类型的磨煤机不同，双进双出钢球磨煤机的出力不是靠调节给煤机的输煤速度，而是靠调节输入磨煤机输送煤粉的一次风量调节的。而给煤机转速由磨煤机内煤位控制。

（2）磨煤机的总风量是指进入磨煤机的一次风流量与进入混煤箱的旁路风流量的总和。在低负荷情况下，只依靠一次风不能提供足够的风速来输送煤粉，增加旁路风后能保证在任何出力的情况下，保持煤粉管中具有足够的输送煤粉的风速。旁路风的另一作用是当旁路风进入混煤箱中可对原煤进行预烘干，当磨煤机的风粉出口温度偏低时，可调节旁路风量，使风粉温度维持在要求的范围内。通常总风量的最低限值为满风量的 80% 左右。

（3）一次风除了满足调节出力所需要的流量，还必须在任意出力下满足一定的压力，以保证磨煤机在任何负荷下，一次风压力维持在所需范围内，保证煤粉输出磨煤机。一次风的压力控制是通过调节风机动叶开启角度来实现的，一次风压力的设定值将由全部磨煤机的入口风挡板开度决定，同时增加了煤流量的修正补偿量及最小限制值，设定的一次风压力值同实际的一次风压力值通过 PI 控制器比较后，最终调节风机动叶，以满足所需要的一次风压力。

（4）磨煤机出口端风/煤粉温度应维持在工艺要求的范围，磨煤机出口温度设定在 70℃。温度的调节是通过调整一次风的热风和冷风的混合比例实现的。冷风挡板调温，热风挡板调风量；当热风挡板开至最大仍不能维持磨煤机出口温度时，应增加旁路风量，同时必须将磨煤机出力降低。

（5）磨煤机的负荷调节直接控制输送煤粉的一次风流量，但要满足该点，在磨煤机内必须保持一定数量的装煤量，以取得最佳的研磨效果和较恒定的风煤比。为此，必须不断地对磨煤机内的煤位进行测量。磨煤机的煤位测量装置为电耳测量装置和压差测量装置。

137. 直流锅炉在负荷调节时，应当遵循哪些基本规则？

答： 在机组协调解除的情况下调整机组负荷，注意风、煤、水的加减幅度不要过大，如加减负荷的幅度超过 50MW 应分次进行操作，正常运行调整的升降负荷的速率不超过 10MW/min；在进行负荷调整前检查锅炉各运行参数是否正常；如果需要加负荷而磨煤机裕量不足，要在准备启动磨煤机的同时将运行磨煤机的负荷加到最大，尽量满足机组负荷需要，等磨煤机投入运行后再将负荷加到需要值；如果需要减负荷，注意检查燃烧器的点火能量在减负荷后是否满足，减负荷后磨煤机平均煤量要根据低负荷时间决定，停止运行一套制粉系统或启动点火油枪助燃；机组调整负荷前值班员要根据当前燃料、风量、给水量初步计算锅炉的煤/风/水比率，根据需要调整的负荷初步计算需要调整的煤/风/水量；锅炉升负荷前要先加风后加煤，减负荷要先减煤后减风；负荷调整结束后要根据省煤器后的氧量细调风量，将氧量控制在负荷对应的值。

在负荷调整过程中要注意负压自动的跟踪情况或随着风、煤的变化手动调整负压；在升负荷前如果受热面沿程温度较高或减温水调门开度较大，可先适当加水，后加风、煤，在减负荷前如果受热面沿程温度较低或减温水调门开度较小，可先适当减水，后减风、煤；在调整负荷的过程中要注意对启动分离器过热度的监视、分析，并以此作为煤/水比调节的超前信号。

根据直流锅炉参数调节的特性，在实际操作中形成了"给水调压，燃料配合给水调温，抓住中间点，喷水微调"的操作经验。例如，当汽轮机负荷增加时，过热蒸汽压力势必下降，此时应加大给水量以增加蒸汽流量，然后加大燃料量，保持燃料量与给水量的比值，以稳住过热蒸汽温度，同时监视中间点，用喷水作为细调的手段。

第三节　汽轮机监视仪表系统和运行调节

138. 汽轮机监视仪表由哪些部件组成？有些什么特点？

答：汽轮机安全监控系统或称为汽轮机监视仪表系统（turbine supervisory instrumentation，TSI），是一个可靠、专用的多通道监视系统，用以连续测量汽轮机转子和汽缸的机械和物理参数，是大型火力发电机组必须配置的仪表系统。系统监控的参数主要有轴向位移、胀差（汽缸和转子的相对膨胀）、缸胀（热膨胀）、转速、轴承座的绝对振动或轴的相对振动、主轴的偏心度等。

测量的结果可以通过显示仪表直接提供给运行人员，或者引入机组的数据采集系统（DAS）进行处理后向运行人员提供操作指导。当被测参数超过规定限值时，发出报警信号，当被测参数达到危险值时，自动停机。

TSI 系统主要由多种传感器和装有电源、各种监视仪表和记录仪表的机箱，以及 TSI 报警告示牌等部分组成，汽轮机监控系统的传感器多数安装在汽轮机机壳内部，其运行情况好坏直接影响整个监控系统的可靠性。传感器是把机械量转换为电量的转换装置，其灵敏度、频率响应、分辨率等都直接影响测量结果。在 TSI 中常用的传感器主要有电涡流式转速传感器、惯性式速度传感器、电压式加速度传感器和差动变压器式传感器，报警告示牌上画有机组的结构示意图，所有报警和跳闸指示灯安装在轴系的相对位置。一旦某处发出信号，运行人员便能知道哪一部分出现了故障，以便及时处理。

具体来说，TSI 具有以下主要特点：①探头与被测表面之间的间隙中的介质，如油、水和空气等，不会影响其测量的准确性；②探头结构简单，安装调试方便，探头和旋转轴不接触，因而无磨损问题，提高了系统的可靠性；③设计较合理，结构紧凑，所有监视、转换、运算等装置均采用模块式；④标志明确，便于维护和故障时的检查处理。

139. 运行中负荷发生变化时，机组哪些参数会发生变化？

答：值班员或调度员根据负荷曲线或调度要求，主动操作调整机组负荷，以及电网频率变化、调速系统故障等原因，都会引起机组负荷发生变化。当蒸汽流量过大超过允许值时，最末一、二级可能过负荷，同时由于轴向推力的增大，应加强对轴向位移的监视，并注意监视推力轴承的金属温度和回油温度的变化。考虑到汽轮机的工作安全，必须限制最大流量。

当负荷或主蒸汽流量变化时，还会引起给水箱水位和凝汽器水位的变化。以负荷增大为例，负荷增大要求锅炉给水量增大，会造成给水箱水位瞬间下降，并且会使进入凝汽器的乏汽量增多，凝汽器水位升高，因此对给水箱水位和凝汽器水位应及时检查和调整。随着负荷的变化，各段抽汽压力也相应地变化，由此影响到除氧器、加热器、轴封供汽压力的变化，所以对这些设备也要及时调整。轴封压力不能维持时，应切换汽源，必要时要对轴封加热器的负压及时调整。负压过小，可能便油中进水；负压过大，会影响真空。增减负荷时，还需调整循环水泵运行台数等。

正常运行中，运行人员在监盘时还要注意监视润滑油、EH油的油温、油压、油位，以及各轴承金属温度、各泵电流等。如果发现异常，应按照规程及时正确处理。在正常运行过程中，为保证机组经济性，运行人员必须保持规定的主蒸汽和再热蒸汽参数、凝汽器的最佳真空、给定的给水温度、凝结水最小过冷却度、最小汽水损失、机组间负荷的最佳分配等。

140. 主蒸汽参数变化对机组设备有哪些影响？

答：通常情况下，当锅炉蒸发量与汽轮机负荷不相适应时，就会造成主蒸汽压力的变化。而主蒸汽温度的变化，则受锅炉燃烧调整、减温水调整、高压加热器是否投运等因素的影响。主蒸汽参数发生变化时，将引起机组效率和功率的变化，并且使汽轮机通流部分某些部件的应力和机组的轴向推力发生变化，从而影响机组运行的安全性和经济性。运行人员应充分认识到保持主蒸汽初参数合格的重要性，当汽压、汽温的变化幅度超过规程规定的允许范围时，应通过锅炉及时调整恢复。

主蒸汽压力升高时，如其他参数和调节汽门开度不变，则进入汽轮机的蒸汽流量要增加，机组的焓降也增加，使机组负荷增大。如保持机组负荷不变，则应关小调速汽门。这样，新蒸汽流量将减少，汽耗率降低，热耗率也降低，机组经济性提高。但汽压过高会造成主蒸汽管道及汽门室、法兰螺栓等高压部件的工作应力增大，造成金属材料的破坏。长期超压运行，会缩短零件的使用寿命。

主蒸汽压力降低时，因汽轮机焓降减小，所以经济性下降。当汽压降低时，若汽轮机调节汽门开度保持不变，则对汽轮机是安全的；但如果保持原来的额定功率不变，则会引起调节级理想焓降减小，末级焓降上升，同时由于蒸汽流量也增加，末级可能过负荷；另一方面，流量的增大也会造成轴向推力的增加，影响推力轴承的正常工作。因此，当主蒸汽压力降低时应限制汽轮机功率，蒸汽流量不应超过设计的最大流量。

汽温升高时，虽因蒸汽理想焓降的增加及排汽湿度的降低而有利于汽轮机热效率的提高，但从安全性方面看，汽温过高，会由于蠕变速度加快缩短其使用寿命，如蒸汽管道、主蒸汽门、调速汽门、调节级、汽缸法兰、螺栓等都将受到较大的影响。因此，汽温升高必须严格限制。

运行中，主蒸汽温度的降低对汽轮机的安全性与经济性都是不利的。汽温降低，蒸汽的理想焓降减小，排汽湿度增大，效率降低。汽温降低时若仍维持额定负荷不变，就必须增大进汽量，可能会过负荷。同时，进汽量的增加还会引起汽轮机轴向推力增大。因此汽轮机在主蒸汽温度降低时必须限制机组出力运行。还应注意到，主蒸汽温度的降低会引起低压级湿度的增加，一方面增大了低压级的湿汽损失，同时也加剧了动叶的冲蚀。因此，主蒸汽温度降低时可同时降低主蒸汽压力，以减小蒸汽湿度，但机组出力就会进一步受到限制。

141. 再热蒸汽参数变化时，运行人员应采取哪些操作措施？

答：再热蒸汽压力随负荷的变化而变化，正常运行时并不需要调节。当运行中需要必须关闭中压联合汽阀时，为了保护高压缸和再热器，高压缸排汽管压力不允许超过其对应于额定主蒸汽压力和流量时的125％，必要时安全阀应开启。运行人员应对不同负荷下的再热蒸汽压力有所了解。再热蒸汽压力的异常升高，一般是由于中压调速汽门脱落或调节系统发生故障，使中压调速汽门或自动主蒸汽门误关而引起的，应迅速处理，设法使其恢复正常。

再热蒸汽的温度主要取决于锅炉的特性和工况。再热蒸汽温度变化对中压缸和低压缸的影响，类似于主蒸汽温度的变化，对再热汽温的规定与主蒸汽相同，可以参看前节所述。

142. 凝汽器压力变化时，运行人员应当如何进行操作？

答：凝汽器压力是影响汽轮机经济性的主要参数。凝汽器的作用是为主汽轮机提供最经济的背压，并将主汽轮机低压缸排汽及给水泵汽轮机排汽冷凝成水。

当凝汽器压力升高，真空下降时，汽轮机总的焓降将减少，在进汽量不变时，机组的功率将下降。如果真空下降时维持满负荷运行，主蒸汽流量必然增大，可能会引起汽轮机前面各级过负荷。真空严重恶化时，排汽室温度升高，还会引起机组中心发生变化，产生较大的振动。凝汽器压力降低超过允许值，可能造成末级动叶过负荷。因此运行中发现凝汽器压力不正常升高或降低时，应查找原因，按规程规定进行处理。

汽轮机冲转时规定达到的最小真空度是－90kPa，即使其他启动条件都合格，如果压力未达到该压力，则不应启动汽轮机。如果在冲转升速时，汽轮机真空度严重低于限制值，汽轮机不必跳闸，但应密切观察排汽缸温度、胀差、振动和其他限制条件。

此时，最好将汽轮机继续升速并观察真空度升高的趋势，带初始负荷之前，要检查真空度是否满足最小真空度的限制，带负荷后，真空度不应降低至报警值。如果运行中出现低真空度报警，应当立即查明原因并消除。

为了保护低压缸和凝汽器的安全，在低压缸设计有空气泄放隔膜。当凝汽器的真空过低时，空气泄放隔膜破裂，通过泄放蒸汽降压。凝汽器的真空也不能过高。考虑到排汽缸的构造，最大真空度约为$-98kPa$。运行真空若超过该限值，可能使低压排汽缸上突出的轴承外壳变形，并改变振动水平。同时，真空度的上限也应根据汽轮机末级叶片处的蒸汽湿度来确定。真空提高，与之对应的饱和温度升高，汽轮机末级处的蒸汽湿度会增大。考虑到叶片腐蚀的速率，最后一级的湿气限制值为12％。

143. 汽轮机监视仪表参数发生变化时，应当如何进行调整？

答：（1）胀差。当转子的轴向膨胀值大于汽缸的轴向膨胀值时，胀差为正值；反之，胀差为负值。转子和汽缸的正、负胀差都会引起通流部分动静间隙发生变化，一旦某一区段的正胀差或负胀差值过大，超过在这个方向的动静部件轴向间隙，将发生动静碰磨而损坏。正常运行中，由于汽缸和转子的温度已趋于稳定，一般情况胀差变化很小，但启动、停机时若高压缸暖缸不充分、暖机升速或增减负荷速度太快等，都会引起汽轮机高、低压胀差过大。此外，运行中蒸汽参数急剧变化、轴封汽参数不符合要求或因滑销系统卡涩限制了汽缸的自由膨胀等也会引起汽轮机高、低压胀差发生变化。因此应加强对胀差的监视。无论是正胀差还是负胀差异常，均应认真检查汽缸绝对膨胀情况，若有卡涩现象，应加强暖机，同时通知检修处理。

（2）轴向位移。对汽轮机转子轴向位移进行监视，可以监督汽轮机轴向推力的变化情况，了解推力轴承的工作状况和通流部分动静间隙的变化。轴向位移异常增加或减小，主要是由轴向推力变化引起的。当轴向推力增加时，将使推力盘与推力瓦片乌金

155

之间的摩擦力增加，引起推力轴承出口油温和推力瓦块乌金温度升高。轴向推力过大时，会使油膜破裂造成推力瓦烧损，轴向位移会急剧增加。引起轴向推力变化的原因主要有以下几方面：

1）机组过负荷或机组负荷、蒸汽流量突变。轴向推力会随着蒸汽流量的变化而变化，流量增加，轴向推力增大。

2）进汽参数下降、凝汽器真空降低的情况下维持原负荷不变。因为负荷不变，就必须增大进汽量，使轴向推力增大。

3）汽轮机水冲击、叶片严重结垢、叶片断裂、通流部分损坏等，都会造成轴向推力变化。因为推力瓦的非工作面瓦块一般承载能力较小，汽轮机高压段内的级内轴向间隙又较小，若反向轴向位移保护失灵，就会使动静轴向间隙消失而发生碰磨。

运行过程中，若轴向位移增加，运行人员应对照运行工况，检查推力轴承金属温度、回油温度是否异常升高，仔细倾听推力轴承及机内声音，监视机组振动。如证明轴向位移表指示正确，应分析原因，作好记录，汇报上级，并应针对具体情况，采取相应措施加以处理。

（3）汽轮机的振动。汽轮机的一些恶性事故，往往在事故发生的初期表现为一定的振动。因此运行人员应注意监视机组各轴承处的振动情况，以便在发生异常时能够正确判断和处理。

目前大容量汽轮机一般都配有汽轮机轴系振动监测装置，运行中应经常监视机组振动随负荷的变化情况，定期记录各轴承振动幅值，以便进行监督分析。由于大容量汽轮机轴承油膜阻尼的提高，使轴承振动往往不能准确地反映汽轮机转子的振动情况，因此，汽轮机配有直接测量轴颈振动的装置。轴颈振动不但比轴承振动能更灵敏地反映汽轮机振动情况，而且还可利用轴颈振动和轴承振动值与相位的差，进一步分析机组振动的原因。

正常带负荷时，各轴颈振动在较小范围内变化。当轴振增加较大时（即使在规定范围内），应向上级汇报，同时注意监视新蒸汽参数、润滑油温度、润滑油压力、真空、排汽温度、轴向位移和汽缸膨胀的情况等。若发现机组声音异常，就地测量感觉振动明显增大，应及时查找原因，采取措施予以消除，根据振动的变化和机组具体情况决定是否停机。

144. 监视段压力对于汽轮机运行有什么作用？

答： 监视段压力是指调节级后压力和各段抽汽压力。通过对监视段压力的监视，可以有效地监督汽轮机负荷的变化和通流部分的运行情况。

汽轮机在运行中与刚投运时的运行工况相比，如果在同一负荷下监视段压力升高或监视段压力相同时负荷减少，说明该监视段以后各级可能出现了结垢，或由于某些金属零件碎裂和机械杂物堵塞了通流部分、叶片损坏变形等造成通流面积减小。当喷嘴和叶栅通道结有盐垢时，会导致通道截面积变窄，使结垢级各级叶轮和隔板压差增大，应力增大，使隔板挠度增大，同时引起汽轮机推力轴承负荷增大。如果调节级和高压缸各段抽汽压力同时升高，则可能是中压调节阀开度不够或者高压缸排汽流止回阀失灵。此外，当某台加热器停用后，若汽轮机的进汽量保持不变，则抽汽后各级压力将升高，应根据具体情况决定是否需要限制负荷。

机组在运行中不仅要看监视段压力变化的绝对值，还应注意各监视段之间的压差是否增加。如果压差超过了规定值，该段内各级轴向推力过大，可能造成动静部分轴向间隙消失。汽轮机通流部分结垢的原因，主要是蒸汽品质不良，而蒸汽品质的好坏又受到给水品质的影响。蒸汽含盐量过大还会造成汽轮机的配汽机构结垢，使主蒸汽门和调速汽门卡涩，在保护装置动作时无法关闭或关闭不严，导致汽轮机严重超速的事故。所以，要做好对给水和蒸汽品质的化学监督，并对汽、水品质不佳的原因及时分析，采取措施。

第四节　单元机组电气运行

145. 电气设备的运行状态分为哪几类?

答：（1）运行状态。指设备的隔离开关、断路器都在合闸位置，将电源端和受电端的回路接通。设备的继电保护及自动装置均在投入状态（调度另有要求者除外），控制及操作回路正常。

（2）热备用状态。指设备只有断路器断开，而隔离开关仍在合闸位置，其他同运行状态。

（3）冷备用状态。指设备的断路器、隔离开关在断开位置，断开线路，变压器 TV 二次回路。

（4）检修状态。指设备的所有断路器、隔离开关均断开，挂上接地线或合上接地开关，挂上工作警告牌，装好临时遮栏，该设备即为"检修"状态。根据不同的设备分为线路检修、断路器检修、变压器检修等。

1）线路检修指线路断路器、隔离开关都在断开位置，线路 TV 二次回路在断开状态，线路接地开关在合闸位置，断开线路隔离开关、接地开关的控制电源及操动机构电源。

2）断路器检修指断路器及两侧隔离开关在断开位置，切除断路器控制电源，切除断路器操动机构电源；断路器两侧的接地开关在合闸位置，切除隔离开关、接地开关的控制电源及操动机构电源。

3）变压器检修指变压器的各侧接地开关合上或挂上接地线，断开变压器各侧 TV 二次回路，变压器冷却器停电。

146. 电气设备操作有哪些基本原则?

答：设备检修完毕后，应按《电业安全工作规程》要求终结工作票，并由检修人员出具该设备可恢复运行的书面通知。恢复送电时，应对准备送电的设备所属回路进行认真详细的检查，检查回路应完整，设备清洁无杂物，工作场所无遗忘的工器具，无接地短路线，有关警告牌已收回，并符合运行条件。

正常运行中凡改变电气设备状态的操作，必须有上级的命令。属于各级调度管辖的设备，必须在得到所属调度值班员的同意并得到操作命令后，才能进行操作。调度操作命令传达时，需录音，并进行登记，以备事后核实。操作命令来源主要为系统调度员的命令和值长的命令。

除了事故处理、单一的操作外，其他所有改变电气设备状态的操作均应使用操作票，任何操作项目完成后，均应按规定及时记录。其他操作包括：事故处理；拉合断路器的单一操作；拉开或拆除全厂唯一的一组接地开关或接地线；电气设备倒闸操作必须使用装配的防误闭锁装置，不得随意解锁，确需解锁操作时，必须得到值长的许可方能进行。

147. 线路操作有哪些具体规定？

答：线路停送电操作必须按调度命令执行。线路停送电时，应考虑运行方式的变化，根据调度命令、保护定值单及有关规定对保护及自动装置的运行方式作相应的投停或切换。

线路的停电按中间断路器、母线断路器、断路器线路侧隔离开关、断路器母线侧隔离开关、断路器变压器侧隔离开关（对中间断路器而言）顺序进行操作，送电顺序相反。

线路停送电操作涉及系统解、并列或解、合环操作时，应按有关规定进行。线路的停送电操作应考虑线路充电功率对系统电压的影响。线路充电前，应将母线电压调低，拉停前应将母线电压调高，不论调高或调低，均不得超过允许值。线路重合闸不成功时，应将断路器及时复位，防止再次重合。

线路断路器在正常或事故处理时，需经同期并列进行的合闸操作，不得擅自解除同期装置。

在进行母线操作时，母线差动保护不得停用，但必须做好相应的确认工作。母线检修后充电，电压互感器二次侧三相电压正常后，方可进行变压器、线路的倒闸操作。利用变压器对母线进行充电时，变压器中性点必须直接接地。

148. 隔离器操作、断路器操作有什么规定？

答：（1）隔离开关操作。严禁用隔离开关切断负荷电流及线路、变压器的充电电流。正常情况下，拉、合隔离开关时必须检查回路断路器在断开位置。正常情况下，隔离开关必须远方操作，禁止就地分合闸，操作前应接通操作动力电源，操作结束后应断开。若出现隔离开关远方操作失灵，紧急情况下可在就地进行电动操作，若隔离开关电动操作失灵，禁止手动操作。

在两组及以上断路器同时运行时，允许用隔离开关断开因故不能分闸的断路器。但必须远方操作，由维护人员短接断路器触头，操作前应尽量减小流过断路器的电流。设备停电，必须确认无电压后才能合上接地开关或挂接地线，操作时必须严格执行倒闸操作的监护制度。隔离开关操作完成后，应到就地检查隔离开关位置正确。

（2）断路器操作。断路器正常操作应使用 ECS 远方操作。断路器操作时，应检查其分合闸逻辑是允许状态。进行断路器操作时，应监视相应的电压或电流有无变化和灯光信号是否正常，并到就地检查断路器位置正确。

断路器检修后投运前，应在检修或冷备用状态下进行一次远方分合闸试验，确认断路器及其控制回路良好。断路器自动跳闸后，应对断路器及其一、二次回路进行全面的检查。

正常运行中严禁就地分、合断路器，但当断路器远方操作失灵并且在紧急情况时，可允许就地控制箱进行分闸操作，但必须三相同时进行操作，不得进行分相操作。当运行中的断路器出现操动机构故障以及 SF_6 气体压力下降超过规定时，应断开断路器操作电源，禁止用该断路器切断负荷电流，并尽快隔离，进行处理。

149. 厂用电主接线系统的正常检查项目有哪些？

答：检查架空线、引下线应完好，接头无松动、松脱，不应发热，纹线无断股，无闪络放电现象。

断路器、隔离开关运行状态与其指示相对应，机构箱完整，柜门关闭严密。断路器的 SF_6 气体压力在正常范围内，各阀门开关位置正确，无泄漏现象，加热器运行正常。检查电抗器、母线TV、阻波器运行正常。

绝缘子外观应清洁、完整，无破损、裂纹及电晕放电等现象。隔离开关动静触头接触良好，机械闭锁及电气闭锁完好。

检查避雷器应完好。动作计数器、泄漏电流表指示正常，避雷器运行时不得用手接触泄漏电流表的下接线端。

如果设备故障，应对其回路做详细检查，并记录检查情况，包括绝缘子有无放电痕迹、裂纹及破损，各通流设备的接头处有无过热现象及过热痕迹，阻波器有无过热现象和变形。

风、雨、雪、雾等恶劣天气下重点检查项目如下：①大风时，母线及各引线无剧烈摆动和放电现象，各导电部分无掉下落物，站内无被风刮起的杂物；②雨大时，各电气连接处无过热冒汽现象，各端子箱、机构箱封闭严密，无进水；③下雪时，各导体连接处无明显落雪融化现象，无冰柱及放电闪络现象；④雾天时，各绝缘子无污闪放电痕迹。雷雨天气一般不应安排变电站检查，如有必要应穿雨衣和绝缘靴进入变电站，并不得靠近避雷器和避雷针，避免接触设备外壳和构架。SF_6 气体压力下降、泄漏时，不得在断路器附近长期逗留，防止急性中毒事故发生。

150. 发电机—变压器组的运行监视项目有哪些？

答：发电机—变压器组在启动、解列操作及正常运行时，都要对各参数进行严密监视，否则在电气设备出现故障或异常时，将无法做出正确的判断和处理，也就无法保障电力系统和机组的安全稳定运行。

发电机—变压器组运行参数应当在正常范围内。发电机—变压器组保护投入正确，运行正常。发电机—变压器组本体清洁无异物，无漏水、漏气、渗油现象。发电机本体各部分无异声、异常振动、异味。发电机—变压器组各部温度正常，无局部过热现象。监视定子线棒层间温差和出水支路的同层各定子线棒引水管出水温差正常。若任一定子槽内层间测温元件温度超过 100 ℃，在确认测温元件无误后，为避免事故扩大，应立即停机，进行反冲洗及相关检查处理。

发电机水、氢、油系统各参数符合规定。发电机滑环炭刷、均压弹簧安装牢固，刷架与滑环间隙正常，无过短、过热冒火现象。封闭母线无振动、放电、局部过热现象，充压正常。各TA、TV 无发热、振动及渗漏油异常现象。

变压器声音正常。变压器的储油柜、套管的油位正常，油色透明，无渗、漏油现象。变压器套管无破损裂纹、放电痕迹及其他异常现象。变压器上层油温、线圈温度正常，温升正常。气体继电器内充满油，无气体，通往储油柜的阀门在打开位置。

各冷却器风扇潜油泵运行正常，油流指示器工作正常。吸湿器完好，吸附剂干燥，压力释放器或安全气道应完好无损。引线接头、电缆、母线无过热、变色现象。各控制箱和二次端子箱应关严，无受潮现象。消防设施完好。

151. 励磁系统运行方式主要有哪两种？

答：励磁系统是发电机的重要组成部分，保证励磁系统的正常运行，是电厂运行人员的重要任务之一。为保证机组的安全运行，运行人员需要对机组的励磁进行相应调节，并严密监视励磁系统的运行情况。此外，随着机组的投退，还要对励磁系统进行相应的启停操作、切换操作和事故处理。励磁系统运行方式主要有以下两种：

（1）自动启动方式。该方式为励磁系统自动启动，启动时平行控制。汽轮机速度冲转到额定转速时，励磁和控制程序自动发出磁场开关闭合命令，磁场开关自动闭合。自动励磁电压调节器（AVR）投入运行，发电机电压建立。这些控制由 AVR 自动完成，运行人员无需进行任何操作。

（2）手动启动方式。该方式下，允许运行人员手动进行一系列控制，合磁场回路开关等。AVR 投入运行，发电机电压建立，这些控制由其自动完成，运行人员无需进行任何操作。发电机电压建立后，操作电压达到并网电压。

152. 变压器运行有哪些规定？

答：（1）正常运行方式。变压器在规定的冷却条件下可按铭牌规定的规范运行。主变压器、厂用高压变压器允许温度应按下层油温和线圈温度同时进行监视，两者均不得超过额定温升。

（2）变压器的并列运行。变压器并列运行应符合变比相同（允许相差 5％），接线组别相同，百分比阻抗相等（允许相差 10％）的条件。在任何情况下，变压器严禁非同期并列。

（3）变压器过负荷运行。变压器允许在过负荷状态下运行。变压器过负荷运行规定如下：①变压器三相电流不平衡时，应监视最大一相；②变压器在过负荷运行时，应投入全部冷却器；③当变压器存在较大缺陷时（如冷却系统故障、严重漏油、色谱分析异常等），不准过负荷运行。油浸变压器正常过负荷允许值根据变压器的负荷曲线、冷却介质温度及过负荷前变压器所带的负荷等确定，但主变压器不应超过 20％，其他变压器不应超过 30％。

153. 变压器投入运行前，有哪些检查项目？

答：变压器投入运行前，应当终结、收回有关检修工作票，拆除有关接地、短接线和临时安全措施，恢复常设围栏和标示牌。变压器绝缘电阻测量合格（由检修人员进行并有书面通知），将测量结果记入绝缘电阻记录簿内并与以前所测值比较，如有异常立即汇报处理。在投入运行前，应检查以下项目：

（1）二次回路完整，接线无松动、脱落。变压器外壳接地，铁芯接地（若引出的话）完好。变压器各油位计指示正常，储油柜及油套管的油色透明，呼吸器等附件无异常。变压器本体、套管、引出线、绝缘子、冷却器外观清洁无损伤，各部无渗、漏油现象，变压器顶部、现场清洁无杂物。冷却器控制同路无异常，油泵、风扇经"手动"启动、停止正常，控制箱内无杂物，电加热器正常，各操作开关在运行要求位置，备用电源自投试验正常。

（2）变压器各温度计接线完整，核对就地温度计指示与CRT上数值相同。有载调压变压器电压调整分接头在运行规定位置，且远方、就地指示一致，检查无载调压分接开关在适当位置。变压器各套管无裂纹，充油套管油位指示正常。储油柜与油箱的连通阀门打开，冷却器各油泵进出油阀门及散热器油阀门应全部打开，气体继电器内充满油，无气体。

（3）变压器中性点接地装置完好，符合运行条件。变压器防爆膜完好，压力释放装置完好，呼吸器内硅胶无变色。变压器氢气监测装置完好，指示正常。变压器有关继电保护装置应投入。变压器消防泵设施完好。室内干式变压器各部清洁，温控装置正常，无水淋的可能。

154. 变压器运行中的检查和维护有哪些规定？

答：正常情况下，运行中的变压器及其冷却装置每班检查两次，其中包括接班前的检查。新投或大修后的变压器，在投运的最初8h，应每小时检查一次，以后按正常要求进行检查。变压器异常或过负荷运行时，应加强检查，适当增加检查次数。

气候剧变时，应重点检查变压器油位、油温的变化情况。处于备用状态的变压器，也应按运行变压器的标准进行检查。

对于油浸式变压器，检查项目包括：主变压器、启动备用变压器的顶部油温，以及高、低压绕组温度的就地指示与CRT上相同且数值正常；风扇运行与组别开关选择一致，风扇运行状态与绕组温度相符；储油柜、出线套管油位正常，各油位表、温度表不应积污和破损，内部无结露；变压器油色正常，本体各部位不应有漏油、渗油现象。

变压器声音正常，无异声发出。本体及附件不应振动，各部温度正常。硅胶颜色正常，外壳清洁完好。冷却器无异常振动和异声，油泵和风扇运转正常。主变压器油流表指示正常。主变压器外壳接地、铁芯接地及中性点接地装置完好。变压器一次回路各接头接触良好，不应有发热变色现象。

变压器冷却器控制箱内各开关在运行规定位置。变压器消防水回路完好，压力正常。氢气监测装置指示无异常。套管瓷瓶清洁，无破损、裂纹及放电痕迹，充油套管油位指示正常。压力释放器或安全气道及防爆膜应完好无损。气体继电器内应无气体，各处密封良好，无渗、漏油现象。有载调压变压器就地挡位与集控室指示位置一致。

155. 主变压器冷却器的运行方式有哪些？

答：不同的变压器，冷却器的数量可能不同，运行方式也可能不同，但冷却运行方式考虑的原则是近似的。强迫油循环风冷变压器运行时，至少必须投入两组冷却器运行，冷却器控制箱采用两路独立电源供电，两路电源可任选一路工作，另一路备用。当一路电源出现故障时，另一路电源自动投入。主变压器冷却器的运行方式如下：

主变压器每相有 4 组冷却器，1 号为工作冷却器，2 号为辅助冷却器，3、4 号为备用冷却器。在额定负荷长期运行时，变压器的冷却器运行方式为 3 组运行，1 组备用。在正常运行情况下，当 1 号及 2 号中的任一组发生故障退出运行时，备用冷却器自动投入运行。

每组冷却器的运行方式选择可以有"工作、辅助、备用、停运"4 种状态。工作状态是指电源正常时，只要控制开关切至"工作"位置，冷却器即投入运转。辅助状态是指正常情况下，该组冷却器的控制开关切至"辅助"位置，根据变压器负荷大于 85% 时或变压器顶层油温达到规定值时启动。上层油温达到 65℃ 时，辅助冷却器自动投入运转，当上层油温低于 50℃ 时，辅助冷却器自动停止运转。备用状态是正常情况下，该组冷却器的控制开关切至"备用"位置，当工作或辅助冷却器任一组因故停止运行时，备用冷却器自动投入运行。发生故障的冷却器检修后重新投入运行时，备用冷却器控制回路被切断，备用冷却器的油泵风扇退出运行。

当变压器并网后，随着温度逐渐上升到达规定值时，1、2、3、4号冷却器依次投入工作，同样随着温度降低，以相反的次序自动停止各冷却器。变压器冷却器控制投自动，当变压器投入运行时，工作冷却器应自动投入运行。当变压器退出运行时，使冷却器全部自动停止运行。

156. 厂用倒闸操作有哪些基本要求？

答：高压厂用系统工作电源和备用电源之间正常切换操作时应使用快切装置。应确认同侧母线上的一侧电源断路器合上后，对应的另一侧电源断路器自动跳闸，否则应手动拉开另一侧的电源断路器。

厂用母线的停、送电应在空载下进行。厂用母线送电时，应先投用母线 TV，然后合上母线电源断路器，确认三相电压正常后，逐一合负荷开关，逐级操作；停电顺序相反。对带有隔离开关的设备，在拉合隔离开关前，必须检查隔离开关在断开位置；拉合隔离开关后，应检查隔离开关的位置是否正确；正常情况下禁止用 400V 配电装置隔离开关切断负荷。

低压厂用变压器送电时先合高压侧断路器，后合低压侧开关，停电顺序相反，禁止低压侧对低压厂用变压器充电。互为备用的低压厂用变压器之间进行母线电源切换时，一般应采用短时停电切换方式。

157. 6kV 厂用电系统正常运行情况下如何进行厂用电切换？

答：正常运行情况下，厂用电系统切换应使用手动同期并联切换方式。机组启动并网后，厂用电需要从启动/备用变压器切换至高压厂用工作变压器运行。先确认装置无闭锁及报警信号，液晶屏显示与实际运行方式相符。将快切装置投"自动"位置，选择快切装置切换方式至"并联"状态，在 ECS 画面上启动母线电源切换。厂用高压变压器和启动/备用变压器并列运行，经延时后，自动跳开对应母线的备用电源断路器，检查对应工作电源断路器合上。备用电源断路器自动跳开。复位快切装置。

厂用电切换过程中，若工作电源断路器合上后，备用电源断路器未自动跳开，应立即手动将备用电源断路器分开一次；若仍断不开，检查并确认工作电源断路器、备用电源断路器进线电流表确有指示后，手动将工作电源断路器断开，避免两电源长时间并列运行。

机组正常停机前，厂用电需要从厂用高压变压器切换至启动厂用备用变压器运行，先确认快切装置无闭锁及报警信号，液晶屏显示应当与实际运行方式相符。将快切装置投"自动"位置，选择快切装置切换方式至"并联"状态。在画面上启动母线电源切换。检查对应备用电源断路器合上，工作电源断路器自动跳开。

厂用电切换过程中，若备用电源断路器合上后，工作电源断路器未自动跳开，应立即手动将工作电源断路器分开一次。若仍断不开，检查并确认工作电源断路器、备用电源断路器进线电流表确有指示后，手动将备用电源断路器断开，避免两电源长时间并列运行。

6kV 厂用系统故障情况下，通过装置动作，备用电源自动快速串联切换发电机组在并网运行状态，当故障发生时，发电机—变压器组保护动作跳开对应该机组高压厂用母线的工作电源断路器，高压厂用母线的备用电源断路器经快速同期鉴定后自动合上。在厂用电快速切换过程中，若备用电源断路器投入故障母线，装置后加速保护动作，快速断开备用电源断路器，若仍断不开，手动将备用电源断路器断开。

第五节　单元机组运行方式

158. 单元机组滑压运行运行人员有哪些注意事项？

答： 机组定压运行时，汽轮机自动主汽门前的蒸汽压力保持不变，在不同工况时，依靠改变调节汽门开启个数及调速汽门的开度来调整机组输出功率，以适应负荷变化的需要。而变压运行时，在不同工况下，汽轮机维持主汽门全开，调速汽门全开或固定在某一适当开度，蒸汽压力随负荷变化而变化，主蒸汽和再热蒸汽温度保持不变。因此，变压运行时只有很小的节流。汽轮机的进汽压力是调整机组出力的一个组成部分。近年来，大容量单元机组采用变压运行的越来越多。

变压运行也称为滑压运行，有纯（全）变压运行和复合（混合）变压运行两种方式，采用何种方式取决于汽轮机的运行状态。纯变压运行可用于所有机组（节流调节和喷嘴调节），与汽轮机调节汽门设计无关。复合变压运行则常用于有若干个调节汽门，能部分进汽的汽轮机。

纯变压运行是指完全通过改变汽轮机进汽压力来控制机组出力变化的运行方式。纯变压运行时，汽轮机调节汽门均保持全开状态，负荷的增减完全依靠锅炉增减燃烧来适应。该方式从加热均匀和热应力角度来看最有利，但由于锅炉存在较大的时滞，无法满足电网负荷变化的要求。因此，从提高机组的负荷适应性以维持对电网频率的控制角度出发，汽轮机应在额定负荷附近做必要的定压运行，即有一定的调节阀的节流。

复合变压运行是指汽轮机满负荷时保持定压，初始的减负荷是在定压下通过依次关闭一两个调节汽门来实现的，再继续降负荷时，在第一个或第二个汽门关闭的情况下，保持其余调节汽门全开，同时降低汽轮机的进汽压力。该方式既有定压运行的快速负荷响应能力，又具有变压运行在较低负荷下的优点。

为了适应汽轮机的变压运行，锅炉的运行方式有两种，即全变压运行方式和双压运行方式。采用全变压运行方式时，锅炉给水泵的出口压力是变动的，或加以节流来适应汽轮机进汽压力的变动，全变压运行方式将导致整个给水系统压力的降低，包括高压加热器、省煤器、锅炉水冷壁和汽包。用双压运行方式时，则要在过热器之间或在过热器上游安装节流阀，以调节汽轮机的进汽压力。采用双压运行方式时，高压加热器、省煤器和锅炉循环回路在全压力下运行，而对汽轮机则提供变动的进汽压力。

159. 单元机组变压运行有哪些安全特点？

答：单元机组在运行时，要减小高温部件的热应力，提高机组负荷适应性。大型机组的负荷在100％～20％额定负荷范围内变化时，如果采用定压运行喷嘴调节方式，汽轮机内各级温度都会随着进汽量的改变发生变化，尤其是调节级变化最为明显。

如果采用定压运行节流调节，当负荷减小时，由于主蒸汽受到进汽阀的节流作用，使阀后温度有所降低，因而引起各级温度相应降低，第一级后的汽温也会随着工况变动有所变化，但变化幅度比喷嘴调节小。

定压运行时负荷变化将引起较大的金属热应力和胀差，从而限制了机组负荷的适应性；同时，定压运行时以调节进汽量来增减负荷，蒸汽流量的变化还将引起级效率的降低。采用变压运行时，由于工况变动时主蒸汽温度保持不变，所以即使负荷在额定值附近发生了较大变动，汽轮机各级温度仍几乎保持不变。

通过比较可以看出．当机组负荷在100％～20％范围内变动时，定压运行在依次开启调节汽门（喷嘴调节）的运行方式下，造成的调节级温度变化最大。纯变压运行时，温度几乎不变。

由于变压运行时，高压缸不再受温度变化过大而产生较大热应力的限制，所以机组负荷变化率可大大增加，从而提高机组的负荷适应性。此外，由于变压运行在部分负荷下主蒸汽压力相应降低，改善了锅炉的高温管道、汽轮机的进汽部分等的应力状态和抗蠕变性能，明显地提高了机组的可靠性和机组寿命。

在定压运行时，由于进汽量随负荷的下降而减小，会造成高压缸排汽温度降低，即降低了锅炉的再热器进口汽温。再热器部分采用对流式布置，即使进口汽温不变，在锅炉低负荷时已使出口汽温难以维持，再加上进口汽温降低，问题就更为突出，使得再热器出口汽温难以维持不变。再热汽温的降低又会导致汽轮机中、低压缸中的汽温都降低。这不仅影响机组效率，还将产生热应力和热变形。在变压运行时，由于蒸汽压力随负荷的减少而降低，蒸汽比热容随之减小。因此，每千克蒸汽在锅炉再热器中需要吸收的热量比喷嘴调节时少。

160. 机组进行复合变压运行时，有哪些技术经济要求？

答：机组在定压运行与变压运行时汽轮机调节级后温度的比较式，低负荷时，采用喷嘴调节的再热汽温也比变压运行时降低更多。所以在相同的吸热条件下，过热汽温和再热汽温易于提高到规定温度，从而使过热汽温和再热汽温能在较大负荷变化范围内维持不变。使得中、低压缸的温度变化很小，对防止产生过大的热应力和热变形都十分有利。

（1）减小给水泵功率消耗。在定压运行时，锅炉出口压力在整个负荷变化范围内要求不变。所以在部分负荷下，给水泵功率仅因给水流量减少而降低。在变压运行过程中，部分负荷时不仅给水流量减少，而且锅炉出口压力也降低，所以使给水泵的功率降低幅度比较大。这对降低热耗，提高热效率有相当大的影响，尤其是对大容量、高参数的机组影响更为明显。给水泵是现代火力发电机组中最大的辅机，给水泵功耗的节约意味着机组热耗的降低，从而提高机组在低负荷时的热经济性。

（2）提高部分负荷的热效率。采用定压运行喷嘴调节的机组，随着负荷的减小，由于调节级通流面积的减少，工作动叶数目减少，使调节级的效率降低，而且负荷越低，调节级始降越大，能使更多的焓降发生在效率降低了的调节级中；高压缸其他各级因容积流量不随负荷改变，使级效率基本不变。因此高压缸总的效率会大幅度降低。

采用定压运行节流调节的机组，由于负荷减小时，汽轮机保持全周进汽，因此负荷变动时，汽轮机级效率保持不变。但随着负荷的下降，通过调节阀的节流作用变大，使蒸汽做功的热力过程线在焓熵图上右移，蒸汽的理想焓降越来越小，高压缸的效率会因调节阀的节流损失不断增大而明显下降。

变压运行时，新汽压力随负荷减少而降低，故机组内蒸汽的体积流量几乎不变，同时汽轮机调节阀开度和第一级通流面积都保持不变，因而蒸汽的节流损失很小，调节级的效率也几乎不变。因此变压运行机组的高压缸总的效率在实用变工况范围内几乎不随负荷而变化，可始终保持最高值不变。在变压运行时，采用全周进汽节流调节的汽轮机比一般喷嘴调节的汽轮机更为有利。

161. 变压运行对锅炉有哪些影响？

答：汽包锅炉变压运行时有两个显著的不利因素，即负荷适应性较差和锅炉热应力增大。汽包锅炉依靠汽包和水循环回路金属与饱和水的储热能力，可以对小的负荷变化作出迅速响应。可是变压运行时，这样的储热能力就大为减少，负荷变动时所需要的能量大部分只能由加大燃烧来获得。加大燃料率和提高水循环回路炉水饱和压力都将增加锅炉的热惯性。蒸汽回路和水循环回路中的金属温度也将升高，会使变压运行的负荷响应能力变得更差。锅炉部件在温度和压力上的变化将引起热应力的周期性变化，从而缩短设备使用寿命。

变压运行对锅炉各受热面吸热量的分配会产生影响。采用变压运行时，负荷降低，主蒸汽压力也降低，亦即锅炉各受热面内工质的压力降低。对汽包锅炉会造成省煤器工质所需热量减少，水冷壁工质所需热量增加，过热器工质所需热量也减少。而且变压运行中负荷变化幅度越大，锅炉各受热面所需热量变化幅度也越大。这种变负荷下热量的分配关系与定压运行显然不同。定压运行时，加热、蒸发和过热所需热量在不同负荷下变化很小，并且该很小的变化仅仅是由于锅炉在不同负荷下阻力不同所引起的。因此，在低压力下运行或机组负荷迅速上升时，有可能发生省煤器汽化。

对于亚临界压力锅炉，变压运行时，负荷降低，工质压力降低，比体积增大。而比体积的增大将使自然循环锅炉的流动压头增加，水循环可靠性提高。对于强制循环锅炉，压力下降有两方面影响：① 压力下降，工质比体积增大，管内阻力增大，这对水动力稳定性和减少管间流量偏差是有利的；② 在低压时，汽水比体积差增大，容易出现水动力不稳定。因此，对于强制循环锅炉，应由水动力稳定性来决定变压运行时的最低极限负荷，同时也限制了最低工作压力。

162. 提高单元机组运行经济性有哪些主要措施？

答：提高单元机组运行经济性，主要从下几方面着手：

（1）维持额定蒸汽参数，提高参数受到金属材料的限制，要防止参数下降使机组效率降低。

（2）保持最佳真空，增加可用焓降，减少排汽损失。保持经济真空的具体办法有：①闭式水系统，降低循环水温度；②经综合经济比较，适当增加循环水量；③保持凝汽器传热面清洁；④提高真空系统严密性。

（3）充分利用回热加热设备，减少冷源损失，提高给水温度，减少煤耗。为此要保持加热器正常运行。

（4）保持最佳过量空气系数，将排烟损失、机械不完全燃烧损失和化学不完全燃烧损失控制在最小范围，提高锅炉效率。

（5）保持煤粉的经济细度，使机械不完全燃烧损失、排烟损失、磨煤电耗和制粉设备的金属消耗之和最小。

（6）注意燃烧调整，减少不完全燃烧损失和传热效率。在汽温正常的条件下，尽可能使用下排燃烧器，调整一、二次风的风速和风率，保持适当低的火焰中心与火焰的充满程度；维持适当的炉膛负压，减少漏风；及时吹灰、打焦和清理结垢，保持良好的传热效果，减少排烟损失。

（7）降低厂用电率。主要是要减少给水泵、循环水泵、送（引）风机、制粉系统的电耗。降低给水泵电耗，主要是采用变速泵，在满足运行的条件下尽量用汽动给水泵，减少运行泵的台数。降低循环水泵电耗，要减少管道阻力损失，维持稳定的虹吸作用，保持合理的运行方式（水量、台数）。降低送（引）风机电耗，要保持并列运行风机的经济运行，减少漏风和烟道阻力，合理使用再循环和暖风器。降低制粉系统电耗主要是要维持煤粉经济细度。

（8）减少工质和热量损失，要提高系统严密性，减少漏水、漏汽，尽可能回收各项疏水，减少热损失，降低补水率。同时还要加强保温。

（9）提高自动装置的投入率，保持运行参数在最佳值，提高循环效率。

163. 在运行中，如何体现变压运行方式的经济性？

答： 在运行中，单元机组变压运行方式的经济性主要体现在以下几方面：

（1）提高机组低负荷运行时的经济性。机组在低负荷运行时，由于采用变压运行方式，汽压下降，蒸汽体积流量基本不变，没有节流损失，汽轮机可采用全周进汽，使汽轮机有较高的内效率；同时，低负荷时主蒸汽温度不变，高压缸排汽温度略有提高，使再热汽温易于维持。综合上述两方面，采用变压运行方式要比在同样低负荷时采用定压运行方式的经济性高。

（2）变压运行时，汽轮机内部蒸汽温度变化不大，部件温差较小，汽缸壁温不再是限制负荷变化速度的因素。同时，由于温差减小，使热应力及动、静部件间的胀差都减小，机组安全性得到了保证，提高了机组运行可靠性，延长了检修周期。

（3）降低给水泵电耗。低负荷运行时汽压下降，给水泵出力也可相应降低，对于具有可调速的给水泵来说，其电能消耗可以降低。

（4）延长机组使用寿命。低负荷运行时蒸汽压力降低，锅炉、汽轮机、主蒸汽管道等承压部件都在较低应力状态下工作，这对延长机组的使用寿命是有利的。

第六节　系统运行监视和调整

164. 机组日常维护工作有哪些措施要求?

答: 机组在日常维护时,应按时进行巡回检查。巡检时,应带必要的工器具及防护用具,认真观察,仔细核实各运行及备用设备所处的状况是否正常,对照集控与就地的表计指示是否相符,发现异常情况应找出原因并采取措施,保证机组正常运行。

(1) 操作员、巡检定时抄表,对各参数进行分析比较,如发现有参数偏离正常值,应查明原因,采取相应的措施,并汇报单元长、值长。发现缺陷,应按《缺陷管理制度》的有关规定执行,做好必要的防范措施。对于有可能影响机组或设备、系统安全、经济运行的缺陷,还应作好记录和事故预想,并汇报集控长、值长。

(2) 遵照《设备定期切换、试验制度》的要求,完成定期切换、试验工作。经常检查辅助机械轴承油位和油质应正常,并及时添加或更换。配合化学,监督凝结水、给水、炉水、蒸汽、发电机定子冷却水、润滑油、EH 油品质。

(3) 进入电子设备间、6kV 开关室时,禁止使用无线通信设备,若有携入者,必须将无线设备关机,以防无线电干扰使设备误动。

(4) 根据调度要求,及时调整机组负荷,以满足外界负荷的需要。机组负荷调整采用定—滑—定方式,变负荷率应控制在规定的要求。及时调整机组及各设备、系统运行参数。

(5) 根据机组负荷、主蒸汽流量,检查热井补水、凝结水、给水流量自动调整情况,维持凝汽器水位、除氧器水位、汽包水位在正常范围。及时调整锅炉燃烧,维持正常的汽温、汽压,保持锅炉的蒸发量在额定值内。根据机组运行情况及季节性的变化,合理调整循环水系统及开式冷却水系统的运行方式。

（6）根据各设备的油、风、水温度情况，调整维持冷却水量在正常范围。监视并调整其他设备、系统参数在正常范围。维持燃烧稳定，降低各项热损失，提高锅炉效率。

（7）保持机组处于经济状态下运行，应做到回热系统正常投运，各加热器水位正常，出水温度符合设计要求，疏水方式合理，疏水端差在正常范围，经常分析各参数并及时进行调整。

（8）根据凝汽器真空、端差、冷却水温升等情况，及时合理调度循环水泵运行方式，尽量保持凝汽器在最有利工况运行。

165. 机组在负荷变化时，有哪些主要参数要加强监视与调整？

答：机组在正常运行时，要特别注意对重要参数的运行、调整。对于 DCS 发出的报警信号要及时排查，将不正常状态尽早排除。

机组在进行负荷调整时，通常采用协调控制方式，当协调控制系统故障或根据实际运行工况需要，方可采用其他控制方式进行负荷调节。具体来说，有以下主要参数要加强监视与调整。

（1）负荷变化率不能太快，正常情况下应控制在每分钟1.5%左右，最大不能超过每分钟 2.5%（事故情况除外），并应设定负荷高、低限定值。

（2）负荷增减幅度较大时，应分阶段进行，并符合"定—滑—定运行曲线"的要求，并使汽轮机各部分的金属温度变化率及温差满足主机金属温度变化率及温差控制曲线的要求，以保证机组安全运行及满足其他操作的需要。

（3）机组增减负荷时，应注意汽温、汽压及给煤机负荷相应的变化，并及时进行风量和炉膛负压的调整。

（4）机组增减负荷过程中，需要启停磨煤机及其他设备时要提前做好准备，以便及时启停。

（5）机组负荷变化过程中，对因自动调节装置故障而导致的运行异常状态，应根据需要及时进行手动调节，以保持其运行工况的稳定。

（6）监视并调整各水位、温度在正常范围，以适应机组负荷的变化。

166. 锅炉巡回检查一般包括哪些内容？

答： 在巡回检查过程中，运行人员应做到耳听、眼看、鼻闻、手摸。并将发现的异常情况加以综合分析，将设备的外观、温度、压力、气味、声音等与正常运行做比较，以便正确地判断和消除隐患。

巡回检查一般包括锅炉本体各人孔门、检查孔是否严密，保温是否完整，膨胀指示器指示是否正确，观察火色、沸腾是否正常，各受热面是否有异声和泄漏情况；各汽水管道是否有泄漏振动现象，安全门、排气门、给水门、减温水门开关位置是否正确、无泄漏，连杆无弯曲卡涩现象；一、二次风门位置正确，连杆无脱落；给煤机转动正常，无卡涩振动，煤斗下煤正常，风机轴承温度正常，振动合格，无异声，润滑油脂、油位正常，冷却水畅通；无窜轴现象，轴封严密，联轴器连接牢固，安全罩齐全，动静部位无摩擦和撞击声；底角螺栓无松动和脱落现象，出渣机运转正常，大小链无卡涩脱销现象。

167. 汽轮发电机系统运行中的巡回检查内容有哪些？

答：（1）汽轮发电机组运行参数正常。汽轮发电机组本体清洁无异物，无漏水、漏气、渗油现象。汽轮发电机组本体各部分无异声、异常振动、异味。各部温度正常，无局部过热现象，TSI 参数符合规定的要求。

（2）发电机进、出水温，风温正常，水冷系统、氢冷系统各参数及机壳内氢气压力、纯度、温度、湿度等各参数符合规定的要求。定子绕组各温度参数符合规定的要求。

（3）发电机碳刷、滑环、均压弹簧安装牢固，压力适当，无过热冒火现象，定期检测碳刷尾部温度以判断运行是否正常。发电机刷架引线、滑环正常，刷架与滑环间隙正常。检查刷架处的空气过滤器正常。当该过滤器堵塞时，应及时清理。

（4）封闭母线无振动、放电、局部过热现象。避雷器运行正常。发电机—变压器组保护投入运行正常，指示灯指示正常。各TA、TV、中性点变压器无振动及异常现象。微正压装置运行正常，封闭母线压力在正常范围（500～2500Pa）。

（5）机组附近清洁无杂物。

168. 运行人员巡回检查有哪些具体内容？

答： 运行人员巡回检查的具体内容见表 4-1～表 4-3。

表 4-1 锅炉设备及系统巡回检查内容及标准

燃 烧 器 系 统	
检查内容：	标准：
（1）燃油压力；	（1）燃油压力正常；
（2）压缩空气压力；	（2）压缩空气压力＞0.6MPa；
（3）燃油、压缩空气系统阀门；	（3）燃油、压缩空气系统手动阀开启，无漏油、漏气现象；
（4）油枪及连接管路；	（4）油枪外观完整，备用时退出炉外，连接管路无变形、破损；
（5）火焰监视器；	（5）火焰监视器完整，接线牢固，参数正常，无报警信号；
（6）摆动机构执行器；	（6）接线牢固，无机械变形；
（7）煤粉管道	（7）煤粉管道无漏粉
火 检 冷 却 风 机	
检查内容：	标准：
（1）控制箱；	（1）控制箱上各信号正确，无报警信号；
（2）风压；	（2）供风压力正常；
（3）入口滤网；	（3）入口滤网无堵塞；
（4）电动机外壳温度；	（4）电动机外壳温度小于70℃；
（5）风机电动机声音及振动；	（5）风机电动机运行声音正常，无明显振动；
（6）风机出口挡板	（6）风机出口挡板开启位置

火电厂生产岗位技术问答丛书 **集控运行 300 问**

续表

汽　包　水　位　计	
检查内容：	标准：
（1）水位计出入口门；	（1）水位计出入口门开启，无渗漏；
（2）监控系统；	（2）监视系统运行正常；
（3）双色水位计灯光；	（3）灯光正常，界面分隔色彩正常；
（4）放水门严密性；	（4）放水门关闭严密，无渗漏；
（5）表面清洁度	（5）水位计表面清洁，水位指示清晰

炉　本　体	
检查内容：	标准：
（1）各管道支吊架；	（1）各管道支吊架无变形，膨胀指示有足
（2）人孔门、检查孔关闭情况；	够的余量；
（3）火焰电视监视装置运行	（2）各人孔门、检查孔关闭严密；
情况；	（3）火焰电视监视装置外观完整，压缩空
（4）烟温探针运行情况；	气压力大于 0.6MPa；
（5）锅炉膨胀指示情况；	（4）烟温探针外观完整，锅炉启动时投
（6）炉本体保温；	入，锅炉正常运行时应退出炉外；
（7）炉管监漏探头；	（5）锅炉膨胀指示器无缺损，膨胀指示与
（8）照明情况；	炉本体膨胀情况相一致；
（9）锅炉泄漏情况	（6）炉本体保温完整，无破损；
	（7）炉管监漏探头接线牢固，取样管无堵
	灰现象；
	（8）各处照明灯罩齐全，灯泡无损坏；
	（9）开启检查孔检查受热面无泄漏声

吹　灰　器	
检查内容：	标准：
（1）吹灰器外观；	（1）吹灰器外观完整，各连接件无松动；
（2）管道保温；	（2）管道保温完整，无破损；
（3）润滑情况；	（3）转动部件润滑油充足；
（4）吹灰器行程；	（4）吹灰器行程到位，停止时退出到位；
（5）电动机；	（5）电动机外观良好，无破损、锈蚀
（6）减压站进汽阀；	现象；
（7）疏水阀及其就地控制器；	（6）减压站进汽阀外观完整，压缩空气无
（8）吹灰压力、温度	泄漏；
	（7）疏水阀外观完整无渗漏；
	（8）吹灰压力＞1.0～1.5MPa，温度
	＜350℃

续表

过热器、再热器安全门	
检查内容：	标准：
（1）严密性；	（1）安全阀关闭严密；
（2）疏水门；	（2）疏水门开启；
（3）保温；	（3）阀体保温完整；
（4）阀门外观；	（4）阀门完整；
（5）手动起座手柄；	（5）手柄连接牢固；
（6）阀前手动门	（6）阀前手动门开启，门杆无漏汽现象

给 煤 机	
检查内容：	标准：
（1）就地控制箱；	（1）就地控制箱信号正确，无报警，无
（2）出入口及密封风挡板；	积灰；
（3）主电动机及清扫链电动机；	（2）出入口及密封风挡板开启到位无
（4）漏风情况；	漏风；
（5）输送皮带和清扫链运转	（3）箱体外部完整无漏风，内部照明
情况；	灯亮；
（6）箱体照明	（4）主电动机及清扫链电动机运行声音正
	常，电动机外壳温度低于 60℃，齿轮箱油位
	大于 1/2，油质良好；
	（5）输送皮带和清扫链运转平稳，无跑偏
	现象，皮带张力适度；
	（6）照明良好，无灯泡损坏

空 气 预 热 器	
检查内容：	标准：
（1）停转报警及火灾报警柜	（1）就地柜无报警信号；
信号；	（2）驱动电动机运行声音正常，外壳温度
（2）驱动装置运转情况；	低于 60℃，减速箱油位大于 1/2，油窗清晰；
（3）转子运转情况；	（3）转子运转平稳，声音正常，无卡涩
（4）吹灰器运行情况；	现象；
（5）消防水；	（4）吹灰器及减压站无漏汽，正常运行时
（6）冲洗水管路；	辅汽供汽手动门关闭，吹灰压力大
（7）漏风情况	于 0.5MPa；
	（5）消防水分断门关闭，无漏水；
	（6）冲洗水各分断门关闭；
	（7）各检查门、孔及上下轴封无严重漏风
	现象

续表

磨　煤　机	
检查内容： （1）漏风漏油情况； （2）磨电机及润滑油冷却水； （3）振动； （4）润滑油压力； （5）润滑油及液压油温度； （6）电动机轴温及轴承振动情况； （7）润滑油泵及液压油泵运行情况； （8）润滑油泵及液压油泵出口滤网差压； （9）齿轮箱油位	标准： （1）检查磨煤机各部位无漏风、粉、油现象； （2）各冷却水畅通，水量合适； （3）磨煤机无明显振动，声音正常； （4）润滑油压； （5）润滑油温度为 30～55℃，液压油温度正常； （6）电动机轴温低于 70℃，振动＜0.05mm； （7）润滑油泵及液压油泵运转声音正常，电动机外壳温度＜60℃； （8）各滤网差压在正常范围内； （9）齿轮箱油位正常

一　次　风　机	
检查内容： （1）出口挡板； （2）动叶执行器； （3）出入口伸缩节； （4）润滑油压力及液压油压力； （5）轴承温度及振动； （6）风机振动及声音； （7）电动机温度； （8）轴承油位及油质	标准： （1）风机出口挡板连接牢固； （2）动叶执行器完整，位置指示与 CRT 一致； （3）出入口伸缩节完整无破损； （4）润滑油压，液压油压； （5）各轴承温度小于 80℃，振动＜0.08mm； （6）风机运行声音正常，无振动； （7）电动机温度正常； （8）各轴承油位为 1/2～2/3，油质正常

续表

送 风 机	
检查内容： （1）润滑油箱油位油质； （2）就地控制柜信号； （3）润滑油压； （4）液压油压； （5）油温度； （6）冷却水； （7）动叶执行器； （8）出口挡板； （9）电动机轴承温度及振动； （10）电动机温度	标准： （1）油箱油位＞1/2，油质良好无乳化，连接的油管道无漏油； （2）控制箱信号正确无报警； （3）润滑油压； （4）液压油压； （5）润滑油温度＜50℃； （6）冷却水门开启，水量充足； （7）动叶执行器完整，位置指示与 CRT 一致； （8）出口挡板连接牢固； （9）电动机轴承温度＜80℃，振动＜0.08mm； （10）电动机温度正常

事故喷水及主蒸汽减温水	
检查内容： （1）阀门有无泄漏； （2）管道保温情况	标准： （1）各减温水门无渗水、汽、油现象，各减温水门门杆清洁无杂物； （2）管道、阀门保温完整

一、二次风暖风器及暖风器疏水系统	
检查内容： （1）各进汽门、疏水门； （2）疏水箱水位； （3）疏水泵出入口门，冷却水； （4）疏水箱水位； （5）疏水泵电动机温度； （6）疏水泵出口压力； （7）进汽调节门	标准： （1）各进汽门、疏水门开关位置正确，门杆、连接法兰无渗漏； （2）疏水泵出入口门及再循环门开启（启动时出口门关闭）； （3）电动机冷却水门开启，水量充足； （4）疏水箱水位正常； （5）疏水泵电动机外壳温度低于 60℃； （6）出口压力正常； （7）进汽调节门完整，压缩空气无泄漏

续表

密封风机	
检查内容： 　（1）风机出口风压； 　（2）风机、电动机轴承温度及振动； 　（3）冷却水； 　（4）润滑油压； 　（5）润滑油温度； 　（6）油箱油位、油质及轴承供油情况； 　（7）油泵电动机温度	标准： 　（1）风机出口风压＞18kPa； 　（2）轴承温度＜70℃，振动＜0.06mm； 　（3）各冷却水门开启，水量充足； 　（4）润滑油压为 0.2～0.4MPa； 　（5）润滑油温度＜50℃； 　（6）油箱油位＞1/2，无乳化现象； 　（7）油泵电动机温度＜60℃
引风机	
检查内容： 　（1）动叶执行器； 　（2）电动机风温； 　（3）电动机轴温及润滑油压力； 　（4）密封风机； 　（5）液压油力温度； 　（6）液压油温度，液压油箱油位油质； 　（7）润滑油压力； 　（8）润滑油温度； 　（9）润滑油箱油位油质； 　（10）冷却水； 　（11）电动机轴承振动； 　（12）风机运行情况	标准： 　（1）动叶执行器接线、机械连接牢固； 　（2）电动机风温＜110℃； 　（3）电动机轴承温度＜80℃，润滑油压力正常； 　（4）密封风机入口滤网无堵塞，电动动机外壳温度＜60℃； 　（5）液压油压力＞2.5MPa；温度＜45℃； 　（6）液压油箱油位为 1/2～2/3，油质清澈无乳化； 　（7）润滑油压力正常； 　（8）润滑油温度低于 45℃； 　（9）润滑油箱油位为 1/2～2/3，油质清澈无乳化； 　（10）各冷却水门开启，水量充足； 　（11）电动机轴承振动＜0.08mm； 　（12）风机运行平稳，无异声
锅炉排汽及放空气系统	
检查内容： 　（1）手轮； 　（2）保温； 　（3）排水池； 　（4）门杆密封	标准： 　（1）手轮齐全，安装牢固； 　（2）保温完整无破损； 　（3）排水池清洁无杂物； 　（4）空气门门杆密封严密无渗漏

续表

空 气 压 缩 机	
检查内容： （1）排汽压力、温度； （2）润滑油位； （3）油过滤器差压； （4）再生干燥器； （5）冷却水系统； （6）母管压力	标准： （1）排汽压力为 0.64～0.80MPa，排汽温度为 20～40℃；排汽温度（冷却器前）＜100℃； （2）润滑油油位正常； （3）油分离器及油过滤器前后差压＜0.05MPa； （4）微热再生干燥器装置运行正常； （5）冷却水压力大于 0.2MPa； （6）母管压力正常

表 4-2　　　　汽轮机设备及系统巡回检查内容及标准

除氧器、闭式水箱	
检查内容： （1）除氧器水箱、闭式膨胀水箱就地水位； （2）除氧器压力、温度，闭式膨胀水箱水位调节站； （3）辅汽至除氧器及四抽至除氧器汽源阀门开关情况，以及疏水暖管情况； （4）高压加热器正常疏水调节阀、除氧器溢放水及紧急放水阀、除氧器安全门、除氧器平台各开关及仪表指示情况； （5）各抽汽及疏水管道、阀门的泄漏情况； （6）给水泵再循环调节阀	标准： （1）除氧器水位应维持在正常水位，就地和控制室的水位一致； （2）除氧器压力应与负荷相对应，安全阀不应漏汽、漏水； （3）正常运行除氧器放水、排大气阀、事故放水阀不应有内外漏； （4）各疏水及补水调节阀调节灵活不卡涩，仪表指示正确； （5）各阀门门杆处、法兰处无冒汽，管道无振动，无外漏； （6）给水泵再循环调节阀动作灵活，汽源压力正常，无泄漏

高 压 加 热 器

检查内容：	标准：
（1）各高压加热器就地水位；	（1）高压加热器水位就地应保持在正常水位；
（2）各高压加热器水、汽侧压力；	（2）高压加热器汽水侧压力应与负荷相对应，安全阀不应漏汽、漏水；
（3）管道及阀门；	（3）正常运行各加热器疏放水、排大气阀、事故放水阀不应有内外漏，紧急疏水阀应关闭；
（4）各加热器排大气、疏水调节阀、事故放水阀及各仪表等；	（4）疏水调节阀调节灵活不卡涩，各阀门门杆处、法兰处无冒汽，管道无振动、外漏，阀位指示与盘前应一致，各仪表指示正确；
（5）各抽汽管道、阀门的泄漏情况	（5）管道无泄漏，压力正常

低 压 加 热 器

检查内容：	标准：
（1）各低压加热器就地水位；	（1）低压加热器水位应保持正常；
（2）各低压加热器水、汽侧压力；	（2）低压加热器汽水侧压力应与负荷相对应，安全阀不应漏汽、漏水；
（3）低压加热器疏水调节阀；	（3）汽源压力正常，管道无泄漏；
（4）各加热器排大气、疏水调节阀、事故放水阀及各仪表等；	（4）正常运行各加热器疏放水、排大气阀、事故放水阀不应有内外漏，紧急疏水阀应关闭，仪表指示正确；
（5）各抽汽管道、阀门的泄漏情况	（5）疏水调节阀调节灵活不卡涩，各阀门门杆处、法兰处无冒汽，管道无振动、外漏，阀位指示与盘前应一致

续表

汽轮发电动机组	
检查内容： （1）汽轮机各主汽门、调节汽门开度及油动机的现场情况； （2）EH 油系统各油压、润滑油系统各油压及各瓦回油情况； （3）汽轮机的膨胀情况； （4）排汽缸各温度； （5）汽轮发电机组各瓦的振动情况； （6）轴封供汽情况； （7）主油泵出口油温、油压； （8）发电机氢气、冷却水、密封油压力及温度	标准： （1）汽轮机各主汽门、调节汽门及油动机正常无泄漏； （2）EH 油系统各油压、润滑油系统各油压在规定范围内，各瓦回油通畅，回油窗无水珠，回油温度＜65℃； （3）汽轮机的膨胀与各负荷点对应，无卡涩现象； （4）排汽缸各温度与排汽压力对应，排汽温度正常； （5）汽轮发电机组各瓦的振动正常； （6）轴封供汽压力，轴封供汽温度； （7）主油泵出口压力正常，润滑油压力正常，进各轴瓦油温为 38～49℃； （8）发电机内氢压、冷氢温度、密封油压正常，定子冷却水入口压力、入口温度、出口温度正常，氢冷器冷却水入口压力、入口水温正常，定子冷却水、氢冷器各管道阀门无泄漏，各仪表指示正确
汽封冷却器及轴封供汽站	
检查内容： （1）汽封冷却器就地水位； （2）汽封冷却器水、汽侧压力； （3）汽封供汽站各轴封汽源阀门的开关情况及各汽源压力； （4）汽封冷却器风机运行情况； （5）各管道、阀门的泄漏情况	标准： （1）汽封冷却器水位应保持在水位计的 1/3～1/2 处； （2）汽封冷却器汽侧压力正常； （3）汽封供汽联箱压力正常，各供汽站汽源压力正常，各仪表指示正确； （4）汽封冷却器运行风机无振动，声音正常，备用风机止回门严密无倒转； （5）管道阀门无泄漏

续表

辅 汽 联 箱	
检查内容： (1) 辅汽联箱压力、温度； (2) 各汽源阀门的开关情况； (3) 系统有无泄漏； (4) 辅汽系统的运行方式； (5) 安全门有无泄漏	标准： (1) 辅汽联箱压力、温度正常； (2) 各汽源阀门的开关正常； (3) 系统无泄漏； (4) 根据机组运行情况合理调整辅汽系统的运行方式； (5) 安全门无泄漏
氢 气 干 燥 器	
检查内容： (1) 进入氢气干燥器各参数； (2) 风机运行振动情况； (3) 管道阀门及各仪表等	标准： (1) 进入氢气干燥器压力正常、温度正常，冷却水压力正常，温度正常； (2) 风机振动≤50μm； (3) 各阀门无内外漏，管道无振动、外漏，各仪表指示正确
EH 油 站	
检查内容： (1) EH 油箱油位； (2) EH 油泵运行、备用情况； (3) 抗燃油母管压力、油温； (4) 泵出口滤网压差； (5) 冷油器工作情况； (6) 取样口、放油口各阀门及各仪表等； (7) 各管道、阀门的泄漏情况	标准： (1) EH 油箱油位正常； (2) 运行 EH 油泵无异声，备用在备用状态； (3) 抗燃油母管压力、油温正常； (4) 泵出口滤网压差未报警； (5) 冷油器进水压、水温正常； (6) 取样口、放油口各阀门无漏油，各仪表指示正确； (7) 各管道、阀门无泄漏
主机润滑油站	
检查内容一： (1) 主油箱油位； (2) 交、直流油泵备用情况； (3) 油烟风机运行备用情况； (4) 工作冷油器情况； (5) 取样口、放油口各阀门及各仪表等； (6) 各管道、阀门的泄漏情况； (7) 顶轴油泵	标准： (1) 主油箱油位正常； (2) 交、直流油泵均在备用状态； (3) 运行排烟风机无异声，备用风机无倒转； (4) 冷油器出口油温正常； (5) 取样口、放油口各阀门无漏油，各仪表指示正确； (6) 各管道、阀门无泄漏，事故排油门关闭严密； (7) 顶轴油泵无缺陷，系统无泄漏

检查内容二:	标准:
（1）污油箱、净油箱；	（1）污油箱、净油箱油位在油位计的 2/3处；
（2）油净化器；	（2）油净化装置运行正常，供油泵及转鼓振动、噪声不大；
（3）主油箱、污油箱、净油箱接滤油机、取样口、放油口、事故排油等管道、阀门；	（3）主油箱、污油箱、净油箱接滤油机、取样口、放油口无漏油，事故排油阀有铅封，管道无漏油；
（4）润滑油污油输送泵、净油输送泵	（4）主油至污油箱润滑污油输送泵、净油泵处于备用状态

发电机定子冷却水站及密封油站	
检查内容:	标准:
（1）密封油箱油位；	（1）密封油箱油位正常；
（2）空、氢侧油泵运行及备用情况；	（2）空、氢侧油泵无异声，出口压力正常，直流油泵备用状态；
（3）密封油各压力、油温；	（3）密封油各压力、油温正常；
（4）平衡阀、差压阀及补排油装置；	（4）平衡阀、差压阀工作正常，冷油器出口油温正常，空、氢侧冷油器工作正常；
（5）空、氢侧冷油器工作情况；	（5）空、氢侧冷油器工作正常，空、氢侧滤网压差＜0.06MPa，密封油补、排油装置正常不卡涩；
（6）发电机水冷箱水位、管路；	（6）发电机水冷箱水位正常，管路正常，无泄漏；
（7）排氢风机运行及备用情况；	（7）排氢风机运行无异声，备用排氢风机处于备用状态；
（8）定子冷却水泵运行备用情况；	（8）定子冷却水泵运行无异声，出入口压差未报警，备用泵处于备用状态；
（9）定子水冷却器运行情况，水冷器出口滤网；	（9）发电机定子冷却水压差在规定范围内，滤网压差未报警；
（10）取样口、放油口各阀门及各仪表等；	（10）取样口、放油口各阀门无漏油，各仪表指示正确；
（11）各管道、阀门的泄漏情况	（11）各管道、阀门无泄漏

续表

汽轮机辅助系统水泵	
检查内容：	标准：
(1) 各泵轴承油位；	(1) 各泵轴承箱油位在油位计的1/2～2/3；
(2) 各泵、电动机振动、声音；	(2) 各泵声音正常，水泵、电动机轴承振动≤50μm；
(3) 各泵密封水、轴瓦冷却水进、回水情况；	(3) 各泵密封水、轴承冷却水通畅；
(4) 各泵轴承温度；	(4) 泵、电动机，推力轴承、支持轴承温度<90℃，各泵轴瓦温度<80℃，滚动轴承温度<100℃；
(5) 各泵出入口压力；	
(6) 各泵地脚螺栓、电动机外壳接地线、靠背轮防护罩；	(5) 各泵地脚螺栓无松动，电动机外壳接地线，靠背轮防护罩良好；
(7) 各管道、阀门、仪表等	(6) 各阀门门杆处、法兰处无冒汽，管道无振动、外漏，各仪表指示正确

空　冷　系　统	
检查内容：	标准：
(1) 检查运行真空泵电动机电流、声音及轴承振动、温度；	(1) 检查运行真空泵电动机电流、声音及轴承振动、温度正常；
(2) 检查真空泵冷却器的冷却水，汽水分离器的水位；	(2) 检查真空泵冷却器的冷却水及汽水分离器补水压力正常，汽水分离器水位计为2/3以上；
(3) 凝结水箱及热井水位；	(3) 凝结水箱水位为1700～2700mm，热井水位为1000～1800mm；
(4) 真空泵、疏水泵备用泵；	(4) 真空泵、疏水泵备用泵备用良好，且在"自动"位置；
(5) 检查空冷凝汽器各排凝结水出口水温，减速箱油位；	(5) 空冷凝汽器各排凝结水出口水温正常，空冷风机减速箱油位计为2/3以上；
(6) 检查空冷凝汽器各排抽空气管的温度；	(6) 空冷凝汽器各排抽空气管的温度正常；
(7) 检查空冷凝汽器各排风机振动情况；	(7) 空冷凝汽器各排风机振动<5mm/s；
(8) 空冷风机电动机温度；	(8) 空冷风机电动机温度<150℃；
(9) 机组真空、就地值是否和盘前一致	(9) 机组真空维持在正常值，就地与盘前指示一致

188

表 4-3　　　　　　电气设备巡回检查内容及标准

电 子 间	
检查内容	检查标准
(1) 室内温度、湿度； (2) 室内地面； (3) 各盘面	(1) 温度为 5～40℃，24h 平均温度不高于 35℃，配电室湿度为 5%～85%； (2) 地面干净无杂物，无漏水、漏油、着火、冒烟现象； (3) 各盘面清洁，门关闭

保护屏（发电机—变压器组、启动备用变压器及线路保护）	
检查内容	检查标准
(1) 装置电源； (2) 保护工作状态； (3) 保护连接片； (4) 装置内部	(1) 装置电源正常； (2) 状态指示灯指示正确，无报警信号； (3) 保护连接片投退正确； (4) 装置内部无异声、异味

厂用电快切装置	
检查内容	检查标准
(1) 装置电源； (2) 装置工作状态； (3) 出口连接片投退正确； (4) 装置内部	(1) 装置电源正常； (2) 状态指示灯指示正确，无闭锁信号； (3) 出口连接片投退正确； (4) 装置内部无异声、异味

故 障 录 波 器	
检查内容	检查标准
(1) 装置电源； (2) 工作状态； (3) 装置内部	(1) 装置电源正常； (2) 运行指示灯亮，表示各种异常的指示灯不亮； (3) 装置内部无异声、异味

续表

同 期 装 置	
检查内容	检查标准
同期装置电源	同期装置电源开关在分位

远方电能计量	
检查内容	检查标准
(1) 装置电源； (2) 通信； (3) 工作状态； (4) 远方电能量远方终端； (5) 主面板上信号灯	(1) 电源指示灯亮； (2) 通信情况正常； (3) 运行情况窗口显示程序当前的系统、硬件、表计等信息运行状态无异常； (4) 远方电能量远方终端工作窗口工作正常； (5) 主面板无异常报警

发电机的检查	
检查内容	检查标准
(1) 声音； (2) 振动； (3) 就地表计	(1) 发电机声音正常； (2) 无异常振动； (3) 发电机就地氢压表显示正常

集电环、碳刷的检查	
检查内容	检查标准
(1) 电刷运行情况； (2) 电刷弹簧压力； (3) 电刷刷辫； (4) 电刷本体； (5) 电刷电流； (6) 集电环温度； (7) 积垢； (8) 过热现象； (9) 大轴接地碳刷	(1) 集电环（滑环）上电刷无冒火现象； (2) 电刷在刷框内无跳动、摇动或卡涩的情况，弹簧压力足够； (3) 电刷刷辫完整，与电刷的连接良好，无发热及触碰机构件的情况； (4) 电刷边缘无剥落现象或过短现象； (5) 各电刷的电流分布均匀，无过热； (6) 集电环表面的温度未超温； (7) 刷握与刷架上无积垢； (8) 集电环（滑环）表面无变色、过热现象，其温度应不大于120℃； (9) 大轴接地碳刷接地线良好

续表

配　电　室	
检查内容	检查标准
(1) 配电室温度、湿度； (2) 地面，各盘面、柜门； (3) 开关、运行方式	(1) 配电室温度为 5～40℃，24h 平均温度不大于 35℃，湿度为 5%～85%； (2) 地面干净无杂物，无漏水、漏油、着火、冒烟现象，窗户关闭；各盘面清洁，柜门关闭，配电柜上无异物； (3) 母线电源开关、负荷开关、联锁开关状态正确，与运行方式相符；PT 各开关在合位，母线电压正常

开　　关	
检查内容	检查标准
(1) 开关状态； (2) 开关信号； (3) 保护装置； (4) 开关储能状况； (5) 高压开关馈线带电指示； (6) 开关柜内无异常声响（真空管损坏的丝丝声），无异味； (7) 抽屉式开关定位	(1) 开关的分合位置指示正确，并与当时实际的运行工况相符； (2) 开关的灯光信号正确，且远方、就地一致，各种连锁开关在规定的状态； (3) 保护装置指示正确，无报警信号，无脱扣指示，保护连接片投入正确； (4) "储能完好"指示灯亮，指示器指示正确； (5) 高压开关在合位时，馈线带电指示灯亮；否则不应亮； (6) 开关柜内无异常声响（真空管损坏的丝丝声），无异味； (7) 各种抽屉式开关定位良好，无欠位和过位现象

电　缆　夹　层	
检查内容	检查标准
(1) 电缆周围环境； (2) 电缆发热、放电； (3) 电缆沟道盖板、通风孔； (4) 大雪天室外电缆头特殊检查	(1) 电缆上不允许放置任何杂物，不应有挤压、受热、受潮、积粉或摇动现象； (2) 电缆无发热、放电现象，接地线应良好； (3) 电缆沟道盖板完整，通风孔畅通； (4) 大雪天室外电缆头的雪不应立即融化或冻成冰溜子

续表

直 流 分 屏	
检查内容	检查标准
(1) 母线参数； (2) 各开关、按钮运行方式； (3) 各指示灯； (4) 绝缘监测装置	(1) 母线电压在合格范围内； (2) 各开关、按钮位置正确，与运行方式相符； (3) 各指示灯指示正确； (4) 绝缘监测装置无故障、报警信号

励 磁 小 间	
检查内容	检查标准
(1) 励磁小间环境、温度； (2) 励磁调节柜内风机及整流柜上部风机； (3) 励磁调节柜及辅助柜内温度、励磁功率整流柜内温度、整流柜内温度； (4) 励磁调节柜面板上各状态指示图标正常，无报警信号	(1) 励磁小间环境温度不超过25℃，湿度为5%～85%，空调运行良好； (2) 励磁调节柜内风机及整流柜上部风机运行正常； (3) 励磁调节柜及辅助柜内温度不超过35℃，励磁功率整流柜内温度不超过40℃，整流柜内温度达到76℃报警，温度达到87℃跳闸； (4) 励磁调节柜面板上各状态指示图标正常，无报警信号

封 闭 母 线	
检查内容	检查标准
(1) 外表温度； (2) 上部无杂物； (3) 周围环境； (4) 微正压装置	(1) 外表温度正常； (2) 上部无杂物； (3) 周围没有威胁封闭母线运行的漏水、漏油现象； (4) 微正压装置工作正常

励 磁 变 压 器	
检查内容	检查标准
声音、温控器、温度	声音正常，温控器工作正常，温度在正常范围内

续表

避雷器	
检查内容	检查标准
(1) 避雷器瓷瓶； (2) 避雷器引线、均压环； (3) 避雷器内部声音； (4) 泄漏电流； (5) 放电器动作计数器	(1) 避雷器瓷瓶清洁，无裂纹、破损和放电现象； (2) 避雷器引线、均压环应紧固，无松动、断线和发热等现象； (3) 避雷器内部无异常声音； (4) 检查泄漏电流在规定范围内； (5) 雷电后应检查避雷器放电器动作计数器是否动作并做好记录
电压互感器及电流互感器的检查	
检查内容	检查标准
(1) 本体； (2) 各部螺丝； (3) 一、二次接线； (4) 异声、振动、异味	(1) 本体各部位应清洁、无裂纹和放电现象； (2) 各部螺丝紧固，无松动现象； (3) 一、二次接线良好，接地线接地良好； (4) 本体无异声、无振动、无异味
发电机中性点接地装置	
检查内容	检查标准
(1) 中性点隔离开关在合位； (2) 辅助接点； (3) 内部； (4) 二次开关	(1) 发电机中性点隔离开关在合位； (2) 辅助接点接触良好； (3) 内部无异常； (4) 二次开关在合位
配电柜	
检查内容	检查标准
母线电压，过热现象	母线电压指示正常，无过热异常现象

续表

| 干式变压器（低压厂用变压器） ||
检查内容	检查标准
（1）温控器； （2）变压器声音、气味； （3）变压器前、后柜门均关闭； （4）变压器中性点接地装置运行良好，无过热	（1）温控器面板上电源指示正常，变压器温度显示正常，风扇运行方式符合规定； （2）变压器声音正常，无异味； （3）变压器前、后柜门均关闭； （4）变压器中性点接地装置运行良好，无过热

| 小电流接地选线装置 ||
检查内容	检查标准
装置电源，工作状态	装置电源正常；状态指示灯指示正确，无接地报警信号

| 备 自 投 装 置 ||
检查内容	检查标准
装置电源，装置工作状态	装置"运行指示灯"亮，其他灯不亮；装置显示"允许自投"

| 空 冷 变 频 器 ||
检查内容	检查标准
变频器门、隔离开关；辅助面板	变频器门关闭，隔离开关在合位；辅助面板上无报警或故障显示

| 柴油发电机组 ||
检查内容	检查标准
（1）润滑油； （2）冷却水，冷却水系统的加热装置； （3）燃油； （4）截门； （5）柴油发电机出口开关； （6）蓄电池； （7）机头面板； （8）控制方式； （9）室内温度	（1）柴油发电机组的机油、燃油在高油位； （2）冷却水在加水口下的 50mm 处，加热装置投入； （3）整个机组无漏油、漏水现象； （4）燃油、润滑油、冷却水等回路上的截门均在开启状态； （5）蓄电池电压正常（26～28V），充电装置正常； （6）机头面板无异常报警信号； （7）出口开关在热备用状态； （8）机头面板上的控制开关及出口开关的控制开关均在"自动"位； （9）室内温度为 15～25℃

续表

事故照明逆变装置	
检查内容	检查标准
(1) 输入开关、输出开关； (2) 逆变装置工作状态； (3) 负荷开关在合位； (4) 输出电压	(1) 直流输入开关、交流输出开关在合位； (2) 逆变装置工作正常； (3) 负荷开关在合位； (4) 输出电压正常

UPS 系 统	
检查内容	检查标准
(1) 手动旁路开关； (2) 输出电压、电流、频率正常； (3) 盘内无异常电磁声，无异味； (4) 指示灯与运行方式相符	(1) 手动旁路开关在"1"位； (2) 输出电压、电流、频率正常； (3) 盘内无异常电磁声，无异味； (4) 指示灯与运行方式相符

直 流 系 统	
检查内容	检查标准
(1) 母线和蓄电池参数； (2) 运行方式； (3) 指示灯； (4) 三相交流输入电压； (5) 充电模块； (6) 集中监控器、绝缘监测装置； (7) 直流配电室温度、湿度	(1) 母线和蓄电池参数在合格范围内； (2) 各开关、按钮位置正确，与运行方式相符； (3) 各指示灯指示正确； (4) 三相交流输入电压是否平衡或缺相； (5) 各充电模块部件无过热、松动，无异常声音、异常气味； (6) 集中监控器、绝缘监测装置无故障、报警信号； (7) 直流配电室温度为 5～40℃，24h 平均温度不大于 35℃，湿度为 5%～85%

续表

蓄 电 池	
检查内容	检查标准
(1) 蓄电池室内环境； (2) 室内气味； (3) 蓄电池； (4) 蓄电池巡检仪； (5) 蓄电池室内温度、湿度	(1) 蓄电池室内清洁、通风良好； (2) 室内无异味； (3) 蓄电池表面无磨损、漏液； (4) 蓄电池巡检仪无异常，运行灯亮，通信灯闪烁； (5) 蓄电池室内温度为 15～25℃，最低不低于 5℃，最高不高于 35℃，湿度为 5％～85％

高压配电装置	
检查内容	检查标准
(1) 母线所有瓷瓶（包括支持瓷瓶和室外悬吊瓷瓶）； (2) 各连接部位； (3) 动静触头； (4) 隔离开关； (5) 雨天、雪天、雾天、大风天气特殊检查； (6) 过负荷运行和发生事故后特殊检查	(1) 检查母线所有瓷瓶（包括支持瓷瓶和室外悬吊瓷瓶）完好，应清洁，无破损、裂纹和放电痕迹； (2) 检查各连接部位紧固无松动； (3) 动静触头接触良好，无松动、发热； (4) 隔离开关传动装置完好，各连杆销子无断裂及脱落现象，隔离开关控制装置上锁； (5) 冬季雪天还应重点检查各接头有无遇雪立即融化现象，瓷瓶无结冰形成冰柱；雨天、雪天、雾天各瓷瓶及套管无异常的放电现象；大风天气中检查室外导线有无剧烈的摆动，设备上是否有被大风刮起的杂物； (6) 过负荷运行和发生事故后及时检查有无过热和放电烧伤痕迹，瓷瓶有无损坏

续表

充 油 变 压 器	
检查内容	检查标准
（1）套管； （2）引线接头； （3）变压器的油温、油位、漏油； （4）变压器声音； （5）各冷却器； （6）吸湿器； （7）接地良好； （8）有载分接开关； （9）各控制箱和二次端子箱应关严，无受潮	（1）套管外部无破损裂纹、无严重油污、无放电痕迹及其他异常现象，套管油位应正常； （2）引线接头无发热迹象； （3）变压器的油温和油位计正常，油位应与温度相对应，各部位无渗油、漏油； （4）变压器声音正常； （5）各冷却器"电源"指示灯亮，运行方式正确； （6）吸湿器完好，吸附剂颜色正常； （7）本体接地良好； （8）有载分接开关的分接位置正确，与 DCS 画面一致，分接头开关储油柜的油位正常； （9）各控制箱和二次端子箱应关严，无受潮
变压器中性点接地装置	
检查内容	检查标准
（1）接地电阻； （2）连接部分； （3）支持绝缘子； （4）各部螺丝； （5）工作环境	（1）接地电阻（变压器）完好，无断裂现象； （2）接地电阻连接部分接触良好； （3）支持接地电阻的绝缘子良好； （4）各部螺丝无松动； （5）中性点接地变压器（接地电阻柜内）清洁无杂物，柜门锁好
控制箱、端子箱、中间箱	
检查内容	检查标准
（1）内部设备； （2）漏水、漏油； （3）柜门	（1）内部设备无过热现象，内部无杂物； （2）无漏水、漏油现象； （3）柜门可靠关闭

第五章

单元机组辅助设备及系统

第一节 辅助设备运行通用规则

169. 辅助设备在检修后移交运行的条件有哪些?

答: 确认检修工作已结束,脚手架拆除,场地清洁无杂物;检修设备、系统连接完好,管道支吊架可靠,保温良好,所有人孔门、检查门应关闭严密;动力设备、电动机等轴承内已加入合格、适量的润滑油,转机联轴器保护罩、电动机外壳接地线、冷却水管道等连接完好。

如检修时设备有异动,则检修人员应提供设备异动报告及相关图纸,并向运行人员交待该设备运行注意事项;现场道路畅通,地面沟盖板、楼梯、栏杆完好,照明充足;辅助设备和系统有关的热工、电气仪表完好可用;工作票已终结,检修有设备、系统可投入运行的检修交待。

170. 辅助设备启动前应当进行哪些检查?

答: 确认所有与该设备、系统有关的检修工作均已结束,工作票已终结,安全措施已恢复,安全标示牌、警告牌已拆除;检查各转动设备的轴承、变速齿轮箱和有关润滑部件的油质、油位正常;对转动设备应盘动转子,检查无卡涩现象,地脚螺栓无松动,防护罩齐全牢固;检查有关设备的密封水、冷却水已投入正常。

检查辅助设备和系统各有关表计应齐全并投入，表计指示正确；各辅机设备系统有关阀门的控制回路、电气连锁、自动装置、热工保护以及机械调整装置应按规定校验完毕，并送上控制电源和控制气源。

辅助设备和系统连锁及保护装置静态校验正常，电动阀、气动阀、调节阀校验完好；按系统检查卡对系统进行全面检查，确认各阀门状态处于启动前位置，排尽有关油水系统内余气；检查各电动机外壳接地良好，测量绝缘合格后送电；检查 DCS 上有关设备及阀门状态指示正确，所有报警信号正确。

171. 辅助设备启动前有哪些注意事项？

答：辅助设备启动前应与有关岗位联系，并监视和检查启动后的运行情况；辅助设备启、停或试转时就地必须有人监视，启动后发现异常情况，应立即汇报并紧急停运。

启动主机、给水泵汽轮机、密封油直流油泵前应确认直流系统母线电压正常后方可操作；启动 6kV 辅助设备前应先确认对应的 6kV 母线电压是否正常，启动时应监视 6kV 母线电压、辅助设备的启动电流及启动时间；停运 6kV 辅助设备时注意保持各段母线负荷基本平衡；6kV 辅助设备的再启动应符合电气规定，正常情况下允许在冷态启动两次，热态启动一次。

容积泵、轴流泵不允许在出口阀关闭的情况下启动，离心泵可以在出口阀关闭的情况下启动，但启动后应迅速开启出口阀；辅助设备启动正常后，有备用的辅助设备应及时投入"自动"或"连锁"位置。

辅助设备启动时，启动电流持续时间不得超过制造厂规定，否则应立即停运；辅助设备在倒转情况下严禁启动；大、小修或电动机解线后的第一次试转，应先空转电动机检查转向是否正确。

172. 辅助设备启动后都有哪些检查项目？

答：确认各连锁保护及自动控制均已投入正常；电动机电

流、进出口压力、流量及进口滤网差压正常；有关设备的密封部分良好，各调整装置的连接应完好，无脱落；备用泵止回阀严密，无倒转现象；冷却水系统运行正常，轴承温度、电动机线圈温度正常；各振动部件和电动机无异常摩擦声，振动符合规定；检查各辅助设备所属系统无泄漏现象。

检查各轴承箱油位正常，无漏油现象；检查各轴承的润滑油温正常，回油温升应在规定范围内。厂家无特殊规定时，执行表5-1所列标准。

表 5-1 轴承温度范围

轴承种类	滚动轴承		滑动轴承	
	电动机	机械	电动机	机械
轴承温度	≤80℃	≤100℃	≤70℃	≤80℃

检查电动机的温升不超过表5-2所列数值（环境温度为40℃）。

表 5-2 电动机温升范围

绝缘等级	A级	E级	B级	F级
电动机温升	65℃	80℃	90℃	115℃

检查各轴承振动正常，制造厂无特殊规定则执行表5-3所列标准。

表 5-3 轴承振动范围

额定转速（r/min）	3000	1500	1000	750及以下	备 注
振动（mm）	0.05/0.06	0.085/0.1	0.1/0.13	0.12/0.16	电动机/机械

173. 辅助设备运行中的维护项目有哪些？

答：（1）辅助设备正常运行时，按巡回检查项目进行定期检查，发现异常应分析处理，设备有缺陷应及时开具缺陷通知单并通知检修人员处理。

（2）经常注意查看 DCS 上各系统画面，检查各系统运行方式、参数、阀门状态是否正确。

（3）在进行重要操作前后，主操作应到就地进行针对性检查。全面性检查按《设备巡回检查制度》执行。

（4）按"定期切换与试验"项目和要求进行设备定期切换与试验工作。

（5）根据设备运行周期，定期检查油位、油质。

（6）保证各项控制参数在允许范围内，发现异常应及时调整和处理。

（7）根据季节、气候的变化，做好防雷、防汛措施及相关事故预想。

（8）保持设备及其周围环境清洁。

174. 辅助设备停运有哪些规定？

答：（1）基本规定。辅助设备停运前应与有关岗位联系，仔细考虑辅助设备停运对相关系统或设备的影响，并采取相应安全措施。

辅助设备停运前，应退出备用辅助设备"自动"或解除自启"连锁"。辅助设备停运后，转速应能降至零，无倒转现象。如有倒转现象，应关闭出口阀以消除倒转，严禁采用关闭进口阀的方法消除倒转。

（2）辅助设备或系统停运转检修的操作。系统或设备检修需经值长批准并办理检修工作票。做好设备的断电、泄压、隔离措施。断开检修设备的动力电源和控制电源。

关闭泵的出口阀，确保关闭严密。关闭泵的进口阀及进口管的排空阀。在关闭进口阀的过程中，尤其是接近全关时，应严密监视进口压力表，并缓慢操作，以防出口阀等与高压系统相连的隔离阀关不严，造成进口部分的低压管道、法兰超压损坏。

关闭轴承冷却水进、出口阀，开启泵体放水阀及排空阀泄压至零。按工作票要求做好安全措施，挂好安全标志牌及警告牌。

（3）压力容器和管道的泄压操作。

1）关闭压力容器所有进口阀，并确保关闭严密。关闭容器所有出口阀，并确保关闭严密。

2）开启压力容器疏放水阀，注意容器内的压力应降低。待疏放水完毕后，关闭与容器相连的疏放水阀，而单独排地沟的疏放水阀开启。

3）开启压力容器排空阀，确认容器内已完全泄压。

4）将外来工质可能进入容器的电动阀断电，气动阀断气并做好防误措施。

5）在与容器相连的所有电动、气动、手动隔离阀挂上"禁止操作，有人工作"警告牌。

6）按热力工作票要求做好检修安全措施，并经工作票许可人和工作票负责人检查确认安全措施无误后办理工作票许可开工手续，并做好相关记录。

175. 辅助设备发生事故的基本操作原则是什么？

答：（1）在机组正常运行时，当辅助设备发生下述任一情况时，应立即停用故障辅助设备。

1）设备发生强烈振动。

2）发生直接威胁人身及设备安全的紧急情况。

3）设备内部有明显的金属摩擦声或撞击声。

4）电动机着火或冒烟。

5）电动机电流突然超限且不能恢复，设备伴有异声。

6）轴承冒烟或温度急剧上升超过规定值。

7）水淹电动机。

8）运行参数超过保护定值而保护拒动。

（2）辅助设备发生下列任一情况时，应先启动备用辅助设备，再停用故障辅助设备。

1）离心泵汽化、不打水或风机出力不足。

2）轴封冒烟或大量泄漏，经调整无效。

3）轴承温度超过报警值并有继续上升趋势。

（3）辅助设备在正常运行中，如果突然故障跳闸时，应做如下处理。

1）运行辅助设备跳闸，备用辅助设备正常联启投入后，应将联动辅助设备和跳闸辅助设备的操作开关复位，并检查跳闸辅助设备的相关连锁动作情况，检查联动辅助设备的运转正常。

2）运行辅助设备跳闸，备用辅助设备未联启时应立即启动备用辅助设备运行。

3）运行辅助设备跳闸，备用辅助设备启动不成功或无备用辅助设备时，若查明跳闸辅助设备无明显故障时可强启一次。强启成功后，再查明跳闸原因。强启失败时，不允许再启动，应确认该辅助设备停用后，对主机正常运行的影响程度，采取局部隔离及降负荷措施。无法维持主机运行时应故障停机。

176. 快速减负荷功能连锁保护事项主要有哪些？

答： 快速减负荷功能是机组辅助系统的一个重要保护。RUNBACK（辅机故障快速减负荷，简称 RB）是当机组由于某种原因造成部分主要辅机故障跳闸时，快速将机组负荷降至当前机组实际所能达到的相应出力的过程。RB 作为协调控制系统（CCS）的重要功能之一，协调各控制子系统快速动作，保证机组运行参数在安全范围内变化，避免造成重要设备的损坏或不必要的停机、停炉，减少对电网的负荷冲击，保证机组的安全、可靠、经济运行。RB 功能的实现，使整个机组在事故状态下不受人为因素的影响，自动从不稳定运行工况平衡过渡到稳定运行工况，提高了机组的自动调节和故障处理能力，为机组在事故工况下高度自动化运行提供了安全保障。

RB 功能连锁保护以下对象：

（1）两台空气预热器运行，任一台空气预热器跳闸，机组快速降负荷至 50%BMCR。

（2）两台引风机运行，任一台引风机跳闸，机组快速降负荷至 50%BMCR。

（3）两台送风机运行，任一台送风机跳闸，机组快速降负荷至 50%BMCR。

（4）两台汽动给水泵运行，任一台汽动给水泵跳闸，电动给水泵 5s 内启动不成功时，机组快速降负荷至 50%BMCR。

（5）两台一次风机运行，任一台一次风机跳闸，锅炉有选择地切除部分制粉系统，并投入相应的油枪稳燃。

（6）当任一台磨煤机跳闸，且机组负荷大于仍处于运行的磨煤机的最大允许出力时，机组快速降负荷至 20%BMCR。

第二节 锅炉辅助设备及系统运行

177. 采用直接升压法进行安全门校验的步骤有哪些？

答：（1）除待校验的安全门外，其余安全门均加上压紧装置，联系热工解除电磁泄压阀自动开功能。

（2）确认高、低压旁路处于备用状态。

（3）按照升温升压曲线，将汽包压力升至安全门最低整定压力的 80%，保持压力稳定，手动操作开启安全阀 10～20s，对阀座进行吹扫。

（4）以 0.1～0.5MPa/min 的升压率缓慢升至安全门起座整定压力。如安全门未动作，则应将压力降至回座值以下，联系检修进行调整。

（5）安全门起座后，应适当降低燃料量，并密切注意监视汽包水位，及时调整燃料量使安全门回座。待压力降至最低安全门整定压力的 80%时，取下待试验安全门的压紧装置，重新升压。以同样的方式对第二只安全门进行校验。

（6）依次对汽包、过热器出口安全门进行校验，校验结束后，联系热工人员恢复电磁泄压阀自动开功能。

（7）适当降低汽包压力，待汽包压力稳定后，利用旁路调整再热器压力，对再热器进、出口安全门进行校验。

178. 安全阀校验的验收标准是什么？校验时有哪些注意事项？

答：（1）安全阀校验时的验收标准。起座压力与设计压力的相对偏差方面，主蒸汽安全阀门的相对偏差为整定压力的±1%；再热蒸汽压力一般允许相对偏差为±0.5%；安全阀的回座压力一般比起座压力低 4%～7%，最大不得比起座压力低 10%。

实际起座复核安全阀，实际动作值与整定值的误差应控制在1%的范围内，超出该范围应重新校验。

（2）安全门校验注意事项。

1）在锅炉压力低于安全门最低整定压力的 80% 时，安全门压紧装置应松开。

2）安全门校验后，其起、回座压力和阀瓣开启高度应符合规定，并记入锅炉技术档案。

3）安全门一经校验合格就应加锁或加铅封，在锅炉运行中不得任意提高安全阀起座压力或用压紧装置将安全门堵死。

4）如安全门不回座，应采取降低汽压及人工强制方法使其回座，否则应停炉处理。

5）安全门起座时，汽包水位的升高是瞬时的，要适当控制给水量以防水位过低。

179. 锅炉启动前，有哪些辅助设备应当投运？

答：在锅炉点火启动前，应将下列辅助设备检查并投入（根据机组不同，包括但不限于下列项目）：

（1）投运锅炉侧各设备的冷却水系统。

（2）锅炉上水前，应当确认锅炉汽水系统按系统检查卡检查完毕；锅炉启动时的上水水质符合要求；上水前、后分别抄录锅炉各膨胀指示值。

（3）锅炉上水温度应高于周围露点温度，一般控制在 20～70℃，上水温度与汽包壁温之差小于或等于 28℃，受热面金属温度不低于 20℃。

（4）启动电动给水泵上水，维持电动给水泵出口压力 4.0～7.0MPa，开启锅炉主给水旁路调节阀，关闭省煤器再循环门。

（5）控制锅炉上水速度，冬季进水时间控制在不低于 4h 左右，夏季不低于 2h。当水温与汽包壁的温差大于 50℃时，应适当延长上水时间。

（6）锅炉上水至汽包水位计可见水位处时，停止上水，开启省煤器再循环门，观测水位变化情况。

（7）根据需要做汽包水位保护实际传动试验，试验结束后投入锅炉底部加热。

（8）投入引风机冷却风机，送风机、一次风机、磨煤机、空气预热器等转动机械的油系统运行，投运工业电视摄像头、火检冷却风机、烟温探针。

（9）点火前 2h 时启动锅炉燃油泵运行，控制供油压力在规定的范围内。

（10）确认空气预热器启动条件满足，点火前 4h 启动空气预热器。

（11）投入仪用压缩空气系统。

180. 锅炉底部加热投入和停止，应当如何进行？

答：（1）检查厂用辅汽联箱压力与温度在正常范围。微开辅汽至炉底部加热手动一次门，开启锅炉底部加热联箱进汽母管一、二次门及加热联箱疏水门，进行疏水暖管。

（2）暖管结束后，关闭管道和加热联箱疏水门，逐渐开大炉底部加热各支管手动截门进行加热，直至开足，应防止发生水冲击。

（3）锅炉底部加热过程应缓慢进行，控制炉水饱和温度温升率小于或等于 28℃/h，控制汽包上下壁温差小于 56℃。

（4）在加热过程中，当汽包水位大于正常水位＋100mm 时，事故放水阀应开启，降至正常水位＋50mm 时，事故放水阀应关闭。

（5）投入锅炉底部加热期间，应注意监视和检查辅汽联箱运行状况，严防炉水倒灌。

（6）当下降管处热电偶所测壁温高于95℃或汽包的压力大于0.125MPa时，可停止炉底部加热。关闭炉底部加热各支管手动截门，关闭加热联箱进汽母管一、二次门，开启加热联箱疏水门、管道疏水门。

181. 空气预热器启动前的检查内容有哪些？

答：空气预热器检修工作结束，工作票终结。现场确认内部无人，无工具等杂物。手动盘车、空气预热器转动灵活无卡涩，所有人孔、检修门孔严密关闭。并按相关规定进行下项目的检查：

（1）检查油站油泵及电动机齐全、完整，接线良好。导向、推力轴承润滑油系统油质合格，油位正常（导向轴承油位在1/2~4/5，推力轴承以标尺能见到第一刻度为准），油温低于55℃，冷却水畅通；驱动、传动装置完好，转动方向正确（若检修后须确定方向，必须脱开装置连接部，不得带负荷找方向，以防止损坏密封）。传动装置、减速箱已注油，油位正常；向主、辅电动机、油泵电动机送电。

（2）空气预热器热点监测系统具备投用条件；空气预热器转子停转报警装置具备投用条件；各风烟挡板开关灵活，开关方向正确，就地与集控室一致；空气预热器有关电气、热工保护经过校验合格并投入。

（3）就地控制箱的开关、按钮、指示灯等设备齐全。各风、烟挡板连杆完整，销子无脱落；热端、冷端径向密封以及轴向密封间隙已正确调整好，热端径向密封控制系统（包括传感器及执行机构）已调整好，并置于上限位置；传感器探头冷却用的压缩空气已开启；吹灰装置、清洗管、冲洗门、消防水门及放水门均已关闭，并处于良好备用状态。

（4）启动空气预热器稀油站。合上导向、推力油站就地控制柜内的电源开关，电源指示灯亮；检查预热器导向、推力轴承油站温度上、下定值正确后，将测量仪表开关置"测量"位；将预热器导向、推力轴承油站油泵投入自动，油泵将根据温度设定值自动运行。

（5）空气预热器热点监测系统投入。检查就地预热器热点监测系统冷却水、压缩空气管路各阀门位置正确。主控制柜上电，控制电源、驱动电源、吹扫系统电源均处于上电状态，系统自动进入检测状态；合上主控制柜内电动机运行空气开关；主控制柜上的旋钮置于"自动"状态，就地控制柜的旋钮置于"远方"状态，系统即投入自动运行状态；系统在没有投入"自动"状态时，仍然可以依靠热电偶来实时检测热点，只是红外传感器没有进行扫描工作。

182. 空气预热器启动时有哪些注意事项？

答：空气预热器应在锅炉引、送风机启动前启动；空气预热器每次大修后应进行2~4h冷态试运转，试运前应通过短暂接通驱动电动机，检查转子旋转方向；空气预热器启动前应进行手动盘车，当手动不能使转子转动时，应查明原因后再启动试转。

由于采用的是固定式密封装置，在启动初期，注意控制好空气预热器的温升速度，防止由于温升过快导致转子和壳体膨胀出现卡涩。运行中锅炉负荷不可升得太快。如果发现径向密封系统有摩擦，应严密监视驱动电动机电流，停止升负荷，稳定空气预热器入口烟温，待驱动电动机电流稳定后再升负荷。

183. 空气预热器的正常运行及维护项目有哪些？

答：运行人员要加强对设备的运行监护，对于空气预热器，主要运行维护内容有下列项目（包括但不限于）：

（1）电驱动装置中减速机油位应正常，温升不超过60℃，无异常振动、漏油及烟气泄漏现象。

（2）检查转动设备无异常噪声。

（3）检查驱动电动机电流应稳定，其波动辐度不大于±1.5A。

（4）检查各推力轴承和导向轴承油温低于55℃。当油温大于或等于55℃时，应自启动油泵，否则应手动启动油泵，轴承温度小于或等于45℃时自动停止油泵。推力、导向轴承超温报警温度为70℃，油温超过85℃，应立即停止预热器运行。

（5）检查推力和导向轴承油池油位正常，无漏油现象，油站冷油器冷却水压为0.2～0.3MPa，出口水温低于30℃。

（6）空气预热器正常运行时，密封间隙指示值应基本保持稳定，其波动幅度不大于±1mm。

（7）检查预热器烟风进出口差压在允许范围内，按时进行预热器吹灰，吹灰温度为350℃，压力为1.5MPa。

（8）监视预热器出入口温度和空气预热器冷端综合温度，预防预热器再燃烧和发生低温腐蚀。

（9）锅炉投入运行前，热点监测系统必须先投入运行，控制面板无报警信号。

（10）空气预热器处于停运状态，其入口烟温不高于150℃，否则应启动主/辅驱动电动机运行。

184. 引风机启动前，应当做哪些检查？

答：检查引风机、引风机电动机、引风机轴承冷却风机及和引风机相连接的炉膛、空气预热器、电除尘和烟风道内部无检修工作票或检修工作结束。

检查炉膛、烟道、空气预热器、电除尘器内无人工作，烟风道内杂物清理干净，检查各检查门、人孔门关闭严密。

检查引风机电动机电流、定子铁芯及绕组温度、引风机及电动机轴承温度、引风机及电动机轴承振动、引风机入口静叶开度等指示、引风机出口风压、炉膛负压等表计投入。检查引风机电动机接线完整，接线盒安装牢固，电动机和电缆的接地线完整并接地良好，电动机冷却风道畅通，无杂物堵塞。检查引风机及电动机地脚螺栓无松动，安全罩连接牢固。检查引风机轴承冷却风机电动机接线完整，电动机接地线接地良好，冷却风机入口滤网无杂物，冷却风机固定支架和地脚螺栓安装牢固，靠背轮安全罩恢复。

风烟系统各风门挡板经传动正常，静叶装置良好，转动时设有超过可调范围。就地轴承温度、振动指示表计已送电，数值显示正确。检查进口导叶调节机构。手动操作导叶执行装置，应全关和全开数次并在导叶全关和全开时分别检查刻度板。

检查引风机及电动机平台、围栏完整，周围杂物清理干净，照明充足。检查完毕无异常，联系引风机、引风机轴承冷却风机送电。检查引风机电动机润滑油站，无检修工作票或检修工作结束。检查引风机电动机润滑油站管道连接完整，油系统设备外观无缺陷。检查引风机电动机润滑油站各热工测点全部恢复完毕，各压力表和压力开关的阀门开启，就地表计指示正确，油箱油位计指示清晰。

核对引风机电动机润滑油站压力、温度、油位，轴承温度指示正确。检查引风机冷却水系统已经恢复运行，各阀门位置正确，压力、温度正常，系统无漏泄现象。检查电动机润滑油箱油位在 2/3，通过油位计观察油质透明，无乳化和杂质，油面镜上无水汽和水珠，油泵出口供油门开启，冷油器前后隔绝阀开启，冷油器旁路门关闭。

检查油泵电动机接地线完整，电加热电缆接地线完整。检查电动机轴承油位正常，通过油位计观察油质透明，无乳化和杂质，油面镜上无水汽和水珠。检查油站就地控制盘上开关和信号指示灯完整无损坏，油泵启停开关在停止位，引风机电动机油站油箱电加热"加热/停止"选择开关在停止位。检查完毕无异常，联系油泵和电加热器送电。

185. 引风机启动的条件有哪些？

答：（1）引风机附属系统的启动条件。

1）冷却风机的启动。

2）引风机启动前 2h，投入一台冷却风机运行，另一台置联动备用。

3）电动机润滑油泵的启动。

4）风机油系统检查正常，如要 DCS 操作将选择开关置"集控"，否则置"就地"。

5）电动机润滑油系统在风机启动前 2h 投入运行。

6）启动油泵，检查油泵出口油压小于或等于 0.5MPa，轴承润滑油压为 0.1～0.3MPa。

7）将另一台油泵置联动备用。

8）根据油温情况投入油冷却器冷却水。

(2) 引风机启动前必须满足的条件。

1）对应侧的空气预热器运行。

2）引风机（A/B）出口烟气电动挡板开启。

3）引风机（A/B）入口烟气电动挡板关闭。

4）引风机静叶调节挡板关闭。

5）引风机 B 静叶未在最小位。

6）引风机的任一轴承冷却风机运行。

7）送风机（A/B）出口电动挡板开或至少一台送风机在运行。

8）送风机（A/B）入口动叶全开或至少一台送风机在运行。

9）引风机滚动轴承温度小于 70℃。

10）引风机推力轴承各点温度小于 70℃。

11）引风机电动机前、后轴承温度小于 70℃。

12）引风机电动机线圈温度正常。

13）引风机 A 电动机润滑油压正常。

14）引风机 A 电动机润滑油温度正常。

(3) 第二台引风机启动条件。

1）两台空气预热器在运行。

2）有一台送风机在运行。

3）其他条同启动首台引风机。

186. 引风机正常运行及维护措施有哪些?

答:（1）引风机本体的运行与维护。

1）定期对运行引风机轴承进行加注油脂，每月对前、中、后轴承加注合格油脂，并按管理制度进行相应的记录。

2）引风机正常运行工况点在失速最低线以下，入口静叶调节挡板开度在$-75°\sim+30°$（对应开度反馈指示为$0\sim100\%$，100%开度应小于或等于静叶的$+30°$开度）范围，DCS开度和就地指示一致。确保运行中系统无喘振，电动机不过载。

3）引风机及电动机轴承温度正常，当风机及电动机轴承温度超过$100℃$，保护未动作时应手动停止风机运行。

4）引风机及电动机运行中轴承振动在$50\mu m$以下，当振动超过$71\mu m$且保护未动作时应立即停止风机运行。

5）引风机及电动机运行中无异声，内部无碰磨、刮卡现象。引风机电动机、油泵电动机及相应的电缆无过热冒烟、着火现象，现场无绝缘烧焦气味。

6）引风机轴承冷却风机运行中无异声，内部无碰磨，冷却风管道不漏风。冷却风机运行中轴承振动不超过$50\mu m$，电动机外壳温度不超过$80℃$。停运的轴承冷却风机应随时处于联备状态。

（2）电动机润滑油系统运行及维护。

1）正常运行时，润滑油泵一台运行，一台联动备用。

2）油泵出口压力安全阀定值$0.4MPa$。

3）润滑油系统正常工作压力大于$0.1\ MPa$。当系统压力降至$0.75\ MPa$时压力低报警，备用油泵启动，工作油泵停止；当系统压力降至$0.05\ MPa$时，压力过低报警，停止电动机运行。

4）油箱油温正常范围为$28\sim42℃$，当油箱油温降至$28℃$时，油箱温度低报警并自动投入油箱电加热；当油箱油温上升至$28℃$时，自动停止油箱电加热。

5）正常运行时，油站供油温度不超过 50℃，当油温达 55℃时供油温度高报警。

6）当润滑油滤网压差达 0.15MPa 时，滤网压差高报警，应手动切换至备用滤网运行，并清扫堵塞滤网。

7）油箱油位应在油位计 1/2 处，当油位低于下限时，油箱油位低报警，应加油至正常油位并查找漏油点；当油位高于上限时，油箱油位高报警，并分析油位上升的原因。

8）回油观察孔内应有一定的回油量。

（3）引风机变频控制时的维护。

1）引风机变频运行时，旁路开关应置于试验位置。

2）引风机变频启动的初始频率指令为 70％（35Hz），变频运行的频率调节范围为 70％～100％（35～50Hz）。

3）引风机变频运行时，采用固定频率，静叶投自动维持炉膛负压，增设静叶开度达 80％时的报警提示，运行人员应及时修改频率，维持静叶的自动调节特性。

4）为保证风机的高效运行，引风机变频运行建议采取以下参数范围：60％～70％负荷时，频率为 35～36Hz，静叶开度为 65％～70％；70％～80％负荷时，频率为 40～44Hz，静叶开度为 70％～73％；80％以上负荷时，频率为 45～48Hz，静叶开度为 75％～78％。

187. 如何对引风机进行停止运行操作？

答：（1）两台引风机并联运行，正常停止其中一台运行。

1）解除待停引风机入口静叶调节挡板自动，将两台风机的工况点同时调低到失速线最低点以下。

2）逐渐关闭待停引风机入口静叶调节挡板，监视另一台引风机入口静叶调节挡板自动增加出力，调节正常，注意炉膛压力及风烟系统相关参数变化。同时注意两台风机的运行参数，防止风机出现喘振。

3）当待停引风机出力降至最低时，停止该引风机，检查引风机入口挡板自动关闭。

4）检查引风机出口烟气挡板自动关闭。

5）引风机停止后 2h，可停止轴承冷却风机运行。

（2）一台引风机运行的正常停止。最后一台引风机只有在所有送风机停止后才能停止；解除引风机入口静叶调节挡板自动，逐渐关闭引风机入口静叶调节挡板；当该引风机出力降至最低时，停止该引风机运行，检查该引风机出、入口挡板保持开启，另一侧引风机的出、入口挡板自动开启；引风机停止后 2h，可停止轴承冷却风机运行。

（3）引风机事故停止（手动或保护动作停止引风机）。两台引风机并联运行，其中一台事故停止时，引风机入口静叶自动关闭，引风机出、入口烟气挡板延时自动关闭；若为最后一台引风机停运，该引风机出、入口烟气挡板保持开启，另一侧引风机的出、入口烟气挡板自动开启；引风机停运 2h 后，停止轴承冷却风机运行。

（4）电动机润滑油泵的停止

确认引风机停止 10min 以上，电动机轴承温度不高于 40℃、油温不高于 35℃；将备用油泵置停止位；停止引风机油泵运行；停止油冷却器冷却水。

188. 引风机的常见故障及处理方式有哪些？

答：（1）引风机轴承振动大。主要原因是地脚螺栓松动或混凝土基础损坏；轴承损坏、轴弯曲、转轴磨损；联轴器松动或中心偏差大；叶片磨损或积灰；叶片损坏或叶片与外壳碰磨；风道损坏；热态停用后，转轴、叶轮冷却不均；风机喘振。

应根据风机振动情况，加强对风机振动值、轴承温度、电动机电流，电压、风量等参数的监视；尽快查出振源，必要时联系检修人员处理；适当降低风机负荷，改变风机运行工况，观察风机振动情况；当风机振动幅度为 $71\mu m$ 时，应自动跳闸，若没有自动跳闸，则手动停止风机运行。

（2）引风机轴承温度高。主要原因是轴承磨损；轴承冷却风机故障，备用冷却风机不联启；轴承润滑油脂过少，没有及时加油，油质恶化；轴承间隙太小；轴承振动大。

在运行中，如果发现引风机轴承温度高，应严密监视轴承温度上升情况，同时加强监视引风机电动机电流、风量、振动等参数；检查轴承冷却风机运行正常，必要时启动第二台轴承冷却风机；检查轴承润滑油脂加注记录，及时联系检修加入润滑油脂；视温度上升情况，及时降低引风机负荷；属于机械方面故障，运行中无法处理的，停运引风机后联系检修人员处理；轴承温度达到跳闸值时，保护拒动应手动打闸。

（3）引风机失速。发生该故障时，常伴有下列现象：DCS上有"引风机失速"报警信号；炉膛压力、风量大幅波动，锅炉燃烧不稳；失速风机电流大幅度晃动，就地检查异声严重。

造成引风机失速的原因有：受热面、空气预热器严重积灰或烟气挡板误关，引起系统阻力增大，造成静叶开度与烟气量不适应，使风机进入失速区；静叶调节幅度过大，使风机进入失速区；自动控制装置失灵，使一台风机进入失速区。

一旦发生失速，首先应立即将风机控制置于手动，关小未失速的风机静叶，适当关小失速风机静叶，同时调节送风机的动叶，维持炉膛压力在允许范围内。若机组高负荷下引风机发生失速应立即降低机组负荷；如风机并列时失速，应立即停止并列，关小发生失速风机的入口导叶。如风烟系统的风门、挡板误关引起失速，应立即打开风门、挡板，同时调整静叶开度；如风门、挡板故障引起失速，应立即降低锅炉负荷，联系检修处理。经上述处理，失速现象消失，则稳定运行工况，进一步查找原因并采取相应措施后方可逐步增加风机的负荷。经上述处理无效或已严重威胁设备的安全时，立即停止该风机运行。

189. 送风机启动前的检查项目有哪些？

答：（1）送风机液压润滑油检查。检查送风机油站、送风机轴承、送风机动叶调节装置无检修工作票或检修工作结束。检查油系统管道连接完整，油系统设备外观无缺陷。检查油站系统各热工测点全部恢复完毕，各压力表和压力开关的阀门开启。就地表计指示正确，油箱油位计指示清晰，通气管内无存油（发现存油应开启放油阀将存油放净）。

核对油系统压力、温度、油位、流量和送风机电动机轴承温度、振动信号指示正确。检查油箱油位在 $1/2\sim2/3$ 之间，通过油位计处观察油质透明，无乳化和杂质，油面镜上无水汽和水珠。检查油站油泵及电动机地脚螺栓连接牢固，对轮连接完毕，安全罩恢复。检查油泵电动机接地线完整，电加热电缆接地线完整。

检查油站就地控制盘上开关和信号指示灯完整无损坏，油泵启停开关在停止位，送风机电加热自动/手动开关在手动位，油泵连锁开关在中间位。检查冷却水各阀门位置正确，水压、水温正常，系统无漏水现象。检查完毕无异常，联系油泵和电加热器送电。

（2）送风机本体检查。检查送风机、送风机电动机及与送风机相连接的炉膛、空气预热器、电除尘器和烟风道内部无检修工作票或检修工作结束。检查炉膛、烟道、空气预热器、电除尘器内无人工作，送风机入口滤网、烟风道内杂物清理干净，检查各检查门、人孔门关闭严密。

检查送风机电动机电流、定子铁芯及线圈温度、送风机及电动机轴承温度、送风机及电动机轴承振动、送风机动叶开度指示、送风机出口风压、炉膛负压等表计投入。送风机出口挡板、烟风系统各风门挡板经传动正常。检查送风机电动机接线完整，接线盒安装牢固，电动机和电缆的接地线完整并接地良好，电动机冷却风道畅通，无杂物堵塞。

检查送风机及电动机地脚螺栓无松动，安全罩连接牢固。检查送风机及电动机平台、围栏完整，周围杂物清理干净，照明充足。检查完毕无异常，联系送风机送电。

190. 如何对运行中的送风机进行监视与调整？

答：（1）送风机液压润滑油站。

1）送风机液压润滑油站油箱油位应保持在 1/3～2/3 范围内，发现油位不正常降低、升高应立即查找油位升高、降低的原因，并进行处理。

2）通过油箱油面镜观察油箱内油质应透明，无乳化和杂质，油面镜上无水汽和水珠；监视液压润滑油温度正常，当油箱油温低于 15℃时电加热器自动投入，高于 23℃时电加热器自动退出。

3）液压油压大于 0.7 MPa，油站滤网前后差压小于 0.05MPa；送风机油系统无渗漏，油站冷油器冷却水管道无泄漏，冷却水畅通，冷却水压力应为 0.2～0.5MPa，水温小于或等于 35℃。

（2）送风机本体工作情况。送风机正常运行工况点在失速最低线以下，以确保运行中系统无喘振，电动机不过载；送风机主轴承温度超过 85℃，经油系统检查和调整未发现异常，应及早停止风机进行检查处理；送风机主轴承振动运行中应小于 2.3mm/s（31μm）以下；送风机电动机定子绕组温度运行中不高于 120℃；送风机电动机轴承温度运行中不高于 80℃。

191. 送风机的停运步骤有哪些？

答：（1）两台送风机并列运行，正常停止其中一台送风机运行。解除准备停止的送风机动叶调节自动；逐渐关闭待停送风机动叶，检查另一台送风机动叶调节自动增加出力；待停送风机动叶减至最小叶片角度后，延时关闭出口挡板；停止送风机，检查送风母管风压正常；送风机停运后，当液压油温低于 40℃时可停止油站运行。

（2）一台送风机运行时的正常停止。解除送风机动叶调节自动，逐渐关闭该送风机动叶；停止送风机，送风机出口挡板自动关闭；送风机停运后，当液压油温低于 40℃时可停止油站运行。

两台送风机均停运时，连锁停运两台一次风机，同时应自动开启两台送风机的动叶和出口电动挡板门，以利炉膛自然通风。

192. 送风机常见故障及处理方式有哪些？

答：（1）送风机轴承振动大。

1）故障原因。叶片或轮毂积灰；轴承损坏、轴弯曲、转轴磨损；联轴器松动或中心偏差大；叶片磨损或叶片与外壳碰磨；失速运行。

2）处理方法。根据风机振动情况，加强对风机振动值、轴承温度、电动机电流、电压、风量等参数的监视。如果振动是由喘振引起的，按风机喘振处理。尽快查出振源，必要时联系检修人员处理。应适当降低风机负荷，当主轴承振动大于 5.9mm/s（80μm）时，应自动跳闸，若没有自动跳闸，则手动停止风机运行。

（2）送风机轴承温度高。

1）故障原因。润滑油油质恶化；轴承损坏；轴承振动大；送风机过负荷。

2）处理方法。根据风机轴承温度情况，加强对风机轴承温度、电动机电流、电压、风量等参数的监视；轴承运行中的最高温度为 85℃，若超过该值，应查明原因；若轴承温度达到100℃，应立即停止风机运行；如由于振动大引起轴承温度高，应尽快查出原因，消除振动。

（3）送风机喘振。

1）故障现象。接近风机处气流发生抖动；炉膛压力、风量大幅波动，锅炉燃烧不稳；喘振风机电流大幅度晃动，就地噪声增大。

2）故障原因。受热面、空气预热器严重积灰或烟气系统挡板误关，引起系统阻力增大，造成风机动叶开度与进入的风量、烟气量不相适应，使风机进入失速区。操作风机动叶时，幅度过大使风机进入失速区。动叶调节特性变差，使并列运行的两台风机发生"抢风"或自动控制失灵使其中一台风机进入失速区。机组在高负荷时，吹灰器投入运行，或送风量过大。

3）处理方法。发生喘振时，运行人员首先立即将风机动叶控制置于手动方式，关小另一台未失速风机的动叶，适当关小失速风机的动叶，同时协调引、送风机，维持炉膛负压在允许范围内。若风机并列操作中发生喘振，应停止并列，尽快关小失速风机动叶，查明原因并消除后，再进行并列操作。若因风烟系统的风门、挡板被误关引起风机喘振，应立即打开风门、挡板，同时调整动叶开度。若风门、挡板故障，立即降低锅炉负荷，联系检修处理；若为吹灰引起，立即停止吹灰。经上述处理喘振消失，则稳定运行工况，进一步查找原因并采取相应的措施后，方可逐步增加风机的负荷；经上述处理后无效或已严重威胁设备的安全时，应立即停止该风机运行。

193. 一次风机启动前的检查项目有哪些?

答：（1）一次风机液压润滑油站的检查。

1）检查一次风机润滑油站、一次风机轴承、一次风机动叶调节装置有无检修工作票或检修工作是否结束。检查一次风机液压润滑油站管道连接完整，油系统设备外观无缺陷。检查一次风机液压润滑油站各热工测点全部恢复完毕，各压力表和压力开关的阀门开启，就地表计指示正确，油箱油位计指示清晰。核对一次风机润滑油站压力、温度、油位，一次风机轴承温度、振动信号指示正确。

2）检查冷却水系统已经恢复运行，各阀门位置正确，压力、温度正常，系统无漏泄现象。检查油箱油位在2/3，通过油位计观察油质透明，无乳化和杂质，油面镜上无水汽和水珠，油泵出口供油门开启，冷油器前后隔绝阀开启，冷油器旁路门关闭。检查油泵电动机接地线完整，电加热电缆接地线完整。检查电动机轴承已加油至正常油位，通过油位计观察油质透明，无乳化和杂质，油面镜上无水汽和水珠。

3）检查油站就地控制盘上开关和信号指示灯完整无损坏，

油泵启停开关在停止位，一次风机电加热自动/手动开关在手动位，油泵连锁开关在中间位。检查完毕无异常，联系油泵和电加热器送电。

（2）一次风机电动机润滑油站的检查。

1）检查一次风机电动机润滑油站、一次风机电动机轴承有无检修工作票或检修工作是否结束。检查一次风机电动机润滑油站管道连接完整，油系统设备外观无缺陷。

2）检查一次风机电动机润滑油站各热工测点全部恢复完毕，各压力表和压力开关的阀门开启，就地表计指示正确，油箱油位计指示清晰。核对一次风机电动机润滑油站压力、温度、油位，一次风机电动机轴承温度指示正确。

3）检查冷却水系统已经恢复运行，各阀门位置正确，压力、温度正常，系统无漏泄现象。检查油箱油位在 2/3，通过油位计观察油质透明，无乳化和杂质，油面镜上无水汽和水珠，油泵出口供油门开启，冷油器前后隔绝阀开启，冷油器旁路门关闭。

4）检查油泵电动机接地线完整，电加热电缆接地线完整。检查电动机轴承油位正常，通过油位计观察油质透明，无乳化和杂质，油面镜上无水汽和水珠。

5）检查油站就地控制盘上开关和信号指示灯完整无损坏，油泵启停开关在停止位，一次风机电动机油站油箱电加热"加热/停止"选择开关在停止位。检查完毕无异常，联系油泵和电加热器送电。

（3）一次风机本体检查。

1）检查一次风机及和一次风系统相连接的制粉系统、炉膛、空气预热器、电除尘器和烟风道内部无检修工作票；检查无隔绝措施的制粉系统、炉膛、烟道、空气预热器内无人工作，烟风道内杂物清理干净，检查各检查门、人孔门关闭严密。

2）检查一次风机电动机电流、定子铁芯及绕组温度、一次风机及电动机轴承温度、一次风机及电动机轴承振动、一次风机入口导叶开度指示、一次风压表计投入；一次风机出口电动挡板经传动良好，烟风系统各风门挡板经传动正常。磨煤机热风闸门关闭，冷风闸门开启，冷风调节门开 5%。

3）检查一次风机电动机接线完整，接线盒安装牢固，电动机和电缆的接地线完整并接地良好，电动机冷却风道畅通，无杂物堵塞；检查一次风机及电动机地脚螺栓无松动，安全罩连接牢固；检查一次风机及电动机平台、围栏完整，周围杂物清理干净，照明充足；检查完毕无异常，联系一次风机送电。

4）风机在低温下长时间未启动，则应在启动前 2h 接通油站系统，并在动叶调节范围内进行数次调节操作。

194. 一次风机正常运行时，有哪些巡视与调整项目？

答：（1）液压油站的巡视项目。

1）一次风机液压润滑油箱油位应保持在 1/3～2/3 范围内，发现油位不正常降低、升高，应立即查找油位升高、降低的原因并进行处理。

2）通过油箱油面镜观察油箱内油质应透明，无乳化和杂质，油面镜上无水汽和水珠。

3）监视润滑油温度正常（30～40℃），当油箱油温低于30℃时，电加热器自动投入，当油箱油温高于 40℃时，电加热器自动退出。

4）风机电动机润滑油压力正常运行范围为 0.35～0.4MPa，轴承润滑油供油温度调整在 25～35℃，液压润滑油流量大于或等于 4 L/min，滤油器压差大于 0.05MPa 时需进行过滤器清洗。

5）一次风机油系统无渗漏，油站冷油器冷却水管道无泄漏，冷却水畅通。

（2）对一次风机油站的运行维护。

1）齿轮油泵轴密封圈要经常检视，如有泄漏现象或损坏，应立即更换。

2）列管式冷油器必须根据水质情况，每 5～10 个月进行一次内部检查与清洗。

3）双筒油过滤器，每 3 个月拆洗一次。并根据密封状况予以更换。

4）回油网篮中磁性过滤器每 3 个月清洗一次。

（3）风机本体的巡视与调整。一次风机正常运行工况点在失速最低线以下，动叶指示开度和就地开度指示一致，以确保风机运行中系统无喘振，一次风机电动机不过载。

1）一次风机电动机轴承温度大于或等于 85℃ 时报警，高于 95℃ 时应停止风机运行。发现轴承温度超过正常温度，经油系统检查和调整未发现异常应及早停止风机进行检查处理。

2）一次风机轴承温度大于或等于 80℃ 时报警，高于 95℃ 时应停止风机运行。

3）一次风机运行中轴承振动应在 6.3mm/s 以下，当振动超过 10mm/s 时应立即停止风机运行。

4）一次风机电动机线圈温度大于或等于 110℃ 时报警，高于 115℃ 时应停止风机运行。一次风机电动机及相应的电缆无过热冒烟、着火现象，现场无绝缘烧焦气味，发现异常应立即查找根源进行处理。

5）一次风机及电动机运行中无异声，内部无碰磨、刮卡现象。

195. 对于一次风机常见故障应当如何进行处理？

答：（1）一次风机轴承振动大。

1）故障原因。底脚螺栓松动或混凝土基础损坏；轴承损坏、轴弯曲、转轴磨损；联轴器松动或中心偏差大；叶片损坏或叶片与外壳碰磨；风道损坏。

2）处理方法。根据风机振动情况，加强对风机振动值、轴承温度、电动机电流、电压、风量等参数的监视，尽快查出振源，必要时联系检修人员处理。应适当降低风机负荷，当风机振幅为 110μm 时，应自动跳闸，若没有自动跳闸，则手动停止风机运行。

（2）一次风机轴承温度高。造成故障的原因有润滑油供油不正常，油泵故障或滤网堵塞；风机润滑油系统冷却水量调节阀失灵、冷却水量不足使进油温度高；润滑油油质恶化；轴承损坏，轴承振动大；一次风机过负荷。

应根据风机轴承温度情况，加强对轴承温度、电动机电流、电压、风量等参数的监视。就地检查液压润滑油系统是否正常，尽快查出原因，必要时联系检修人员处理。视轴承温度上升情况，及时降低一次风机的负荷。如由于振动大引起轴承温度高，应尽快查出原因，消除振动。当轴承温度高于110℃时，应自动跳闸，若没有自动跳闸，则手动停止风机运行。

（3）一次风机喘振。

1）故障现象。LCD上有"一次风机喘振"报警信号；有磨煤机跳闸；风机电流大幅度晃动，就地检查异声严重；风机喘振严重达跳闸值时，延时跳闸。

2）故障原因。一次风系统挡板误关，引起系统阻力增大，造成风机动叶开度与进入的风量不相适应，使风机进入失速区。操作风机动叶时，幅度过大使风机进入失速区。动叶调节特性变差，使并列运行的两台风机发生"抢风"，或自动控制失灵使其中一台风机进入失速区。

3）处理方法。发生喘振时，运行人员应立即将风机动叶控制置于手动方式，关小另一台未失速风机的动叶，适当关小失速风机的动叶。若风机并列操作中发生喘振，应停止并列，尽快关小失速风机动叶，查明原因并消除后，再进行并列操作。若因一次风系统的风门、挡板被误关引起风机喘振，应立即打开风门、挡板，同时调整动叶开度。若风门、挡板故障，立即降低锅炉负荷，调整制粉系统运行，联系检修处理。

经上述处理喘振消失，则稳定运行工况，进一步查找原因并采取相应的措施后，方可逐步增加风机的负荷。经上述处理后无效或已严重威胁设备的安全时，应立即停止该风机运行。

4）预防措施。根据两台一次风机的风量、电流及动叶开度，合理设置两台一次风机的偏置；注意一次风机的风量、风压监视，保证风量与风压相匹配；磨煤机启、停时挡板的开启或关闭要缓慢，禁止在调节挡板开度较大时，关断挡板有全开全关操作；保持一次风机风压定值与磨煤机运行台数相对应；低负荷运行期间，备用磨煤机要有一定的通风量，避免一次风机压力、风量不匹配。

（4）一次风机跳闸。

1）故障现象。LCD上"一次风机跳闸"报警；"跳闸磨煤机"动作报警；机组负荷剧降。

2）处理方法。一台风机跳闸会发生 RB 工况，两台一次风机跳闸锅炉会发生"MFT"工况，应分别按相应规定进行处理；尽一切可能维持一次风压，如确认跳闸一次风机出口挡板及动叶已关闭，应立即关闭所有停运磨煤机冷/热风门及密封风门挡板；投入运行层燃烧器油枪稳燃；因负荷剧降，要注意除氧器水位，注意汽压、汽温波动，及时手动调整；确认炉膛负压、风量控制正常，如果强制手动应调整后重投自动。

196. 制粉系统正常运行维护要注意哪些项目？

答：制粉系统正常运行时，首先要对系统内的重要转机进行定时巡视，由于制粉系统与机组燃烧情况密切相关，所以在正常运行时，要加强对下列项目的重点巡视（根据机组不同，包括但不限于）：

（1）管道及附属设备。

1）制粉系统运行时，保持煤粉细度在额定的范围内。

2）磨煤机风量与煤量匹配，给煤机正常运行时的出力控制在正常范围内。

3）正常运行时磨煤机出口温度应控制在 80～85℃。

4）磨煤机电流和进、出口差压正常。

5）检查磨煤机轴承温度正常，不超过80℃。

6）磨煤机本体及各人孔门、检修门、加载连杆与壳体连接处，出口粉管、底部轭架密封等处无煤粉外泄现象。

7）磨煤机的磨辊运行中无异声，弹簧加载压力正常，无较大偏差。磨煤机碾磨区、石子煤刮板处无异常声音、振动。制粉系统停用后，磨煤机石子煤斗应清理干净。

8）磨煤机出口分离器折向挡板角度应根据煤粉细度、燃烧情况、石子煤量、电动机电流、磨煤机进、出口差压等因素进行适当调整。

9）经常检查煤粉管道是否泄漏或着火，任何情况下磨煤机着火故障消除后，应联系检修人员进行内部检查。

10）制粉系统周围场地应保持清洁，有煤粉时要及时清理。在机组大修停炉或停用较长时间时，应将煤仓内存煤烧光。

11）给煤机内煤层正常，皮带无偏斜、损坏、打滑现象，张力正常。

12）给煤机清扫机正常，给煤机底部无积煤。

13）给煤机称重装置正常。

14）减速器油位正常，油质合格，无渗油。

15）给煤机进、出煤正常，无"进口无煤"、"出口堵塞"报警。

16）控制给煤机密封风压、风量在正常范围。

17）煤斗疏松机保持"自动"备用状态。

（2）润滑系统的维护。油箱内油温、液位正常，润滑油泵运行正常；润滑油供油压力正常；无异常报警；就地设备运行正常。定期检查润滑油滤网压差，滤网脏应及时切换，并联系检修清理；磨煤机润滑油箱油位静止时不高于上油位线，运行中应在低油位线以上。

197. 空气压缩机的正常运行与维护项目有哪些？

答：运行中每 3h 检查各仪表读数是否在规定范围内，机体排气压力是否正常。检查油过滤器、空气滤清器及油气分离器指示灯是否正常。当油过滤器两端压差大于 0.015MPa 时，指示灯亮，应及时通知维护人员更换滤芯；当空气滤清器两端压差大于0.05MPa 时，指示灯亮，必须更换滤芯。

检查机组运转声及振动是否异常，检查电动机温升及电流是否在规定范围内。检查系统气、水、油管路是否泄漏，冷却水出水温度低于 40℃。随时注意空气压缩机的安全设备是否可靠。

经常检查空气压缩机的控制面板，发现空气滤清器堵塞、油过滤器阻塞、油气分离器阻塞三种指示灯其中之一亮时，应及时通知维护更换备件，以免影响空气压缩机的性能。

198. 吹灰系统投入前的检查与准备项目有哪些？

答：吹灰器系统的检修工作结束，已办理工作票终结手续。吹灰器控制系统完好，各热工定值和机械定值正确；确认吹灰蒸汽管道及支吊架完好，安全阀外观完好；确认吹灰系统疏水门及各吹灰器进汽手动门已打开，疏水良好，CRT 无报警；检查齿轮箱完好、油位正常，各齿轮啮合及间隙正常，润滑完好；进汽管法兰连接及密封完好，进汽管法兰固定完好；各吹灰器均应在复位状态。

导向杆及弹簧挡块固定正常，弹簧完好，进（FLS）、退（RLS）位置开关的位置正确，限位开关灵活、无卡涩现象；电动机外壳接地线完好、旋转方向正确；螺纹管外观完好、无锈蚀，螺纹管在返回停用位置；确认吹灰程控操作盘电源已送上，系统显示正常。

各吹灰电动门送电；确认本体（空气预热器）吹灰电动隔离门在关闭位置，在冷态状态下，各疏水阀应处于开启位置；仪用压缩空气系统已正常，减压阀控制气源投用；检查吹灰控制屏电源已接通，控制屏上无电源故障及吹灰器故障报警，各电动隔离阀、气动调节阀在"关"状态，各电动疏水阀在"开"状态；确认吹灰汽源，吹扫蒸汽压力温度符合要求。

第三节　汽轮机辅助设备及系统运行

199. 汽轮机冲转前，有哪些辅助设备及系统需要投入运行？

答：汽轮机冲转前，根据机组不同，应当投入下列辅助设备（包括但不限于）：

（1）启动循环水泵向凝汽器供循环水，检查系统运行正常；循环水泵启动正常后将另一台循环水泵投入备用。根据情况投入清污机及胶球清洗装置。

（2）投入开式循环冷却水系统，检查运行正常。

（3）启动凝结水输送泵，确认输送水系统工作正常。分别利用除盐水对凝汽器、定冷水箱、除氧器进行冲洗至合格，然后补至正常水位。

（4）投入凝结水系统，根据需要投入系统中各减温水"自动"，将低压加热器水侧投入。如凝结水水质不合格，可开启 5 号低压加热器出口放水阀，对凝结水系统进行冲洗排污直至合格。

（5）投入辅助蒸汽系统。

（6）投入除氧器加热，水温加热至大于锅炉汽包壁温度 28℃。

（7）投入主机润滑油系统、油净化装置，检查运行正常。

（8）按发电机油、氢、水系统投用规定，依次投入发电机油、氢、水系统。

（9）投入 EH 油系统，检查运行正常。

（10）启动盘车，并按规定进行盘车时间的控制。

（11）根据需要应进行下列试验。

1）汽轮机调速系统静态试验（静态特性曲线及阀门关闭时间的测定）。

2）汽轮机就地、远方脱扣试验。

3）主遮断电磁阀动作试验。

4）ETS 跳闸保护试验。

5）主机交、直流润滑油泵低油压连锁试验。

6) EH 油泵低油压连锁试验。

(12) 确认主蒸汽、再热蒸汽、旁路及抽汽系统各管道疏水阀、各汽门本体疏水阀及其相关的手动疏水阀均已打开。

(13) 视汽轮机高压缸第一级后内壁温度决定是否投入预暖。

(14) 启动电动给水泵，在条件满足的情况下投入高压加热器水侧运行，并检查系统运行正常。

(15) 投入轴封系统，检查轴封母管压力。

(16) 启动三台真空泵，待真空达到正常值后停一台备用。

(17) 凝汽器建立真空后，检查低压缸喷水调节阀应投入自动。

(18) 当凝汽器真空建立后，锅炉准备点火。

200. 盘车投入运行的步骤与措施有哪些？

答：(1) 投入主机盘车装置。

1) 启动 TOP 及 MSP 油泵，确认主机润滑油系统运行正常，润滑油温度和润滑油压符合要求。

2) 投入顶轴油系统，检查记录顶轴油出口母管油压及各轴承顶轴油压力，并与顶轴油压力试验记录进行比较应相符。

3) 盘车装置启动后，检查盘车电流、盘车转速、机内声音应正常。

4) 投入盘车装置"自动"，记录转子偏心度。

5) 根据情况，配合热工进行盘车装置及顶轴油泵连锁试验应正常。

6) 盘车装置投用后，全面抄录一次蒸汽、金属温度，待轴封汽系统投用后，应每小时抄录一次，直至启动结束。

(2) 启动盘车。

1) 新安装或大修后的机组第一次启动盘车前应手动连续盘车确认主机无异常。

2) 确认润滑油系统正常、顶轴油系统运行正常、发电机密封油瓦供油正常。

3）开启盘车装置供油阀。

4）启动盘车电动机，10s 后盘车电磁阀通电，气动投入执行机构使齿轮箱中的离合齿轮与联轴器法兰上的齿圈啮合，汽轮机转子连续低速旋转；记录盘车启动时间、启动电流、盘车电流、转子偏心度，并倾听机内声音正常。

5）在汽轮机冲转前，盘车连续运行最少 4h 无异常，转子偏心度小于 110% 原始值，以保证启动的平稳。

201．润滑油系统的启动与操作有哪些注意事项？

答：（1）启动前检查与操作。

1）按辅机运行通则进行检查。

2）系统设备各项连锁保护试验已完成且合格。

3）检查所有仪表齐全，各压力表入口阀开启，确认所有表计投入正常。

4）按"阀门检查卡"检查系统各阀门位置应正确。

5）检查冷油器切换阀在一侧位置并锁定，冷油器冷却水系统正常，开启冷却器进、出口阀。

6）润滑油温达 38℃ 开启冷油器冷却水回水阀，冷油器投运。

7）确认发电机密封油系统已具备投运条件，密封油系统的氢侧回油扩大槽、浮子油箱、空气抽出槽回路畅通，润滑油至密封油供油阀关闭。

8）确认系统所有放油阀、放水阀均关闭。

9）确认主油箱油位正常，油质合格，底部无积水。

10）测润滑油交流辅助油泵、交流启动油泵和事故油泵绝缘合格并送电。

11）润滑油温不能过低，若过低应在做启动准备前关闭冷油器进水阀并启动辅助油泵油循环升温。

（2）系统启动。

1）润滑油系统启动。

2）启动主油箱排烟风机，检查电动机温度、振动和声音均正常，调整排烟风机出口阀，维持主油箱微负压为－50Pa左右。另一台排烟风机投入连锁。

3）启动交流启动油泵（MSP）、交流辅助油泵（TOP），检查电动机及轴承温度、振动、声音和冷却水系统均正常；检查主油泵入口压力，轴承润滑油母管压力。

4）检查现场主机油系统各温度，压力表计和LCD上各温度、压力指示正确。

5）确认各油泵、润滑油系统管路无泄漏，汽轮发电机各轴承回油窥视孔油流正常。

6）油系统充油后，检查主油箱油位不低于正常油位。

7）试转直流油泵正常后投入连锁。

（3）顶轴油系统启动。

1）确认顶轴油入口油压。

2）启动一台顶轴油泵，检查电动机温度、振动、电流、出口压力正常。

3）检查系统无泄漏，各轴承顶轴油压正常。

4）将备用顶轴油泵投入连锁。

如果首次投运或大修后投运，或润滑油压力、主油泵供油压力达不到要求，需要检修人员对装在油涡轮上的三个阀门（节流阀、旁路阀、溢流阀）进行调整，调整过程应在汽轮机3000r/min转速运行稳定时，停运TOP和MSP前完成。

（1）调整节流阀，使前轴承箱处主油泵入口压力达到要求。

（2）检查轴承供油母管及溢流阀泄油流量。

（3）同时调整旁路阀和节流阀，使轴承供油母管压力及溢流阀泄油量达到要求并保证主油泵入口压力符合要求。

（4）汽轮机额定转速下前轴承箱处于正常压力值。

（5）将节流阀和溢流阀锁定在已调定的最终位置。

（6）当汽轮机达到3000r/min转速时，完成有关试验，主油泵工作正常，停止交流辅助油泵、交流启动油泵，检查两泵不倒转，润滑油压力正常。

202. 正常运行中，EH 油系统有哪些巡视与维护内容？

答：（1）检查 EH 油箱油位略高于低油位报警值 30～50mm，油箱油位不得太高，否则遮断时引起溢油。若油位降低，应查明原因，及时消除，必要时通知检修加油。

（2）检查 EH 油泵轴承振动、温度、泵内声音、出口压力正常。EH 油泵出口滤网差压正常，若滤网前后差压升高达 0.5MPa 应通知检修修理或更换滤网。

（3）检查循环油泵轴承振动、温度、泵内声音、出口压力正常，EH 油系统压力正常，检查 EH 油系统管道、设备应无渗漏现象。

（4）检查 EH 油温在 32～54℃ 之间及冷油器油温自动调节应正常，若油温达 54℃ 以上经手动调节无效，则投入备用冷油器，隔离原运行冷油器交检修清洗后恢复备用。

（5）检查高压蓄能器充氮压力正常，若充氮压力下降，应逐只隔离充氮。

（6）检查空气滤清器的直观机械指示器是否触发，触发则需更换。

（7）确认循环系统压力小于 1MPa。

（8）机组运行中给水泵汽轮机隔绝检修应将至检修给水泵汽轮机的 EH 油隔绝门关闭。

（9）按照《设备定期切换和试验制度》完成定期切换、试验工作。

203. EH 油系统常见故障及其处理措施有哪些？

答：（1）EH 油压晃动的处理。EH 油压晃动时，应立即检查 EH 油安全阀及备用油泵出口止回阀工作情况，必要时联系检修处理；检查 EH 油箱油位，必要时联系检修加油；必要时切换至备用泵运行；若不能消除 EH 油压晃动并难以维持机组的正常运行，应申请停机。

（2）EH 油压下降的处理。

1）故障现象。CRT 及就地表计指示 EH 油压下降；CRT 有 EH 油压低显示。

2）故障原因。EH 油箱油位低；EH 系统泄漏；EH 油泵故障；EH 油泵进、出口滤网脏污；EH 油系统安全阀误动；备用 EH 油泵出口止回阀不严。

3）处理方法。当油压降至联泵值时，确认备用泵联启正常，否则手动启动；若两台 EH 油泵运行仍无法维持 EH 油压，应做好停机准备；当达到停机保护值时，保护应动作正常，否则手动停机；发现 EH 油系统泄漏，应在尽量维持 EH 油压的前提下，隔离泄漏点，并及时联系检修补油；若漏油严重不能隔离，应申请故障停机。

检查安全阀动作情况，若误动应及时联系检修处理；若运行泵滤网差压高，应启动备用泵，停止运行泵，联系检修处理；运行泵工作失常，应切至备用泵运行并联系检修处理。

（3）EH 油泄漏处理。

1）当确定为系统泄漏时，应及时检查泄漏点，并尽快隔离。

2）当泄漏点在冷油器内部时，应切至备用冷油器运行，隔离运行冷油器，并联系检修处理。

3）当泄漏严重、无法维持 EH 油箱油位时，联系及时加油，并做好停机准备。

4）当油位低引起油压下降时，按油压下降进行事故处理。

（4）EH 油位下降的处理。EH 油位下降一般是由于系统管道漏油或冷油器泄漏引起的，这时应检查确定漏点并进行隔离；油位下降过快，应及时联系检修补油；无法维持正常运行油位时，应做好停机准备。

204. 高、低压旁路系统有哪几种控制方式？各有什么特点？

答：高压旁路 DCS 控制方式有最小开度模式、升压模式、固定压力模式、跟随模式；低压旁路 DCS 控制方式有最小开度模式、固定压力模式和跟踪模式。其主要特点如下：

（1）最小开度模式。高、低压旁路控制系统在接收到"自动启动"指令后，将高、低压旁路调节阀开度自动开启至预选设定的 20%，同时将高、低压旁路压力、温度控制切至"手动"方式；当锅炉 MFT 动作或旁路阀快关时旁路阀自动撤出最小开度模式，同时将高、低压旁路调节阀的最低开度复位至 0%。

（2）升压模式。随着锅炉的升温、升压，当主蒸汽压力达到升压设定值时，高压旁路运行方式切至升压模式，同时将高压旁路温度、压力控制由"手动"切至"自动"方式，根据下列锅炉启动状态升压参数要求，将主蒸汽压力自动上升到汽机的冲转压力。

1）当控制器的输出值达到最小开度时，升压梯度设为 0，压力设定值自动保持。这意味着升压过程中断（通常发生在锅炉产汽量小于设定值的需要，或燃烧出现问题时）。在自保持期间，操作员只能通过压力控制器上的手动模式操作阀门。

2）当锅炉 MFT 动作或旁路阀快关时，旁路控制系统自动撤出升压模式，维持跳闸时的汽压。

（3）固定压力模式。

1）低压旁路在最小开度模式 5s 后自动切至固定压力控制方式，同时将压力、温度控制由"手动"切至"自动"方式，控制再热蒸汽压力达到设定值 1MPa。

2）主蒸汽压力升到目标值后高压旁路控制自动切至固定压力模式。

3）在整个锅炉点火及汽轮机冲转过程中，高、低压旁路调节的最小开度限制值都为 5%，直至发电机并网带初负荷后，高、低压旁路调节阀的最小开度限制值由 5%复位至 0%。

4）当 DEH 发出"升负荷"指令时，低压旁路控制再热蒸汽压力设定值以 2MPa/min 的速率由 1MPa 降为 0.5MPa。

5）当锅炉 MFT 动作或旁路快关时，高、低压旁路的运行方式被自动切至固定压力模式，维持跳闸时的汽压。

6）当发生汽轮机跳闸工况或发电机解列时，旁路控制自动切至固定压力模式，且阀门的最小开度为 5%。

（4）跟踪模式。

1）当旁路系统接受 DEH 的倒缸结束指令后，高、低压旁路控制自动切至跟踪模式，此时高压旁路控制主蒸汽压力设定值为当前主蒸汽压力叠加 0.4MPa，即压力设定值始终高于实际值，以确保高压旁路在自动方式下处于关闭状态。只有当主蒸汽压力升压率超过 0.6MPa/min 时，高压旁路控制的超驰回路动作，高压旁路开启调节阀直至主蒸汽压力恢复正常，此时超驰回路复位，高压旁路阀自动关闭。

2）低压旁路控制再热蒸汽压力的设定值为当前压力叠加 0.2MPa，即压力设定值始终高于实际值，以确保低压旁路在自动方式下处于关闭状态。当主蒸汽压力升压率超过 0.6MPa/min 时，低压旁路控制的超驰回路动作，低压旁路开启调节阀，当实际再热蒸汽低于设定值时，低压旁路调节阀关闭。

3）当发电机负荷在 10%～15%负荷间解列或汽轮机跳闸而锅炉 MFT 没有动作时，快开激活（快开时间由发电机负荷确定）；高、低压旁路压力控制阀最小开度激活；高、低压旁路会自动从跟踪模式切至固定压力模式控制。

4）当发电机负荷超过 15%时汽轮机跳闸，锅炉 MFT 动作，旁路系统自动撤出跟踪模式处于压力控制模式，设定值为跳闸前的主蒸汽压力，以维持跳闸时的汽压。

205. 旁路减温水控制方式有哪些?

答：（1）高压旁路减温水有"自动"及"手动"两种调节方式。在"自动"方式下，通过设定高压旁路阀后的温度自动调节旁路阀后的温度；在"手动"方式下，操作员手动控制减温水阀开度，维持旁路阀后温度。当高压旁路压力控制投入自动时会同时将高压旁路减温水控制投入自动。

（2）低压旁路减温水有"自动"及"手动"两种调节方式。

在"自动"方式下，自动控制低压旁路阀后的温度为160℃；在"手动"方式下，操作员手动控制减温水阀开度，维持低压旁路阀后温度。当低压旁路压力控制或高压旁路压力控制投入自动时，会同时将低压旁路减温水控制投入自动。

206. 汽轮机轴封系统巡视调整及维护主要有哪些内容？轴封系统有哪些常见故障？

答：(1) 汽轮机轴封系统巡视调整及维护主要有以下内容。

1) 如果轴封疏水不畅，会使轴承回油中含水量增加，因此，应定期检查轴承回油是否带水，以便分析轴封汽压力设定是否偏高或轴封汽疏水是否通畅。同时，检查轴封汽母管温度、轴封汽温度调节情况应正常，监视低压缸轴封温度，防止轴封温度控制阀失灵，造成轴封带水。

2) 检查轴封汽母管压力、各进汽调节阀和溢流阀动作情况应正常，监视轴封蒸汽压力设定不应太低，以免影响真空；监视轴封加热器风机运行正常，轴封加热器内负压维持在95～99kPa (a)，防止轴封蒸汽外溢。

3) 监视轴封加热器内水位正常。轴封加热器无高、低水位报警信号，疏水应走水封管，水封管水封正常，进出水温度应正常，事故疏水电动阀应确保关严。

4) 完成定期切换、试验工作切换应正常。

(2) 常见的故障及简单处理措施见表5-4。

表 5-4　　　　　　轴封系统常见故障及处理措施

故障	故障原因	故障处理
母管压力偏高	(1) 供汽调节阀关闭不严。 (2) 外界汽源进入系统。 (3) 高压轴封段磨损	(1) 检查调节阀控制信号，核查阀门的严密性。确认不严密后，通知制造厂或配套厂。 (2) 查明外界汽源，并切断外界汽源。 (3) 查找轴封附近的泄漏点

续表

故障	故障原因	故障处理
轴封处冒汽	（1）轴封风机入口门误关。 （2）轴封加热器冷却水量偏小。 （3）汽—气混合物回汽管路布置不合理或低点疏水不畅。 （4）轴封风机故障	（1）开启轴封风机出口阀门。 （2）调整轴封加热器冷却水量，使汽封加热器内压力不大于95kPa（a）。 （3）汽—气混合物回汽管路向汽封加热器方向连续倾斜，斜率为1/50，且进入汽封加热器入口管段时，不得从管段下方进入。 （4）保持低位点疏水畅通
低压供汽温度高	（1）减温器喷嘴堵塞。 （2）滤水器堵塞。 （3）喷水调节阀不能正常工作	（1）清理喷嘴。 （2）清洗滤水器。 （3）检查调节阀动力电源及控制信号
低压供汽温度低	喷水调节阀关闭不严	（1）检查调节阀动力电源及控制信号。 （2）检查调节阀是否内泄漏，若是，与制造厂或配套厂联系处理

207. 直接空冷机组有哪些特点？

答：直接空冷机组是指汽轮机的排汽直接由空气来冷凝，即汽轮机排汽通过粗大的排汽管道送到室外空冷凝汽器内，所需的冷却空气由轴流风机提供，轴流冷却风机使空气流过散热器外表面将排汽冷凝成水，凝结水再经泵送回到汽轮机的回热系统。直接空冷凝汽器采用空气直接冷却，避免了常规水冷凝汽方式下大量的水蒸发损失。根据理论计算和实践证明，与同容量湿冷机组相比，空冷机组冷却水系统可节水90%以上，全厂性节水65%左右。

直接空冷机组中汽轮机排汽直接由空气冷凝，机组背压随空气温度的变化而变化，特别是我国北方地区，一年四季乃至昼夜温差都较大，机组背压和小时出力波动较大。

236

汽轮机排汽用空气作为直接冷却介质，通过钢制散热器进行表面交换，因此需要庞大的真空散热系统，投入运行后对真空系统严密性的要求高。

空冷机组由于受环境因素影响较大，特别是受现场风向、风速作用及周边障碍物的影响。在不同风向下，空冷岛进风口来风时换热能力最好，侧面风次之，炉后风最差；在同一风向下，换热能力随风速升高而迅速下降；在环境风速为 12m/s 以下时，空冷岛进口来风可使空冷系统换热能力基本满足环境温度为 30℃、机组背压为 30kPa 时设计要求；环境风速为 3～12m/s 的侧面风和炉后风，使空冷系统换热能力小于机组排热量，将影响机组的背压；空冷岛平台高度一般要求在 30m 以上，周边 150m 范围内尽可能不存在永久性高层建筑。

208. 影响空冷机组夏季负荷的因素有哪些？

答：空冷机组设计气温是根据机组优化设计，综合各种因素后确定的当地年"气温－时间"分布的加数平均数，并不一定是当地的最高气温。当实际环境温度高于设计气温时，空冷岛循环空气的热交换能力将大幅下降，对机组负荷的影响将较为明显。

夏季空冷机组负荷出力受诸多因素的影响，包括环境温度、风向、风速、凝汽器表面脏污程度等。空冷机组在夏季最高气温条件下小时负荷最低降为设计值的 65％以下，同时机组背压高，相应使凝结水温度高达 80℃左右，只能以连续投后汽缸减温水或降负荷方式维持。但长期投入减温水运行，对机组后汽缸末级叶片铆钉和平衡块的冲刷较为明显，有可能发生冲刷不均匀，导致运行振动增加等不良后果。

针对夏季气温对负荷出力的影响，可以考虑在轴流风机叶片上部增加水雾喷淋换热装置，以降低环境风温，提高传热效率。增加喷淋装置后，要考虑防护等级匹配性，并现场做好电动机接线盒等部位的密封工作。

直接空冷系统运行中，普遍存在的热风再循环现象，在夏季工况下若无很好的应对措施，也会对负荷出力构成负面影响。因此，要减少空冷平台的漏风量，并在空冷平台上部四周设置一定高度的挡风墙等。

209. 影响空冷机组冬季负荷的因素有哪些？

答： 空冷机组冬季运行时，在北方要充分考虑室外空冷凝汽器的防冻问题。空冷机组在室外环境温度低于 0℃ 的情况下，若机组负荷低，各管束间热负荷分配不均，就有可能导致管束冰冻等恶性工况发生。即使都设置有逆流管束，轴流风机采取了变频技术等措施，但在机组低负荷运行工况下，空冷凝汽器某些边缘管束仍可能形成死区，造成冬季结冰冻裂管束的情况。

针对冬季防冻需求，可适当降低风机转速，机组运行背压偏上限，保持凝结水温度在 40～50℃ 范围内运行，通过凝结水温度提升达到管束防冻目的。当前的空冷机组对轴流风机的设计基本采用变频技术，为防止空冷系统冬季发生冰冻提供了更为灵活的控制手段。在冬季生产控制上要确保风机变频技术的可靠运行，如果机组最大负荷低于设计最小防冻流量，且气温偏低时，应提前通过试验确定该工况下的风机手动切换运行方式，确保管束不发生冰冻。

210. 除氧器压力与水位调节有什么特点？

答：（1）除氧器压力调节具有以下特点。

1）在机组启动初期，除氧器由辅汽系统供汽，由除氧器压力调节阀维持除氧器定压运行。

2）当机组负荷升高、切换为四抽供汽后，随着除氧器压力的升高，压力定值跟随实际压力变化，并且总比实际压力低，调节阀逐渐关闭直至全关，除氧器转为滑压运行。

3）机组正常运行中发生机组跳闸情况时，如压力下降的速率大于设定的速率（0.05MPa/min），因压力设定值的下降速率受到速率限制模块的限制，压力定值将逐渐大于实际压力。经 PID 运算后，逐渐打开压力调节阀，防止除氧器压力下降过快而发生"闪蒸"现象。

4) 出现除氧器压力信号无效、阀门指令与位置反馈偏差大、阀门位置反馈品质坏等情况时,将自动控制切为手动控制。

(2) 除氧器水位控制的特点。

1) 通过调节除氧器水位主调节阀和旁路调节阀的开度控制除氧器水位。调节器的输出在 30% 以内由旁路调节阀调节,30% 以上由主调节阀调节。当除氧器水位高二值时,强关除氧器水位旁路调节阀和主调节阀。

2) 在启动和低负荷阶段采用单冲量控制,当给水流量大于 30% 后,完全切为三冲量控制。给水流量作为除氧器水位三冲量调节的前馈信号,凝结水流量作为三冲量副调节器的过程量。如三冲量信号无效(给水流量或凝水流量信号无效),将切除三冲量信号,转为单冲量控制。

3) 出现除氧器水位信号无效、除氧器水位与设定值偏差大、调节阀指令与位置反馈偏差大、调节阀位置反馈品质坏等情况时,切手动控制。

211. 凝汽器真空下降应当如何处理?

答: 如果在集控、就地各凝汽器真空指示下降,则排汽温度升高,凝结水温度升高;如果机组在同一负荷下,则蒸汽流量增加,调节级压力升高;当真空降至 13.5kPa (a),或排汽温度上升至 80℃时,报警发出。

造成凝汽器真空下降主要原因如下:

(1) 循环水泵工作失常或跳闸,水泵出口蝶阀开度减小或全关,凝汽器循环水进、出水阀被误关等致使循环水量减少或中断。

(2) 凝汽器不锈钢管脏污。

(3) 水环式真空泵工作不正常或跳闸。

(4) 真空破坏阀误开或未关严,真空系统管道和其他设备系统损坏或泄漏,真空系统阀门外漏故障。

（5）轴封供汽压力明显降低，轴封加热器水位及负压异常。

（6）凝汽器热井水位过高。

（7）给水泵汽轮机真空系统泄漏。

（8）汽轮机和给水泵汽轮机低压缸防爆门破裂。

（9）汽动给水泵密封水回收水箱水位过低。

凝结器真空下降时，应根据不同情况采取相应的措施进行处理：

（1）发现凝汽器真空下降，应迅速核对各真空表指示，对比排汽温度上升情况，确定真空下降。

（2）对循环水系统进行下列检查：①循环水压力是否正常，若压力低则检查循环水系统是否泄漏和堵塞；②检查循环水泵入口水位是否正常，若水位低应及时启动清污机运行；③检查循环水温度是否升高；④若凝汽器进水压力增大，出口水温升高，则可能是管系脏污，此时应对凝汽器钢管进行清洗；⑤检查循环水泵运行是否正常，根据具体情况改变循环水泵运行组合或启动备用泵。

（3）对真空系统进行下列检查并做相应的隔离处理：①真空泵工作是否正常；②真空系统是否有泄漏点；③检查真空系统管道及低压加热器连续放气管道是否损坏；④真空破坏门是否严密关闭；⑤轴封供汽压力是否正常；⑥检查轴封高、低压供汽调节阀及溢流阀是否正常，轴封加热器水封是否正常，如轴封加热器风机故障或负压低，可启动备用风机；⑦检查给水泵汽轮机排汽系统是否正常，必要时可启动电动给水泵，停给水泵汽轮机，关闭排汽蝶阀。

（4）检查凝结水泵密封水是否正常，凝结水泵是否漏空气，凝汽器水位是否过高。

（5）凝汽器真空下降至13.5kPa（a），备用真空泵自启，否则手动投入，真空如继续下降，应开始减负荷维持机组真空；若真空降至25.3kPa（a），跳机保护应动作，否则手动打闸停机。

（6）真空下降过程中，应密切注意低压缸排汽温度，当排汽温度升高到 47℃时，低压缸喷水开始投入，到 80℃时，喷水阀全开，继续上升到 107℃时，跳机保护动作停机。

（7）真空降到－50kPa，给水泵汽轮机应跳闸，否则手动停机。

212. 给水泵组系统运行巡视都有哪些项目？

答：（1）电动给水泵组运行监视调整。检查泵组及给水系统管道、设备应无漏水；检查电动给水泵电流、轴承振动、轴承及电动机线圈温度、给水流量、进出口压力、前置泵及主泵进口滤网前后压差、电动机风温应正常；检查润滑油及工作油压力、油温、各轴承油流、油滤网前后压差应正常；检查油箱油位、油质正常，油管路无漏油；检查勺管位置及自动调节应正常。

（2）汽动给水泵组运行监视调整。检查前置泵电流、电动机振动、声音、轴承温度应正常；汽动给水泵本体的检查内容与电动给水泵相同；给水泵汽轮机调节系统工作正常无泄漏；给水泵汽轮机润滑油压力、油温、各轴承油流、油滤网前后压差应正常，油箱油位、油质正常，油管路无漏油；汽动给水泵组运行时，监视给水泵汽轮机排汽温度，尽可能避免排汽缸过热；转子静止时不得长时间向汽封供汽，以防转子汽封段变形，如因故汽动给水泵组无转速而轴封汽无法中断，应每隔 30min 将转子盘动 180°。

213. 汽动给水泵组系统的常见停机事故有哪些？

答：汽动给水泵急停时，应按给水泵汽轮机"停机"按钮或就地拍给水泵汽轮机危急遮断器手柄，检查给水泵汽轮机主汽阀、调节汽阀关闭，转速下降。如需破坏真空应先关闭排汽蝶阀及给水泵汽轮机本体有关疏水后，再停止轴封送气；接下来完成给水泵汽轮机停机的其他正常操作。当两台汽动给水泵运行时，如果急停一台，电动给水泵应自动启动并列运行。汽动给水泵组的常见停机情况如下：

（1）给水泵汽轮机破坏真空紧急停机的条件。

1）汽动给水泵组发生强烈振动或清楚听到给水泵汽轮机内或泵内有金属摩擦声或撞击声。

2）给水泵汽轮机转速上升至 5972r/min 电超速保护未动作，或转速达 6083r/min 危急保安器不动作。

3）给水泵汽轮机发生水冲击。

4）给水泵汽轮机油系统着火不能及时扑灭，严重威胁机组安全运行。

5）汽动给水泵组轴承断油冒烟或回油温度超过 75℃。

6）给水泵汽轮机油箱油位降至低限，采取措施仍不能维持。

7）润滑油压力下降至 0.08MPa，保护不动作。

8）前置泵电动机冒烟着火。

9）轴向位移达 0.9mm 保护未动作。

10）真空低于 47.7kPa（a）保护未动作。

11）轴承乌金温度达 90℃。

12）给水泵汽轮机转速波动不能控制汽包水位。

（2）给水泵汽轮机不破坏真空紧急停机的条件。

1）给水泵汽轮机调速系统大幅度晃动，无法维持运行。

2）供汽管道或给水管道破裂，无法隔离。

3）给水泵汽轮机排汽压力持续上升不能恢复。

4）汽动给水泵发生严重汽化。

5）油系统漏油，无法维持运行。

6）汽动给水泵本体部位泄漏严重，汽水大量喷出，威胁泵组安全运行。

7）汽前泵电动机电流超限又无法降低。

8）达汽动给水泵组保护动作值而保护拒动。

214. 电动给水泵组在哪些情况下应紧急停运？

答： 如果电动给水泵发生紧急停运，应立即查明情况，并根据原因采取相应的措施。电动给水泵需紧急停运的条件如下：

（1）电动给水泵电动机或耦合器冒烟、着火。

（2）电动给水泵组任何一道轴承金属温度或回油温度超限，或轴承断油冒烟。

（3）供汽管道或给水管道破裂，无法隔离时。

（4）电动给水泵发生严重汽化。

（5）电动给水泵电动机电流超限又无法降低时。

（6）电动给水泵本体部位泄漏严重，汽水大量喷出，威胁泵组安全运行时。

（7）达电动给水泵组保护动作值而保护拒动时。

（8）电动给水泵组发生激烈振动或清楚听到给水泵汽轮机内或泵内有金属摩擦声或撞击声。

（9）电动给水泵油系统严重漏油，油位降至低限，采取措施仍不能维持时。

电动给水泵紧急停运，应在集控室或就地按事故按钮，同时应当立即检查辅助油泵应自动投入。将勺管打至"0"位，立即关闭电动给水泵出口电动阀和中间抽头阀。完成电动给水泵停机的其他正常操作。

215. 给水泵汽化后应当如何处理？

答： 发生给水泵汽化后，通常会出现以下现象：

（1）电动给水泵电流摆动且下降，汽动给水泵转速波动、电（汽）前泵电流摆动。

（2）电（汽）动给水泵出口压力摆动且下降。

（3）给水流量摆动且下降。

（4）泵的结合面和两侧机械密封处冒出蒸汽。

（5）泵内部产生噪声或冲击声，泵组振动增加，转子窜动。

造成给水泵汽化的主要原因如下：

（1）除氧器压力下降太快。

（2）泵进口滤网堵塞造成泵进口压力过低。

（3）流量低时，再循环阀未开。

（4）汽动给水泵长时间在低转速下运行。

（5）除氧器水位过低。

发生给水泵汽化后，应按下列操作和措施进行相应的处理：

（1）电动给水泵汽化时，在锅炉点火阶段，应紧急停电动给水泵，待汽化原因排除后重新启动；若在带负荷过程中因除氧器水位低引起电动给水泵汽化，应将负荷转移至汽动给水泵后再立即停电动给水泵。

（2）汽动给水泵汽化时立即启动电动给水泵，同时停止汽化的汽动给水泵，并根据给水流量适当降低负荷。

（3）稍开汽化泵主泵本体放空气阀放出蒸汽，汽动给水泵盘车灵活、正常后方可再启动，并严密监视启动过程中给水泵汽轮机及泵体内部的声音和振动情况。

216. 密封油系统运行有哪几种运行方式？

答：密封油系统有以下三种运行方式，能保证各种工况下对机内氢气的密封：

（1）正常运行时，一台交流密封油泵运行，油源来自主机润滑油，真空油箱真空应正常，以利于析出并排出油中水气。

（2）在交流密封油泵均故障或电源失去、密封油真空泵故障或电源失去、真空油箱浮球阀故障等情况下，由直流密封油泵运行。

（3）当交、直流密封油泵均故障时，应紧急停机并排氢，降低氢压到约 50kPa，直至主机润滑油压能够对氢气进行密封。

当发电机内有氢气或汽轮机处于盘车状态时，密封油系统必须维持运行；密封油系统运行期间，空气抽出槽排烟风机应保持连续运行。发电机内有氢气时，密封油/氢差压应保持在 56kPa 左右（发电机转动时油氢差压为 50～70kPa，发电机静止时油氢差压为 36～76kPa），密封油滤网差压小于 110kPa；密封油系统运行时真空净化设备应投入运行，真空油箱真空度应大于 −90kPa。若真空净化设备不能投用，应及时补排氢以维持氢气纯度。

217. 氢冷系统运行维护项目有哪些？

答：在正常运行期间，首先要检查发电机内氢压、纯度、湿度是否正常；当氢压达 0.25MPa 时可根据需要投入氢冷器运行；机组负荷变动时加强监视氢温的变化。

定期检查各检漏计应无积水（或油），若有水（或油）应分析进水（或进油）原因并设法消除，必要时应增加排放次数且汇报单元长；定期对氢气纯度检测装置的进、出口管路上的排污阀进行排放，以保证纯度分析仪的正常工作；氢气干燥装置应定期进行放水检查，若发现放水量增加，应检查装置运行是否正常，并设法排除异常；定期检测发电机周围环境中可能积聚氢气处的含氢量应在正常范围。

监视漏氢情况，若系统漏氢量增加，应分析查找原因，并通知相关部门进行配合；正常运行中的排气体工作，应采用发电机气体置换控制站 H_2 排放阀排放，不得使用密封油扩大槽上部的放气阀排放。

218. 定冷水系统运行维护项目有哪些？

答：（1）检查定冷水系统管道、设备应无漏水现象。

（2）检查定冷水箱水位应正常，否则应及时补水。注意调节补水压力在 0.2～0.7 MPa 左右，离子交换器的进水压力不大于 0.6MPa。补水结束应关闭补水隔离阀。

（3）检查定冷水泵振动、声音、轴承温度、出口压力及轴承油位情况应正常，定冷水泵连锁投入。

（4）在系统压力不稳的情况下，应及时启动备用泵运行。

（5）检查定子进水压力、进水流量、回水温度、进水电导率应正常。

（6）检查发电机进水温度及温度自动调节应正常，且定冷水温度应高于氢气温度。若水温升高，应检查冷却水温度、压力及定冷水温度调节阀动作情况是否正常，必要时切换水冷器或并列运行。

(7) 检查定冷水滤网进出口差压应正常。当前后差压达到 0.055MPa 时，应切出滤网运行，并通知检修处理。恢复时，应对滤网冲洗至水质合格后，方可投入运行，并注意操作时应缓慢进行。

(8) 检查离子交换器出水电导率、进水压力和流量应正常，流量不得大于 22.3t/h，进水压力不大于 0.6MPa，水温低于 60℃。如果系统中定冷水的电导率不能维持在 $0.5\mu s/cm$ 以下，或离子交换器的压力损失超过 0.098MPa，说明交换树脂已经失效，需要更换。

(9) 完成定期切换、试验工作且应正常。泵切换时，应注意停运泵不应倒转，否则应关闭停运泵的出口阀，通知检修处理。

(10) 当发电机定冷水出水温度大于 78℃、进水流量小于 63t/h 中任意条件之一满足时，断水保护动作。

219. 机组滑停时，给水泵汽轮机汽源如何切换？

答：(1) 联系热工解除 MFT，主蒸汽门关闭，发电机跳闸，联跳给水泵汽轮机保护。

(2) 当机组负荷滑至 30％时，准备切换给水泵汽轮机汽源。

(3) 开启给水泵汽轮机调试用汽疏水门，调试用汽暖管。

(4) 给水泵汽轮机调试用汽充分暖管结束，逐渐全开水泵汽轮机调试用汽截门，注意辅汽联箱温度不得低于 250℃。

(5) 同时保证给水泵汽轮机进汽温降小于 2℃/min，进汽最低温度应高于 250℃。

(6) 机组负荷滑至 25％时，关闭四段抽汽电动门。给水泵汽轮机用汽、除氧器加热由给水泵汽轮机调试用汽供。

(7) 如调试用汽压力低，可在就地关小除氧器加热电动门，以确保给水泵汽轮机正常调整。

(8) 机组负荷降到 20％时，解除电泵连锁，停止一台给水泵汽轮机运行。

(9) 给水泵汽轮机汽源切换过程中，注意给水泵汽轮机窜轴、振动、泵转速、进汽参数的变化，应特别注意防止由于疏水未疏净，发生水冲击，引起轴向位移增大，推力瓦烧损。

第四节　电气设备及系统检查与投运

220. 厂用电系统操作有哪些基本原则？

答：设备检修完毕后，应按电厂运行有关安全规定的要求交回并终结工作票，由检修人员书面通知交底该设备可以复役。终结工作票前，运行值班员应对设备现场进行检查，现场应清洁无杂物；应对准备恢复送电的设备所属回路进行认真详细的检查，检查回路的完整性，有无遗忘工具，有无接地短路线，测量绝缘是否正常等；确定设备符合运行条件，方可送电。

正常运行中，凡改变电气设备状态的操作，必须有书面或口头命令，并得到值长或单元长的同意，根据值长或单元长的操作命令才能进行操作。

设备送电前，应将仪表及保护回路熔丝或小开关、变送器的辅助电源送上。

设备送电前，应根据保护定值单或现场有关规定投入有关保护装置，设备禁止无保护运行。

运行中调度管辖设备的保护停用，必须取得所属调度员的命令或同意；公司管辖设备的主保护停用，必须由生产副总经理（总工程师）批准，并汇报调度；后备保护短时停用，应由当班值长批准。

带同期装置闭锁的开关，应在投入同期鉴定装置后方可进行合闸（对无电压母线充电除外）。

变压器充电前应检查电源电压是否正常，使充电后变压器各侧电压不超过相应分接头电压的105%。

变压器投入运行时，应先合电源侧开关，后合负荷侧开关；变压器停运时，应先断开负荷侧开关，后断开电源侧开关；不准用隔离开关对变压器进行冲击；倒换变压器时，应检查并入的变压器确已带负荷后，才允许断开需停电的变压器。

新投产或大修后的变压器在第一次投入运行时，应在额定电压下冲击合闸五次，并应进行核相，有条件者应先进行零起升压试验。

221. 厂用配电装置的操作有哪些规定？

答：高压厂用变压器与启动备用变压器之间相互切换，应通过厂用快切装置进行。

互为暗备用的低压厂用变压器之间在进行母线电源切换时，必须检查待并两侧电源在同一单元机组内，电压差不超过 5%额定电压，才能采用不停电切换；否则必须采用母线短时停电方式进行切换，以防非同期并列产生很大环流损坏设备。

厂用系统送电时，应先合上电源侧开关，后合上负荷侧开关，逐级操作；停电时，应先断开负荷侧开关，后断开电源侧开关。

拉合隔离开关前，必须检查断路器在断开位置，拉合隔离开关后，应检查隔离开关的位置是否正确，机构是否锁紧。

厂用母线送电前，母线上各出线回路的开关和隔离开关应在断开位置；母线电压互感器在工作位置，高压熔断器及低压空气开关应合上。厂用母线受电，须检查母线电压正常后，方可对各供电回路送电。

厂用母线停电之前，首先停用该母线上各供电回路并撤除连锁，再断开母线电源开关或进线开关，检查母线电压表确无电压后，将母线电压互感器拉至隔离位置，取下高压熔断器并断开低压空气开关。

禁止由低压侧对厂用变压器反充电，禁止用 380V 配电装置的进线隔离开关拉合负荷。

222. 机组启动前，对电气设备要进行哪些检查？

答：（1）直流系统。

1）确认直流系统运行正常，DC 110V 系统电压为 114～

116V，DC 220V 系统电压为 230～235V。

2）确认 UPS 系统运行正常。

（2）厂用电系统。

1）确认启动备用变压器运行正常，无报警信号，6kV 母线电压正常。

2）确认各厂用变压器运行正常，各 380V PC 段、MCC 段、阀门柜电源按正常运行方式运行，母线电压正常。

（3）进行发电机—变压器组、高压厂用变压器、脱硫变压器保护整组投入、检查。

1）检查保护装置工作已结束，整组具备投运条件。

2）合上保护装置屏交、直流电源开关。

3）检查装置自检正常。

4）检查装置指示运行正常灯亮，无异常报警信息。

5）核对保护定值单与下达的定值单一致。

6）根据运行方式或调度命令通知继保人员投入各保护并确认。

7）用高阻万用表分别测量保护装置保护出口连接片两端对地无异极性电压。

8）根据运行方式或调度命令投入保护出口连接片。

9）汇报并作好台账记录。

（4）确认发电机—变压器组、高压厂用变压器、脱硫变压器保护整组投入运行，进行发电机—变压器组一次系统冷备用改热备用操作（或检查发电机—变压器组一次系统在热备用状态）。

1）检查发电机—变压器组及高压厂用变压器、脱硫变压器在"冷备用"状态。

2）合上发电机中性点接地隔离开关。

3）检查发电机中性点接地隔离开关确已合好。

4）分别检查发电机出口 TV A、B、C 相柜内（三只）高压熔丝完好并放上，且接触良好。

5）将发电机出口 TV A、B、C 相柜内（三只）TV 小车推至"工作"位置，查各一次触头接触良好，小车到位后锁定。

6）检查发电机出口 TV 箱内二次空气完好并合上。

7）检查 6kV A、B 段工作进线 TV 高压熔丝（三只）完好并放上。

8）将 6kV A、B 段工作进线 TV 推至"工作"位置。

9）检查 6kV A、B 段工作进线 TV 二次空气开关完好并合上。

10）合上 6kV A、B 段工作进线 TV 柜内直流小开关、加热及开关柜照明电源小开关。

11）检查 6kV A 段工作进线开关在冷备状态。

12）检查 6kV B 段工作进线开关在冷备状态。

13）合上主变压器中性点接地开关，查确已合好。

14）合上主变压器出口隔离开关，查确已合好。

15）确认主变压器出口断路器在热备用状态。

应注意，发电机—变压器组一次系统由冷备用改至热备用时，6kV A/6kV B 段工作进线开关仍为冷备用状态，待厂用电切换操作前，再将两开关由冷备用改为热备用状态。

发电机启励前根据调度命令，将待并发电机—变压器组的主变压器出口断路器改作热备用，即合上主变压器出口隔离开关，并且合开关之前应确认汽轮机转速已达到 3000r/min，其主变压器出口断路器三相均在断开状态，无"三相不一致"报警信号。在合上主变压器出口隔离开关后，应立即检查发电机定子三相电流、负序电流均为零，如不为零，则有可能是主变压器出口断路器虽处于热备用状态但其触头没有断开，应立即确认并进行隔离处理。

223. 如何对柴油发电机组的异常事故进行处理？

答：运行中发现柴油发电机冒烟、冒火花，有较大的撞击声及振动并伴有嗡嗡噪声等现象，应使用就地控制柜上的红色紧急停机按钮立即停机隔离，对柴油发电机组做一次全面的检查以查明故障原因，同时汇报值长通知检修进行处理。若仅有振动，应检查机组基础固定是否牢固、各部件安装是否平衡、连接是否正确等，将检查结果汇报值长，以决定是否采取进一步的措施。

柴油发电机本体过热（超过环境温度30℃以上），应检查发电机冷却空气进风口与出风口是否畅通，有无阻塞现象，环境温度是否过高，是否存在热空气循环，冷却水温度是否偏高，定子电压是否过高（超过额定电压5%时），以及有无过负荷等。查明原因后由检修人员处理。

柴油发电机手动启动过程中，若在规定时间内不能升速至额定转速，应紧急停运。

224. 直流系统接地应当如何进行处理？

答：当运行中的机组发生直流接地时，集控室内"直流异常"光字牌亮，同时绝缘监视装置报警，并显示绝缘降低支路的绝缘值；测量直流母线正、负极对地电压不平衡，接地一极验电笔不发光，声响报警。

一旦发生直流接地故障，应根据不同的情况进行相应处理，防止事故扩大。

（1）应采用绝缘监视装置或便携式绝缘检测装置查找接地点，并通知检修人员处理。

（2）必要时，可采用瞬时停电法查找接地点。

（3）采用瞬时停电法查找接地点时，直流接地的查找和处理必须由两人进行，一人操作，另一人监护。值班人员应根据微机绝缘监测装置显示的信息，记录下引起接地或绝缘降低的支路号及支路电源，汇报值长。查找直流接地采用"瞬时停电法"时应尽量缩短负荷停电时间，特别对发电机—变压器组、高压厂用变压器、启动备用变压器保护及热工电源，如采用瞬时停电法，应通知相关检修维护人员到现场，并做好防范措施，方可试拉该路负荷，以避免机组保护或自动装置因直流电源中断或突然送电误动作跳闸。若需停电查找，则应经值长及有关人员同意。直流系统查找接地要在值长的统一指挥下进行，且应先拉故障可能性大的设备，后拉故障可能性小的设备，先拉次要设备，后拉主要设备。如涉及调度管辖的设备，应得到值班调度的允许才能进行。

（4）查找直流系统接地的顺序。

1）先拉次要负荷。

2）先拉刚操作过的回路。

3）先拉当时有人工作的回路。

4）天气不好时，先拉室外负荷。

5）运行中的直流电动机禁止直接拉闸。

6）查明接地点并消除后，应尽快恢复原运行方式。

225. 封闭母线运行中的检查事项有哪些？

答：（1）一旦机组长时间检修结束，封闭母线微正压装置必须及早投入运行。

（2）检查封闭母线在微正压状态下运行，压力设定值为 0.5～2.5kPa。

（3）微正压装置运行正常，无异常现象，油水分离器底部无水，无漏气现象。

（4）封闭母线外壳无过热现象。

（5）封闭母线无异常振动、无异声；封闭母线的外壳应牢固，无松动或振动现象，外壳接地线完整，接地可靠。

（6）检查发电机中性点接地变压器、出口避雷器及各组电压互感器柜无异常现象。

（7）邻近的其他金属构件无发热现象。

（8）检查避雷器泄漏电流正常。

226. 母线有哪些异常运行情况？应当如何进行处理？

答：（1）封闭母线内无气压或气压下降过快。造成该故障的原因主要是微正压装置出现故障或封闭母线空气泄漏过大，导致气压下降过快。一旦证实不是由于仪表造成的，应迅速通知检修，查出泄漏并予以消除。

（2）母线温度高，有明显发热变色或异味。故障的原因主要是所载电流已超过额定值，或母线连接端接触不良。运行人员应调整运行方式，降低电流或停役检修。

（3）母线异常振动和声响。一旦发生该类现象，应迅速查明原因，若由外壳螺栓松动等原因引起，应设法消除，若导体支持瓷瓶有问题，应停役处理。

第六章

单元机组故障分析与处理

第一节　事故停机及停炉

227. 事故处理的基本原则有哪些？

答：故障发生时，运行人员应严格按规程中的规定进行处理。当发生规程范围外的特殊故障时，值长及值班员应依据运行知识和经验，在保证人身和设备安全的原则下进行及时处理。

首先，在发生故障时，运行人员应迅速解除人身和设备的危险，及时查找发生故障的原因并消除故障；在事故处理过程中，运行人员应保证厂用电系统的正常运行，保持非故障设备的运行。

机组发生故障时，运行人员一般应按照下列步骤进行工作，消除故障：①机组无论发生任何事故，首先应迅速仔细地进行确认，查明事故的性质、发展趋势、危害程度，然后采取相应的措施；②机组发生故障的同时，盘上将出现相应声光报警，DCS也有相应的报警显示，运行人员应加以确认，然后采取相应对策；③迅速消除对人身和设备的危害，必要时应立即解列发生故障的设备，保持非故障设备的正常运行；④无论发生何种故障均应校对必要的表计指示或状态显示，必要时应到现场确认。

消除故障的每一个阶段，都要尽可能迅速汇报值长和有关负责人，以便及时、正确地采取对策，防止事故蔓延；各岗位应在值长的统一指挥下，密切配合，迅速处理事故，以便尽快恢复机组的正常运行。

排除故障时，动作应迅速、正确。在处理故障时接到命令后应复诵一遍，如果没有听懂，应反复问清。命令执行完毕以后，应迅速向发令者汇报。

有关负责人、专业工程师在机组发生故障时，必须尽快到现场协助故障处理，并给予运行人员必要的指导，但不应和值长的指令相抵触。

在机组发生故障和处理事故时，跟事故处理无关人员禁止停留在发生故障的地点。运行人员不得擅自离开工作岗位。如果故障发生在交接班时间，应延迟交班，在未办理交接手续前，交班人员应继续工作，接班人员应协助交班人员一起消除事故，直到机组恢复正常运行状态。

故障消除后，值长和值班人员应将所观察到的现象，故障发生的过程和时间，所采取的消除故障措施等均做正确、详细的记录，并及时向各级调度和相关技术负责人汇报。

事故处理过程中，可以不使用操作票，但必须遵守有关规定。

228. 什么情况下，机组应当紧急停运？

答：当机组发生严重危及人身或设备安全的故障时，运行人员应立即停机。根据机型的不同，包括但不限于下列情况：

（1）锅炉紧急停运条件。

1）MFT应动作而拒动时。

2）主蒸汽、再热蒸汽、给水或锅炉汽水管道、受热面爆破或严重泄漏，严重危及人身、设备安全时。

3）锅炉油管道爆破或油系统着火威胁人身、设备安全时。

4）过热器、再热器管壁严重爆破、无法维持正常汽温、汽压时。

5）锅炉主、再热蒸汽压力升高至安全阀动作值而安全阀拒动。

6）再热蒸汽中断。

7）两台空气预热器全停。

8）两种类型汽包水位计不能正常工作时。

9）燃料在尾部烟道内发生二次燃烧，使烟温急剧升高时。

10）炉膛内或烟道内发生爆炸，使设备遭到严重损坏时。

（2）汽轮机发生下列情况之一，应破坏真空，紧急停运。

1）汽轮机超速，转速大于或等于 3330r/min 而危急保安器不动作。

2）汽轮发电机组突然发生剧烈振动，轴承振动大于或等于 0.25mm 且保护拒动。

3）转子轴向位移大于或等于 1.2mm 或小于或等于−1.65mm，保护拒动时。

4）机组负荷大于或等于 50%、主蒸汽温度低于 474℃ 延时 2s，负荷小于 50%、主蒸汽温度低于 490℃ 报警且降至 460℃ 延时 2s，保护拒动。

5）汽轮机发电机组内部有明显的金属摩擦声或撞击声时。

6）主润滑油箱油位急剧下降、补油无效时。

7）汽轮机发生水冲击、高中压内缸上下温差达 55.6℃ 或主蒸汽温度 10min 内下降 50℃。

8）汽轮机推力瓦金属温度大于或等于 110℃ 且持续 2s，保护拒动时。

9）汽轮机任一道轴承金属温度升高至下述数值：1～2 号支持轴承达 115℃，3～8 号支持轴承达 95℃，推力轴承达 110℃，保护拒动时。

10）汽轮机高中压差胀小于−6.6mm 或大于 11.6mm，低压差胀小于−8.0mm 或大于 30mm。

11）汽轮机任一轴承回油温度超限，或轴承断油、冒烟。

12）汽轮机轴封异常摩擦冒火花。

13）发电机冒烟着火或氢系统发生爆炸。

14）汽轮机油系统着火不能很快扑灭，严重威胁机组安全运行。

15）润滑油中断或润滑油压降至 0.105MPa，启动辅助润滑油泵无效，油压继续下降时。

（3）遇到下列情况之一，应不破坏真空紧急停机。

1）蒸汽管道高压给水管道承压部件破裂，不能维持正常运行时。

2）锅炉压力升至安全门动作压力，安全门拒动时。

3）主蒸汽、再热蒸汽温度其中之一升高，在额定汽压下升高至 552～564℃连续运行时间超过 15min，或超过 564℃。

4）发电机定子绕组冷却水中断，保护未动作，无法恢复供水；或定子冷却出水温度升高到 78 ℃虽经减负荷仍不能降低。

5）达到机组保护动作值而保护拒动时。

6）汽轮机组无蒸汽运行时间超过 1min。

7）凝汽器真空低至 -77.5kPa，虽经减负荷到零仍不能恢复。

8）DEH 工作失常，汽轮机组不能控制转速或负荷。

9）EH 油泵和 EH 系统故障，危及机组安全运行时。

10）所有密封油泵故障，仅靠主机润滑油供作密封油时。

11）汽轮机重要运行监视表计，尤其是转速表，显示不正确或失效，在无任何有效监视手段的情况时。

12）主变压器、高压厂用变压器、脱硫变压器、励磁变压器着火或冒烟。

13）发电机本体严重漏水，危及设备安全运行。

14）发电机内氢气纯度迅速下降并低于 92％以下。

15）A/B 低压缸排汽温度大于或等于 107℃，保护拒动时。

16）高压缸排汽口管道金属温度上升超过 420℃保护拒动时。

17）机房内发生火灾，危及机组安全运行时。

229. 机组紧急停机后，运行人员应当如何处理？

答：机、炉、发电机任一紧急停运条件满足，应立即手动按下相应的"紧急跳闸"按钮停运机组；检查锅炉、汽轮机、发电机连锁动作正确，确认锅炉燃料全部切断，汽轮机高、中压主汽门、调节汽门关闭严密，汽轮机转速下降，根据需要破坏汽轮机真空。

（1）确认厂用电系统切换正常，否则应手动切换。

（2）检查汽轮机交流辅助油泵、启动油泵及顶轴油泵自启动，否则应立即手动启动；检查发电机密封油系统正常运行。

（3）注意汽轮机惰走情况、胀差、振动、轴向位移、缸胀和上下缸温差等，倾听汽轮机内部声音正常。

（4）汽轮机转速到零后盘车应自动投入，检查油压、油温正常，盘车电流正常。

（5）机组跳闸后，应迅速将轴封切至辅汽供汽。及时调整轴封供汽压力，真空到零，停用轴封，隔离轴封减温水。

（6）检查汽轮机防进水保护相关阀门自动开启，否则应手动开启。

（7）检查本体疏水扩容器冷却水投入正常。

（8）检查凝汽器、除氧器水位自动调节正常，否则手动调节保持凝汽器、除氧器水位正常。

（9）检查主机润滑油温、密封油温、发电机氢温、定冷水温度正常，必要时进行调整。

（10）检查低压缸喷水正常投入。

（11）发电机内部着火或发生氢气爆炸时，要用二氧化碳灭火，并紧急排氢，转子惰走到近200r/min时，要关闭真空破坏阀，建立真空，尽量维持转速，直至火被扑灭。

（12）关闭主蒸汽疏水。

（13）若引、送风机未跳，应将锅炉总风量调至25%～30%BMCR工况的风量，吹扫5min。如风机跳闸，开启风烟系统挡板自然通风15min后，启动送、引风机对炉膛进行吹扫。若短时间不点火，吹扫后停送、引风机，进行闷炉。

（14）完成机组其他正常停运操作，向调度及公司有关负荷人汇报故障情况，将有关曲线、事故记录打印并保存好，并做好事故记录。

230. 运行中的机组在什么情况下，可以申请故障停机？

答：机组发生下列情况时，应汇报调度和总工，申请故障停机（根据机组的特点，包括但不限于以下条件）：

（1）锅炉设备发生故障。

1）过热器或再热器管壁温度超过最高允许温度，经降低负荷和采取措施仍无法降至正常时。

2）锅炉承压部件发生泄漏尚能维持运行。

3）给水、炉水、蒸汽品质严重低于标准，经努力调整仍无法恢复正常时。

4）锅炉严重结焦，虽经处理，仍难维持正常运行。

5）单台空气预热器故障，短时间无法恢复时；两台电除尘器停电，短时间无法恢复时；控制气源失去，短时间内无法恢复时。

6）蒸汽温度超过允许值，经采取一切措施仍无效时。

7）锅炉连续 12h 无法排渣时。

8）给水调节系统失灵一时无法恢复时。

9）安全阀、电磁泄放阀动作，无法使其回座时。

（2）机侧设备发生故障。

1）主、再热蒸汽参数超过规定值，而在规定时间内不能恢复正常。

2）DEH 系统、DCS、TSI 系统故障，致使一些重要的汽轮机运行参数无法监控，无法维持汽轮机及其辅机正常运行。

3）凝汽器真空缓慢下降，采取措施，负荷降至零仍无效时。

4）轴向位移接近限值经处理后仍不能恢复正常。

5）中压缸上、下缸温差超限（50℃）。

6）EH 油管道破裂或 EH 油箱油位低，补油来不及。

7）DEH 控制系统或高、中压调门故障，不能维持运行。

8）主要辅机故障无法维持运行。

9）汽水管道泄漏无法维持运行。

10）发电机定子冷却水导电度达到 $9.9\mu S/cm$ 或定子冷却水中断，或发电机定子绕组漏水，无法处理。

11）汽轮机润滑油系统故障，不能正常运行。

12）低压缸排汽温度异常升高，调整无效。

13）凝汽器泄漏严重，水质恶化，无法半边隔离。

（3）发电机发生故障。

1）发电机甩负荷后，汽轮机空载运行超过 15min。

2）发电机氢冷系统故障，氢温超限调整无效。

3）发电机漏氢，氢压无法维持。

4）发电机密封油系统故障，无法维持必要的油压和油位。

5）发电机滑环、碳刷严重冒火，且无法处理。

231. 机组故障停运时，运行人员应当采取哪些措施？

答：机组任一故障停机条件满足时，应汇报值长，请示相关负责人，汇报调度申请停机。等待有关负责人下停机令，然后按下列操作进行。

（1）机组故障停运时，先快速减负荷，同时进行厂用电切换，当机组负荷低于 25% 时，启动 MSP 和 TOP 运行。

（2）手动按下"紧急停机"按钮或就地手拉汽轮机跳闸手柄，确认发电机解列，检查高、中压主汽门和调节汽门，以及各段抽汽电动门和抽汽止回门均关闭，机组负荷到零，汽轮机转速下降。

（3）确认锅炉 MFT 动作正确，所有运行磨煤机联跳，一次风机跳闸，燃油快关阀、各油枪进油电磁阀关闭。

（4）检查高、低压疏水门自动开启，注意主蒸汽压力，及时关闭高、低压旁路门。

（5）关闭主、再热蒸汽管道疏水门，停运真空泵，开启真空破坏门，若循环水中断，关闭至凝汽器所有疏水。

（6）检查汽动给水泵 A 和 B 联跳，电动给水泵联启正常。

（7）检查四段抽汽用户切换至辅汽供给正常。

（8）检查轴封汽自动切换正常。

（9）机组转速降至 2500r/min 左右，一台顶轴油泵自启动，检查顶轴油压正常。

（10）真空到 0，停止轴封供汽。

（11）转速至 0，检查盘车自动投入正常；若自动投入不成功，应手动投入，记录转子惰走时间、偏心度、盘车电动机电流、缸温等。

（12）检查机组情况，倾听汽轮机转动部分声音。当内部有明显的金属撞击声或转子惰走时间明显缩短时，严禁立即再次启动机组。

（13）停机过程中应注意机组的振动、轴向位移、差胀、润滑油压、油温、密封油氢差压、各加热器水位正常。

（14）其他操作与正常停机相同。完成运行规程规定的其他停机操作。

232. 机组甩全负荷时应当采取哪些措施？

答： 当发生下列现象时，应当采取积极的措施，防止引发更大的事故。

（1）机声突变，负荷到零。

（2）汽轮机脱扣、发电机开关跳闸报警。

（3）主汽阀、调速汽阀关闭，开度指示到零，转速上升后又下降。

（4）抽汽止回阀及电动阀关闭。

（5）调节级压力到零。

（6）高、低压旁路开启。

（7）如机组当时负荷大于 30%，则 MFT 动作。

（8）如机组跳闸后，锅炉 MFT 未动作，则汽压、汽温猛升，汽包水位先下降后上升，电磁泄放阀动作。

造成机组甩全负荷主要原因如下：

（1）主变压器出口开关跳闸。

（2）汽轮机或电气跳机保护动作或误动。

（3）锅炉 MFT。

（4）运行人员误打闸。

当机组全甩负荷时，首先要确认旁路动作正常，迅速减少锅炉燃烧率，维持主蒸汽、再热蒸汽温度，汽包水位，除氧器水位等参数稳定。检查辅汽联箱压力正常，必要时切至启动锅炉或邻机供给。确认轴封供汽温度与缸温匹配。全面检查机组运行情况，确认汽轮机润滑油压、轴向位移、差胀、振动等参数均在正常范围内。注意厂用电运行情况。

（1）若甩负荷前机组负荷大于 30%，锅炉 MFT，按 MFT 动作处理，如 MFT 未动作，则手动 MFT，紧急停炉。若甩负荷前机组负荷小于 30%，由于发电机—变压器组开关跳闸引起汽轮机主汽门关闭，锅炉可继续维持运行，但应做如下处理：

1）汽轮机高、低压旁路自动开启，以维持主蒸汽压力稳定。

2）如旁路投入后，主蒸汽压力仍升高，应投油助燃，并停用制粉系统，保持燃烧稳定，维持主蒸汽压力正常。

3）检查确认电动给水泵转速调节正常，汽包水位正常。

4）如汽轮机旁路拒动，锅炉 MFT，按 MFT 动作处理。

5）恢复时升负荷速度不大于 15MW/min。

6）机组跳闸原因不明，短期不能恢复，应停炉。

7）在处理过程中，如调整不当造成 MFT，应按 MFT 动作处理。

（2）若甩负荷由保护动作引起，应查明故障原因，并通知有关检修专业处理，待故障排除或经生产副总经理（总工程师）批准后方可重新启动恢复机组运行。

（3）若甩负荷由运行人员误操作引起，则联系值长尽快恢复机组运行。

233. 机组甩部分负荷时，运行人员应当如何进行操作？

答：（1）发生机组甩部分负荷（RB）工况主要有以下几种情况。

1）当单台送风机、引风机、一次风机、空气预热器跳闸，且机组负荷大于一台设备允许的最大出力时，RB 发生。

2）当一台给水泵跳闸，5s 内备用给水泵未联启，且机组负荷大于一台给水泵的最大允许出力时，RB 发生。

3）当一台磨煤机跳闸，且机组负荷大于仍处于运行的磨煤机的最大允许出力时，RB 发生。

（2）RB 发生后的处理。

1）机组运行方式若处于"协调控制"方式下，负荷目标值自动切换到引起 RB 的设备的允许最大出力。

2）机组运行方式由"协调控制"转入"机跟炉"方式，由汽轮机控制主蒸汽压力。

3）RB 时切除 AGC。

4）2 台送风机、2 台引风机、2 台一次风机、2 台空气预热器中任 1 台停运或 1 台给水泵停运（5s 内未联启备用给水泵）；按照从上向下［上后（F）排，上前（E）排，中后（B）排］的顺序每隔 10s 停一排煤燃烧器，直到运行的煤燃烧器少于 4 排。

（3）当 RB 动作后自动处理无效时，则应手动处理。在进行处理的同时，应当及时查明 RB 动作原因。送风机、引风机、一次风机、空气预热器 RB 时，锅炉燃烧率 1min 内降至 50%；给水泵 RB 时，如电动给水泵启动带负荷，立即将燃烧率降至 80%以下，如电动给水泵未启动，将燃烧率降至 50%以下；注意水位和汽温变化，控制在正常值。

（4）RB 原因消除后，机组恢复正常运行。

234. 机组发生火灾事故时，应当如何进行处置？

答：（1）机组发生火灾的原因。

1）油系统漏油。

2）制粉系统着火。

3）电缆故障或室内配电装置故障。

4）变压器或互感器故障。

5）氢系统泄漏。

6）工作人员不慎。

（2）处理原则。

1）值班人员一旦发现火情，应立即采取相应措施并按《电力安全工作规程》有关规定进行灭火。

2）如火势严重无法扑灭，应立即通知消防队，并汇报单元长、值长，在消防队未到之前应设法控制火灾区域不使其蔓延。

3）值班人员应严守岗位，加强对机组运行情况的监视，保证非故障设备的正常运行，必要时停止受火灾威胁的运行设备，当火势威胁机组运行时，应紧急停机。

4）电气设备着火时，应先切断电源，然后进行灭火。

（3）火灾发生时的处理。

1）发生火警，应立即赶到现场，根据情况召唤厂消防队，并通知厂、部领导。检查启动消防泵，检查有关消防系统自动投入正常，若投入不正常或无自动灭火装置，则应使用有关消防器材进行灭火。如着火地点有电缆，必须先切断电源。

2）尽量隔离着火范围并保证机组安全运行。

3）当火灾严重威胁机组及人身安全时，应紧急停机。

4）因主油箱或其附近着火无法迅速扑灭，严重威胁油箱安全应立即破坏真空紧急停机。同时应开启主油箱事故放油阀进行放油，并保证机组惰走时间所需的润滑油。及时对发电机进行排氢及气体置换工作，将主机润滑油至密封油系统隔离阀关闭；待转子静止后，立即停止润滑油泵并进行定期手动盘车。待火势扑灭，应关闭油箱事故放油阀，尽快设法启动润滑油泵及顶轴油泵，投入主机连续盘车。

5）密封油系统着火无法迅速扑灭，严重威胁设备安全时，应破坏真空紧急停机，用二氧化碳进行发电机内气体置换，密封油系统尽量维持至机组转速到 0。

6）发电机或氢冷系统发生火灾，应破坏真空紧急停机。发电机或氢冷系统着火，应迅速关闭发电机进氢阀，开启发电机进氢管排氢阀，降低发电机内氢压至 $0.02\sim0.05\mathrm{MPa}$。当机组转速下降至 $1000\mathrm{r/min}$ 以下时，立即用二氧化碳进行发电机内气体置换，进行排氢灭火，尽量保证水冷系统继续运行。

发电机出口或封闭母线等处发生氢爆炸情况属于重大事故，一般设备损坏严重，已经无法正常供电，发电机差动保护会立即动作跳闸停机。集控值班员应立即检查发电机出口开关、灭磁开关是否跳闸，如未能跳闸应人工断开；还应检查厂用电切换情况是否正常，并拉开发电机出口隔离开关，将厂用电工作电源开关、脱硫变压器低压开关拉出盘外；立即切断氢源管路，展开灭火救助。

如为紧靠发电机出口线棒处着火，应开启发电机内部消防水管灭火系统，必要时开启外部消防水进行外部辅助灭火，直至将火扑灭。

7）一般电气设备（如电动机、电缆、厂用变压器及配电装置）发生火灾时，必须首先切断电源，然后使用正确的灭火器灭火。电气设备附近发生火灾，威胁设备安全运行时，应停止有关设备运行并切断电源。

8）主变压器、高压厂用变压器、脱硫变压器、励磁变压器发生火灾，应紧急停机，采取相应停机措施后进行灭火。发电机—变压器组中间无断路器，若失火，在发电机未停止惰走时，严禁人员靠近变压器灭火。

9）制粉系统着火时，立即将对应的磨煤机隔离，关闭磨煤机出口门，关闭磨煤机冷、热风风门，磨煤机混风门，关闭给煤机出口煤闸门，关闭磨煤机密封风电动隔离门，关闭磨煤机石子煤排放阀，开启磨煤机蒸汽灭火阀对磨煤机进行灭火，或用灭火器进行灭火。

10）空气预热器着火时，立即停止锅炉运行，关闭该空气预热器进口烟气挡板，关闭该空气预热器出口热一、二次风挡板，停止送风机、引风机、一次风机运行，关闭送风机和一次风机出口联络管风门及空气预热器侧一次风压力冷风门。开启空气预热器疏水阀，并用消防水进行灭火。

11）燃油系统附近着火时，应首先停止燃油泵的运行，将着火点隔离，切断电源，再灭火处理。

（4）灭火方法、使用器材及注意事项。

1）未浸油类的杂物着火时，可用水、泡沫灭火器、沙子等灭火。

2）浸有油类的杂物着火时，应用泡沫灭火器、沙子等灭火。

3）油箱和其他容器内的油着火时，可用泡沫灭火器。必要时可用湿布扑灭或隔绝空气，但禁止使用沙子和不带喷嘴的水龙头灭火。

4）带电设备着火，应首先切断电源，然后用1211、CO_2、干粉灭火器等灭火，不准用泡沫灭火器灭火。电动机着火，不准用沙子或大股水注入电动机内进行灭火。

5）带电设备着火，如不能立即切断电源，可用1211、CO_2灭火器灭火，禁止使用其他非绝缘性的灭火器材。

6）蒸汽管道或其他高温部件着火，不准用1211、CO_2灭火器灭火，以防热应力损坏设备。

7）设备的转动部分及调速系统着火，禁止用沙子灭火，同时参照上述有关规定执行。

8）抗燃油对人体有腐蚀作用，进行灭火及其他工作时应特别注意。

9）氢气系统着火，主要用1211、CO_2灭火器灭火。

10）发电机—变压器组中间无断路器，若着火，在发电机未停止惰走时，严禁人员靠近变压器灭火。

11）主变压器、高压厂用变压器、脱硫变压器着火时，可用水喷淋装置进行灭火。

12）集控室、网控室内着火时，除用常规灭火手段外，还可用自动灭火系统进行灭火。

13）燃油泵房着火时，除用常规灭火手段外，还可用水喷淋及泡沫灭火系统进行灭火。

235. 对机组运行来说，频率变化应当如何处理？

答：（1）频率变化时的现象。

1）低频率时，CRT 及记录仪显示转速下降，机组有功自行增加，机组及辅助设备声音异常，有关辅助设备出力下降。

2）高频率时，CRT 及记录仪显示转速上升，机组有功自行减少，机组及辅助设备声音异常，有关辅助设备出力增大。

（2）造成频率变化的原因。

1）低频率是由于电网中有功负荷大于有功电源容量所致。

2）高频率是由于电网中有功电源大于有功负荷容量所致。

3）系统振荡。

（3）发生系统频率变化时的处理措施。

1）除机组自身的一次调频特性外，电网频率由调度统一调整、管理。

2）二次调频按调度规程有关规定执行。

3）电网频率异常时，汽轮机某些叶片有发生共振断裂的危险，发生频率异常，应立即汇报值长。

4）电网频率异常时，发电机—变压器组低频保护、过励磁保护有可能动作，应及时调整发电机出口电压，控制发电机出口电压与频率标幺值之比在 1.05 倍以内。

5）低频率时，运行人员应监视调整机组负荷，注意汽轮机调节级压力在容许值范围，禁止机组出力大于铭牌的最大出力。

6）频率异常时，有关辅助设备出力将变化，应严格检查、监视主蒸汽、再热蒸汽参数、机组振动、轴向位移、推力轴承温度、凝汽器真空、各油压、水压、水位、各辅助设备电流等参数，保证这些参数在运行限额内，否则应作出相应处理。

7）频率为 48.5～50.5Hz 时汽轮机允许连续运行，机组允许

的频率变化范围及允许连续运行时间见表 6-1，超出表内规定的
限制值，应故障停机。

表 6-1　　　　　机组允许频率变化范围和连续运行时间

频率范围（Hz）	允许时间	
	每次（s）	累计（min）
51～51.5	30	32
50.5～51	180	198
48.5～50.5	连续运行	
48.5～48	300	330
48～47.5	60	66
47.5～47	20	11
47～46.5	5	2.2

8）由于电力系统振荡引起频率异常，应立即报告值长或单
元长，并按系统振荡原则处理。

第二节　汽轮机常见故障及处理

236. DEH 画面无响应时，应当如何处理？

答：（1）DEH 画面无响应主要现象。

1）DEH 画面无任何过程画面或虽然有画面，但无任何
响应。

2）DEH 画面显示失去。

3）机组可能跳闸。

（2）造成 DEH 画面无响应可能的原因。

1）鼠标故障。

2）显示器、DEH 软硬件故障。

3）操作员站电源失去。

4）DEH 电源失去。

（3）DEH 无响应时的处理原则。

1）及时通知热工人员赶赴现场，进行 DEH 故障处理。

2）检查 DEH 画面显示正常。

3）向有关部门汇报，撤出 AGC 停止机组升、降负荷，尽量保持机组运行方式不变，不进行影响机组稳定运行的操作。

4）加强 DEH 上重要参数监视及就地巡检，保持机组各参数稳定。

5）如机组跳闸，应就地检查各汽门关闭，前箱转速指示连续下降。

6）启动主机各油泵运行，打开高压排汽通风阀及紧急排放阀，由 OS 画面监视主机相关参数正常。

7）完成机组正常停机方式的各项操作。

237. 发生汽轮机水冲击后，应当如何处理？

答：（1）正在运行中的汽轮机，出现下列现象时可以认定是发生水冲击。

1）主蒸汽、再热蒸汽温度急剧下降，过热度减小。

2）汽轮机上下缸温差增大并报警。

3）汽轮机或蒸汽管道内有水击声，机组或蒸汽管道振动加剧。

4）负荷波动且减小，胀差减小，轴向位移增加，推力轴承温度升高。蒸汽管道法兰、阀杆、汽缸结合面、轴封等处冒白汽或溅出水滴。

（2）形成水冲击的原因。

1）汽包满水或蒸汽流量突增过大产生汽水共腾。

2）锅炉燃烧调节不当或失控。

3）锅炉主蒸汽、再热蒸汽减温水调节不当或失灵。

4）机组启动时暖管疏水不彻底或疏水不畅通。

5）加热器或除氧器满水倒入汽轮机内。

6）轴封汽系统或抽汽管道疏水不畅，积水或疏水进入汽缸。

7）机组启停过程中，高压旁路减温水故障，通过冷却再热器管道进水。

8）主蒸汽、再热蒸汽温度指示失常。

（3）发生水冲击时，运行人员应当按下列措施进行相应处理。

1）发现主蒸汽或再热蒸汽温度不正常下降时，应立即核对有关表计，确认汽温真实下降。

2）确认机组发生水冲击，应立即破坏真空紧急停机。

3）主蒸汽或再热蒸汽温度不正常下降时，应加强对汽轮机上、下缸金属温度及温差的监视，发现主蒸汽、再热蒸汽管道法兰、阀杆、汽缸结合面、轴封等处冒白汽或溅出水滴时，应立即破坏真空紧急停机。当高压内缸上下温差达35℃，外缸温差达50℃时，应立即破坏真空紧急停机，并开启与汽轮机本体相通的所有疏水阀及主蒸汽、再热蒸汽管道疏水阀。

4）运行中主蒸汽或再热蒸汽温度突降超过50℃，应立即破坏真空紧急停机。

5）检查与汽轮机本体相通及有关蒸汽管道疏水阀打开，充分进行疏水。

6）查明并彻底消除水冲击的原因或隔离故障设备。

7）发现主机上、下缸温差增大或各抽汽管道、高压排汽管道上、下壁温差增大时，应开启相应管道的疏水阀，同时检查相应的抽汽温度及加热器水位情况，如果确认是加热器水位过高或异常，或是高压旁路减温水阀异常引起的上下缸温差增大达规定值，应立即破坏真空紧急停机。

8）如发生水冲击，轴向位移、推力轴承温度超限，惰走时间明显缩短或机内有异声，动静部分发生摩擦，应揭缸检查。

9）汽轮机盘车中发现进水，必须保持盘车运行一直到汽轮机上下缸温差恢复正常。同时加强汽轮机内部声音、转子偏心度、盘车电流等的监视。

10）正确记录并分析惰走时间，及时投入连续盘车，测量大轴弯曲，倾听机内声音。如惰走时间、推力轴承温度、轴向位移、差胀、振动、上下缸温差均正常，机内动静部分未发生摩擦及异声，在消除水冲击原因并对本体、主、再热蒸汽管道及抽汽管道彻底疏放水后，可联系值长重新启动。

（4）汽轮机因进水而导致停机，再次启动前应满足下列条件。

1）水源已查明并切断和彻底消除，同时确认不会再次发生重新进水。

2）转子应进行充分连续盘车，一般不少于 4h，如中间停止盘车，则需要延长盘车时间。

3）主机偏心不偏离大修后首次测得原始值的 110%。

4）在盘车状态下监听缸内不得有金属摩擦声。

5）高、中压外缸上、下缸温差不超过 50℃，内缸上、下缸温差不超过 35℃。

238. 汽轮机发生异常振动时，应当如何处理？

答：（1）故障现象。正常运行中的汽轮机组轴承振动指示突然升高、报警，运行人员至就地感觉振动明显增大，且伴有支持轴承金属温度及回油温度可能升高。

（2）造成汽轮机组振动异常的原因。

1）机组负荷、进汽参数骤变。

2）润滑油压力、温度或发电机密封油温度变化。

3）机组动静部分发生摩擦，或大轴弯曲。

4）机组发生水冲击。

5）加热器运行异常，导致汽轮机进水。

6）轴封蒸汽温度与汽封金属温度严重不匹配。

7）汽轮机断叶片。

8）汽轮机滑销系统卡涩。

9）汽轮机动静中心不一致、联轴器松动或转动部件脱落。

10）轴承固定不良或损坏。

11）发电机各组氢冷器出口氢温过高或偏差过大。

12）发电机定子、转子电流不平衡。

13）发电机或系统发生振荡。

14）机组启动过程中暖机不充分。

15）机组发生油膜振荡。

16）表计失灵。

（3）发生振动异常时，应当按下列措施进行处理。

1）汽轮机冲转后在一阶临界转速前，任一轴颈处轴振动超过 0.125mm 应立即打闸停机查找原因，不得降速暖机。

2）机组启动过程中，因振动而停机后，必须全面检查。确认机组负荷启动条件并连续盘车 4h 以上，才能再次启动，严禁盲目启动。

3）机组轴振动达 0.125mm 报警，应适当降低负荷，查明原因予以处理，并汇报单元长、值长，必要时应通知检修处理。

4）在稳定工况下，汽轮发电机组轴振动幅值突然变化超过 0.05mm，一般预示着机组发生了损坏或是故障预兆，应立即采取措施将机组稳定在允许振动限值内，否则应果断停机。

5）若机组负荷或进汽参数变化大引起振动增加，应稳定负荷及进汽参数，同时检查汽缸总胀、差胀、轴向位移、上下缸温差变化情况及滑销系统有无卡涩现象，待上述参数均符合要求、振动恢复正常后再进行变负荷。如发生水冲击，则按"汽轮机水冲击"处理；如轴向位移异常，则按"轴向位移增大"处理。

6）由于加热器运行异常倒汽进汽轮机，引起机组振动异常，应及时调整加热器运行方式，保证各疏水回路畅通，调节加热器水位在正常范围。

7）若由于轴封供汽温度与汽封金属温度严重不匹配，应检查轴封系统的运行情况，及时调整该工况下轴封供汽温度与金属温度相匹配。

8）检查润滑油压力、温度及发电机密封油温度情况是否正常，并按要求进行调整。

9）倾听机内声音，检查各轴承金属温度及回油温度有否升高现象，判断轴承是否损坏。

10）检查发电机各组氢冷器出口氢温是否正常，如出口氢温或偏差超限，应设法调整并维持在正常范围。

11）检查发电机定子、转子电流情况并消除不平衡因素。

12）电力系统振荡引起机组振动异常的，应立即汇报值长。振动越限，应紧急停机。

13）经处理无效，机组轴承振动达 0.250mm，其余任一轴振动达 0.125mm 或汽轮发电机组内有明显的金属摩擦声或撞击声，应破坏真空紧急停机。

14）如因安装或检修工艺不良，停机后由检修重新调整。

239. 当汽轮机组轴向位移增大时，运行人员应当采取什么措施？

答：（1）汽轮机组轴向位移增大的现象。

1）轴向位移指示增大。

2）轴向位移超限报警。

3）推力轴承金属温度及回油温度升高。

4）机组振动可能增加。

（2）造成轴向位移增大的主要原因。

1）负荷或蒸汽流量大幅度变化。

2）主、再热蒸汽温度大幅度下降或汽轮机水冲击。

3）叶片严重结垢或断落。

4）推力轴承磨损或汽封磨损漏汽增大。

5）高压加热器故障切除或凝汽器真空下降，引起通流部分过负荷。

6）发电机转子窜动。

7）电网频率下降。

8）表计失灵。

（3）发生轴向位移增大时，运行人员应当按下列措施进行相应处理。

1）当轴向位移增大时，应检查机组负荷、蒸汽参数、凝汽器真空、润滑油压力、推力轴承温度、差胀、振动、机内声音、电网频率、发电机运行情况等，并汇报值长，适当降低机组负荷，查明原因，做相应处理。

2）如推力轴承金属温度或回油温度异常，应按"轴承温度升高"处理。

3）如轴向位移增加，且机内出现金属响声或机组发生强烈振动，应破坏真空紧急停机。

4）经处理无效，轴向位移增大至 1.2mm 或减小至－1.65mm 保护动作，应破坏真空紧急停机。

240. 叶片损坏或断落有哪些现象？应当如何处理？

答：（1）故障的主要现象。

1）机内发出明显的金属撞击声或通流部分发出不同程度的摩擦声。

2）机组振动突然明显增大。

3）在蒸汽参数、真空、调节汽门开度不变的情况下，机组负荷减小，调节级或某级抽汽压力降低。

4）热井水位升高，凝结水电导率、硬度均增大，或某加热器水位异常升高。

（2）故障的主要原因。

1）叶片本身有缺陷。

2）蒸汽品质不合格，叶片结垢引起局部过负荷或腐蚀破坏。

3）长期超低频率或超高频率运行。

4）异物进入机内或水冲击。

5）机组超负荷运行。

6）动静之间发生摩擦。

（3）根据造成故障的原因不同，应当采取相应的措施进行处理，主要处理方法如下。

1）在相同工况下，发现机组负荷下降，调节级或某级抽汽压力及级间差压异常变化，振动增加，轴向位移、推力轴承温度有明显变化时，应汇报集控长、值长，要求减负荷或停机处理。

2）机内发出明显的金属撞击声或摩擦声应立即破坏真空紧急停机。

3）通流部分发出异声，且机组发生强烈振动，应立即破坏真空紧急停机。

4）如叶片断落打坏加热器管子使水位升高，应按"加热器满水"处理，防止汽轮机进水。

5）如叶片断落打坏凝汽器钢管，热井水位异常升高，应按破坏真空紧急停机处理，并加强对凝结水质的监视。

241. 破坏真空紧急停机操作步骤有哪些？

答： 在控制盘按"紧急停机"按钮或在机头手拉汽轮机跳闸手柄，检查 DEH 控制画面上所有汽阀显示关闭，发电机解列，确认厂用电切换成功，检查高中压主蒸汽门及调节汽门、各抽汽电动阀及止回阀、高压排汽止回阀关闭，高压排汽通风阀、高中压缸紧急排放阀打开，汽轮机转速应连续下降。确认汽轮机转速开始下降后，执行下行操作步骤：

（1）检查交流辅助润滑油泵、启动油泵、顶轴油泵自启动成功，润滑油压力正常。

（2）检查汽轮机防进水保护相关阀门自动开启，否则应手动开启。

（3）解除真空泵连锁，停真空泵，开凝汽器 A、B 真空破坏阀。

（4）检查高、低压旁路是否动作，若已打开应立即手动关闭。

（5）关闭主、再热蒸汽管道上的疏水阀，若循环水中断，关闭至凝汽器所有疏水。

（6）汽动给水泵 A 和 B 手动打闸，确认电动给水泵联启正常。

（7）将辅联汽源切为冷再热器或邻机供，检查轴封汽自动切换正常。

（8）检查并调整凝汽器、除氧器水位维持在正常范围。

（9）检查低压缸喷水阀自动打开并调整排汽温度在正常范围内。

（10）真空到零及时停止轴封系统运行。

（11）在转速下降的同时，进行全面检查，仔细倾听机组内部声音。

（12）待转速到零，投入连续盘车，记录惰走时间及转子偏心度。

（13）完成正常停机的其他有关操作。

242. 不破坏真空紧急停机操作步骤有哪些？

答： 在控制盘按"紧急停机"按钮或在机头手拉汽轮机跳闸手柄，检查 DEH 控制画面上所有汽阀显示关闭，机组负荷到 0，发电机解列，确认厂用电切换成功，汽轮机转速应连续下降。确认汽轮机转速开始下降后，执行下列操作步骤：

（1）检查高、中压主汽门及调节汽门、各抽汽电动阀及止回阀、高压排汽止回阀关闭，高压排汽通风阀、紧急排放阀打开。

（2）检查交流润滑油泵、启动油泵自启动成功，润滑油压力正常。

（3）检查高、低压旁路，根据需要调节旁路阀开度。

（4）检查相应疏水阀打开。

（5）检查并启动电动给水泵运行正常。

（6）打闸给水泵汽轮机 A、B，保持前置泵运行。

（7）检查并调整凝汽器、除氧器水位维持在正常范围。

（8）检查低压缸喷水及疏扩喷水应自动打开并调整。

（9）检查并调整轴封汽压力维持在正常范围。

（10）在转速下降的同时，进行全面检查，仔细倾听机组内部声音。

（11）待转速到零，投入连续盘车，记录惰走时间及转子偏心度。

（12）完成正常停机的其他有关操作。

243. 在进行停机不停炉的操作时，有哪些注意事项？

答：停机不停炉是在汽轮机跳闸的情况下，快速减少锅炉负荷并稳定锅炉燃烧，以保证在不停炉的情况下，维持锅炉运行，待事故消除后，迅速恢复机组正常运行。在进行停机不停炉的操作时，有下列注意事项：

（1）汽轮机跳闸后，确认高中压主汽门、调节汽门关闭。高压排汽止回阀、各抽汽止回阀关闭，高压缸通风排汽阀开启，汽轮机转速开始下降。

（2）确认厂用电切换至启动备用变压器正常，确认发电机出口断路器断开，励磁开关断开。

（3）确认主汽轮机交流润滑油泵、辅助油泵自启，油温、油压正常；确认高、低压旁路快开，检查主蒸汽、再热蒸汽压力和汽包水位正常，及时调整旁路开度，防止高压旁路快开后又自动关闭导致锅炉 MFT。

（4）检查炉膛压力正常，根据需要增投油枪，稳定燃烧，及时调整燃料量，保持两台或一台磨煤机运行。如果燃烧不好，立即手动 MFT；注意主蒸汽、再热蒸汽温度，防止管壁超温；空气预热器连续吹灰，通知控制人员撤出部分电场。

（5）确认汽动给水泵汽源已自动切至高压汽源，检查汽动给水泵排汽温度等参数正常，必要时停运汽动给水泵，启动电动给水泵维持汽包水位。同时检查除氧器水位正常。

（6）检查汽轮机润滑油温、油压、轴承金属温度、轴向位移、差胀、振动等参数正常；确认防进水保护动作正常；检查辅汽母管压力正常，必要时切至邻机供给；检查轴封蒸汽压力、温度正常；除氧器加热切至辅汽供给，防止除氧器水冲击。

（7）汽轮机转速到零后确认盘车自投。

（8）停机不停炉其余操作参照正常停运执行。

第三节　锅炉常见故障及处理

244. 锅炉 MFT 动作现象是什么？应当如何处理？

答：（1）MFT 动作时，常有以下现象。

1）"MFT"动作声光报警，"汽轮机跳闸"、"发电机跳闸"等指示灯亮。

2）汽轮机和再热器主汽门、调节汽门、加热器的抽汽电动门、止回门关闭；汽轮机主汽管疏水门、本体疏水门、抽汽管疏水门开启。

3）发电机出口开关、励磁开关跳闸，厂用电快切到备用电源供电。

4）锅炉熄火，火焰监视工业电视上无火焰，所有火检失去，所有运行的一次风机、磨煤机、油枪跳闸；燃油系统跳闸阀、减温水电动门及调门自动关闭。

5）给水泵再循环门自动开启。

6）MFT 首次跳闸原因指示灯亮。

（2）发生 MFT 时，应按下列措施进行处理。

1）确认发电机出口开关、励磁开关跳闸，厂用电快切至启动/备用变压器供电，厂用电系统正常。

2）确认汽轮机跳闸，汽轮机转速下降，高、中压主汽门、调节汽门、抽汽止回门关闭；汽轮机防进水保护相关阀门开启，汽轮机事故排放阀和高压排汽通风阀自动开启。

3）确认锅炉燃料已切断，所有磨煤机、给煤机、一次风机，点火油进、回油跳闸阀、油枪燃油电磁阀，以及磨煤机出料阀、一次风隔离门、给煤机出口门全部关闭；锅炉减温水电动门、调整门连锁关闭。

4）确认炉膛负压、二次风母管压力正常，将总风量调整到吹扫风量，炉膛吹扫 5min。

5）关闭冷再热器到辅汽电动门，确认辅汽压力正常，轴封压力正常，汽轮机真空正常，投用除氧器加热。

6）确认汽轮机惰走时 TSI 参数正常；转速为 2000r/min 时，顶轴油泵自启；零转速时，盘车电动机自启动，盘车自动啮合，确认盘车电流、偏心度正常。

7）对跳闸的磨煤机进行惰性处理。

8）如故障可很快消除或保护误动，应做好重新启动的准备。

9）若机组不能启动，则按正常停机处理。

245. MFT 动作时有哪些处理原则?

答：(1) 处理过程中，各项保护必须按要求全部投入，不允许任何人临时退出保护。

(2) 当检查锅炉 MFT 保护动作原因不明或机组有明显缺陷不具备重新启动条件时，要立即打闸停机。

(3) 注意汽轮机交流辅助油泵、启动油泵应自启，否则手动开启，检查油压油温正常，注意汽轮机惰走时间，在转速下降时及时自启顶轴油泵，及时投入汽轮机、给水泵汽轮机盘车。

(4) 如 MFT 动作原因一时难以查明或消除，应按正常停炉处理。保留必要的辅助设备运行，锅炉保持备用状态，炉前油系统备用。

(5) 查明 MFT 原因并消除后，进行炉膛吹扫，MFT 复归后重新点火。

(6) 当机组重新并列，且负荷大于 50% 时，应逐台吹扫因 MFT 动作跳闸且尚未投用的磨煤机。

(7) 恢复过程中避免负荷上升过快，及时调整相应辅助风，确保燃烧良好。注意汽包水位及汽温的调节，维持水位稳定及汽温稳步提升。

(8) 及时开启汽轮机各疏水门，检查各排汽温度在规程规定的范围内。

(9) 在整个处理过程中要严密监视汽轮机胀差、轴位移、上下缸温差、各轴承振动及轴瓦温度在规程规定的范围内，否则应打闸停机。

246. 防止锅炉尾部再次燃烧事故的运行措施有哪些？

答：（1）保持设备完好状况。回转式空气预热器应设有可靠的停转报警装置、完善的水冲洗系统和必要的碱洗手段，并宜有停炉时可随时投入的碱洗系统。消防系统要与空气预热器蒸气吹灰系统相连接，热态需要时投入蒸汽进行隔绝空气式消防。回转式空气预热器在空气及烟气侧应装设消防水喷淋水管，喷淋面积应覆盖整个受热面。若发现空气预热器停转，立即将其隔绝，投入消防蒸汽和盘车装置。若挡板隔绝不严或转子盘不动，应立即停炉。若空气预热器出入口挡板不严或排烟温度达到230℃，应立即停炉。

（2）启动时的注意事项。

1）每次锅炉点火前必须进行短时间启动冲洗水泵试验，以保证空气预热器冲洗水泵及其系统处于良好的备用状态，具备随时投入条件。锅炉点火前要进行25％～30％MCR通风量进行炉膛吹扫，吹扫时间为5min，吹扫结束后方可进行点火。空气预热器各部分热工温度监测系统应正常投入，并定期进行试验。

2）锅炉启动过程中，当热一次风温达到160℃以上时方可启动第一套制粉系统运行；磨煤机启动后，磨煤机一次风量应保持在60％～80％之间运行，磨煤机一次风量低于40％时，及时投入该磨煤机所对应的油枪稳燃。

3）精心调整锅炉制粉系统和燃烧系统运行工况，防止未完全燃烧的油和煤粉存积在尾部受热面或烟道上。回转式空气预热器在运行前，应当检查出入口烟风挡板，应能电动投入且挡板能全开、关闭严密。保证煤粉细度符合要求，磨煤机正常运行时，保持低料位并控制风压在250～400Pa之间，严密监视磨煤机电流在130～145A之间，当磨煤机电流低于130A时，及时联系运行人员加钢球，以保证磨煤机的煤粉细度。

4）锅炉燃用渣油或重油时应保证燃油湿度和油压在规定值

内，保证油枪雾化良好、燃烧完全。锅炉点火时应严格监视油枪雾化情况，一旦发现油枪雾化不好应立即停用，并进行清理检修。

（3）运行中的注意事项。

1）运行时，要防止省煤器、空气预热器烟道在不同工况的烟气温度超温，当烟气温度超过规定值时，应立即停炉。利用吹灰蒸汽管或专用消防蒸汽将烟道内充满蒸汽，并及时投入消防水进行灭火。预热器出口一次风温不大于370℃，二次风温不大于400℃，如果风温上升较快，必须到就地检查。

2）空气预热器入口烟温不正常地升高，有再燃烧迹象时，应立即查明原因，并采取相应的调整措施，同时对烟道受热面进行吹灰；经处理无效，使预热器出口烟温上升到230℃时，立即紧急停炉；停炉后立即停用所有引、送风机，关闭风烟系统的所有风门、挡板，投入相应吹灰器进行灭火；空气预热器燃烧严重时，联系检修投入水冲洗进行灭火或使用消防水进行灭火。

3）锅炉负荷低于50％额定负荷时应连续吹灰，锅炉负荷大于75％额定负荷时至少每8h吹灰一次，当回转式空气预热器烟气侧压差增加或低负荷煤、油混烧时应增加吹灰次数。

4）若锅炉较长时间低负荷燃油或煤油混烧，可根据具体情况，利用停炉对回转式空气预热器受热面进行检查，重点是检查中层和下层传热元件；发现有垢要碱洗。

5）锅炉停炉1周以上时必须对回转式空气预热器受热面进行检查，若有存挂油垢或积灰堵塞的现象，应及时清理并进行通风干燥。

6）锅炉熄火时应立即切断所有燃料，以免造成大量可燃物进入尾部烟道；锅炉熄火后，引、送风机运行，保持30％MCR通风量吹扫5min，进行炉膛吹扫，吹扫完成后，方可停运送、引风机；送、引风机停运前，应将炉前油系统彻底隔离。

7）锅炉MFT动作后，若引、送风机已跳闸，应保持自然通风冷却15min，然后启动引、送风机建立吹扫条件，进行通风吹扫。

247. 防止锅炉灭火的运行措施有哪些?

答: 根据相关规定中防止炉膛灭火的要求以及设备的状况,制定防止锅炉灭火的措施,应包括煤质监督、混配煤、燃烧调整、低负荷运行等内容,并严格执行。

(1) 加强燃煤的监督管理,完善混煤设施。

1) 加强配煤管理和煤质分析,并及时将煤质情况通知值长和机长,做好调整燃烧的应变措施,防止发生锅炉灭火。集控人员根据煤质情况调整燃烧,当煤质较差时,应适当降低一次风速,提高煤粉浓度,增加并稳定下排火嘴出力,严防风量过大。保持制粉系统运行经济稳定,煤粉细度符合锅炉燃烧的需求。保持合适的过量空气系数,采用合理的助燃风及燃尽风配风方式,确保氧量在规定值。

2) 锅炉做炉内空气动力场试验时,应根据设计煤种、校核煤种,以及今后实际运行中可能燃用的煤种情况,进行充分的试验。各项风量风速标定要准确,前、后墙燃烧器风量均衡,一次风、内外二次配风合理,保证炉膛有较好的空气动力场,做好数据记录。

(2) 运行控制措施。

1) 当负荷较低时,要较集中地投入火嘴,保持较高的炉膛温度,并维持中下排较大出力。低负荷及燃烧不稳时,应及时投油助燃。

2) 高负荷时应保证各层燃烧器负荷平均,使炉内热负荷分配不致太过集中,这对于燃用易结焦煤种尤为重要。

3) 运行中应加强对机组主要运行参数的监视,注意主蒸汽压力、给煤量及氧量的变化,当自动失灵时应及时解除,防止因发现不及时、处理不当而造成熄火。

4) 当发生辅机故障时应冷静判断,及时处理,防止处理不当而造成熄火。

5) 定期试验油枪,保证油枪雾化良好,每次停炉做油枪配风试验,保证点火时油枪着火稳定。

6）锅炉每次点火前，必须以30％额定风量进行不少于5min的通风吹扫，点火初期应密切注意炉膛负压的变化及就地火嘴的着火情况。

7）运行中应加强检查火嘴来粉及结焦情况，发现火嘴结焦、气流偏斜，应及时清焦。应对称投入燃烧器，严禁缺角，配风时尽量使各处空气系数均匀。

（3）其他技术管理措施。

1）加强对火检探头的检查维护，维护部门定期擦拭探头，保持探头清洁，发现缺陷及时处理，严禁随意退出探头及保护，若因缺陷需要退出时，应经总工程师批准，并做好安全措施。

2）加强对燃油系统各阀门的检查与维护，消除内漏；对油跳闸阀定期试验，确保动作可靠，关闭严密。

3）当燃烧器有缺陷时，应停炉处理，确保着火燃烧安全可靠及动力场良好。当炉膛已经灭火或已局部灭火并即将全部灭火时，严禁投油助燃。锅炉灭火后，应立即停止燃料供给，严禁用爆燃法点火，经通风5min，并消除熄火原因后方可重新点火。

4）灭火保护及热工电源应采取双电源方式，保证电源可靠。应按规定做灭火保护静态和动态试验。做静态试验时，应试验灭火保护动作的每个条件，以保证保护动作可靠。灭火保护有缺陷，不能保证正常投入时，严禁启动锅炉。

5）锅炉炉膛结渣除影响锅炉受热面安全运行及经济性外，往往由于锅炉在掉渣的动态过程中，引起炉膛负压波动或灭火检测误判等因素而导致灭火保护动作，造成锅炉灭火。因此，除应加强燃烧调整和防止结渣外，还应保持吹灰器正常运行。

248. 防止制粉系统爆炸的措施有哪些？

答：在制粉系统中，凡是发生煤粉沉积的地方（包括系统管道、制粉设备及煤粉仓），煤粉会开始氧化，放出热量使温度升高，继而加快氧化、放热、升温。经一定时间后温度会达到自燃温度并发生自燃，可能出现爆炸事故。因此，积粉、自燃是制粉系统爆炸的主要原因。在正常运行中，制粉系统中的煤粉浓度在较大的范围内波动，具备爆炸浓度的条件几乎不可避免，因此，制粉系统防爆的主要措施如下：

（1）检查制粉系统及设备可能积粉的部位，注意消除气粉流动管道的死区和系统死角。保证粉管弯头及变形部分内壁光滑，且管道任何部位流速应高于 18m/s。

（2）加强原煤管理，按规程规定检查煤质，并及时通报有关部门，清除煤中自燃物，严防外来火源。加强与燃料运行的联系，尽量不燃用湿煤和其他煤种，保证煤质合格。必须燃用非设计煤种时，应采用相应的运行方式，原煤品质参数设定值应尽量确保与实际煤种相符。

（3）保持制粉系统稳定运行，严格执行规程规定，保持磨煤机最佳工况运行，严格控制各项参数在规程规定范围内。消除制粉系统漏风，保持其严密性。保持磨煤机以正常方式运行，特殊情况下，不得不采用非正常运行方式时，经发电部批准，可采用给煤机单台运行或一对燃烧器运行。

（4）制粉系统的结构强度应能满足防爆规程规定的抗爆强度要求，以防止事故扩大。

（5）磨煤机停止状态下，严禁加钢球；磨煤机跳闸后，严禁内部检修，必须检修时，应制定相应措施。各加球室上盖必须保证密封垫良好，严防漏粉至加球室。

（6）保持制粉系统惰化和消防系统处于随时可投运状态。当制粉系统停用时，要对磨煤机内部清空，粉管内部吹扫干净后才能停运，吹扫时间不得少于 20min，风量保持在 95t/h 以上。磨煤机筒体内部及分离器惰化要彻底，这样才可有效地防止制粉系统的爆炸。

（7）对于故障停运的制粉系统应随时关注磨煤机分离器的温度及一氧化碳浓度，及时进行惰化处理，并且启动慢速盘车装置运行。

（8）经常保持制粉系统及设备周围环境的清洁，不得有积粉

存在。磨煤机停止备用时，经常检查磨煤机出口温度的变化情况，发现异常及时进行处理。

（9）磨煤机检修期间，运行人员应随时了解检修磨煤机的状态，若磨煤机出口温度达到150℃，应通知检修人员，停止检修工作，收回工作票，关闭给煤机端盖及其他敞口处进行惰化。待各部正常后，重新进行工作。

（10）磨煤机发生爆炸事故后，立即停止该磨煤机的运行及检修工作，根据现场情况进行惰化、投消防蒸汽灭火等相应处理。火势严重时应拨打火警电话。灭火后联系检修进行检查，待全部恢复后，方可进入备用状态。

249. 防止直流锅炉断水、分离器满水和储水箱缺水事故的措施有哪些？

答：为防止直流锅炉断水、分离器满水和储水箱缺水事故，首先要在设计施工时做好相关措施。对运行人员而言，有以下保证措施：

（1）保证测量装置的正确性。

1）给水流量和水位测量系统应采取正确的保温、伴热及防冻措施，以保证测量系统的正常运行及正确性。

2）在确认保护定值时，应充分考虑因温度不同而造成对给水流量和水位的影响，必要时采取补偿措施。

3）直流锅炉应配置彼此独立的水位计，控制室内应有可靠的远程水位显示装置，以保证在任何运行工况下直流锅炉分离器和储水箱水位的正确监视。

4）差压式远传水位计应具有压力补偿功能，以保证各种工况下都能显示真实水位的变化。远传水位计必须定期核对，以便及时发现并处理水位计的缺陷。

5）直流锅炉应至少配置三个彼此独立的给水流量测量装置，锅炉给水流量保护应采用三取二的逻辑判断方式；当有一点因某种原因须退出运行时，应自动转为二取一的逻辑判断方式，并办理审批手续，限期（不宜超过 8h）恢复；当有两点因某种原因须退出运行时，并自动转为一取一的逻辑判断方式，并制定相应的安全运行措施，经总工程师批准，限期（8h 以内）恢复，如愈期不能恢复，应立即停止锅炉运行；在给水流量发生测量故障的情况下，应有可靠的保护措施，以防保护误动。

（2）保证保护装置的可靠性。

1）给水流量和水位保护是锅炉启动的必备条件之一，保护不完整严禁启动。

2）直流锅炉应有可靠完善的水冷壁、过热器壁温测量装置，壁温发生大幅变化时，应及时检查给水流量和分离器出口温度的变化并做出相应调整，严防锅炉断水和过热器进水，并做好事故预想。

3）任何情况下，给水流量低于启动流量时应能及时报警。

4）锅炉进入纯直流状态运行后，应有中间点温度超过规定值时的报警装置。

5）直流锅炉应有可靠的断水保护装置，断水时间超过制造厂规定的时间时应能自动切断锅炉燃料供应。

6）当在运行中无法判断锅炉给水流量时，应紧急停炉。

7）加强储水箱水位的调整和炉水循环泵的检查。循环泵差压保护采取二取二方式时，当有一点故障退出运行时，应自动转为一取一的逻辑判断方式，并办理审批手续，限期恢复（不宜超过 8h）。当两点故障超过 4h 时，应立即停止该循环泵运行。

（3）炉水循环泵应有下列连锁和保护装置。

1）炉水循环泵进出口差压保护。

2）炉水循环泵电动机腔室水温高保护。

3）储水箱水位低二值保护。

4）炉水循环泵出口阀、再循环阀与泵的连锁装置。

5）启动和停炉时应待储水箱水位正常时方可启动炉水循环泵，并注意炉水循环泵出口流量和再循环阀的动作情况，观察电流和差压情况，严防损坏炉水循环泵。

（4）其他管理措施。

1）高压加热器保护装置及旁路系统应正常投入，并按规程进行试验，保证其动作可靠。当因某种原因需退出高压加热器保护装置时，应制定措施，经总工程师批准，并限期恢复。

2）给水系统中各备用设备应处于正常备用状态，按规程定期切换。当失去备用设备时，应制定安全运行措施，限期恢复投入备用。

3）运行人员必须严格遵守值班纪律，监盘思想集中，经常分析各运行参数的变化，及时调整，准确判断及处理事故。不断加强运行人员的培训，提高其事故判断能力及操作技能。

4）严格按照运行规程及各项制度，将给水流量和水位的测量系统进行检查及维护。机组启动调试时应将给水流量和水位安装、调试及试运专项报告，列入验收主要项目之一；锅炉给水流量和水位保护的停退，必须严格执行审批制度；建立给水流量和水位测量系统的维修和设备缺陷档案，对各类设备缺陷进行定期分析，找出原因及处理对策，并实施消缺。

250. 汽包水位低时，如何进行处理？

答：汽包水位低到－100mm，CRT报警"汽包水位低"；如果水位持续下降，将继续报"低二值"，如果水位指示低至－365mm，MFT动作并报警，首显原因为"汽包水位低二值"；为防止测量引起误报，双色水位计水位同时指示低；此时，伴有给水流量不正常地小于相对应的主蒸汽流量（水冷壁或省煤器爆管时现象相反）；如果严重缺水时，锅炉过热器出口蒸汽温度升高。

（1）造成汽包水位低的主要原因。

1）给水自动失灵，给水泵再循环阀误开。

2）水位计或给水流量表指示不正确，运行人员误操作。

3）给水系统故障，给水不能满足要求。

4）水冷壁管或省煤器管爆管。

5）甩负荷时汽压急剧上升造成"虚假水位"。

（2）故障的基本处理措施。

1）发现汽包水位低于－50mm，应检查对照蒸汽、给水流量，校对各水位计指示是否正常。同时检查给水自动调节、给水泵再循环阀动作情况和锅炉过热器、再热蒸汽减温水量变化。

2）当证实水位低时，将给水切至手动，增加给水流量。如由于给水泵故障，应及时启动备用给水泵。

3）如锅炉排污过程中，由于阀门故障引起汽包水位低，应立即停止排污，关闭其隔离阀。

4）如给水泵跳闸，备用泵无法启动，则按照给水泵 RB 处理。

5）经过上述处理，汽包水位继续下降，可暂时关闭连排调节阀，汇报值长、机组长，锅炉降负荷运行。

6）汽包水位低到－365mm 时，延时 2s MFT 动作，当保护拒动时应立即手动 MFT。尽快恢复给水系统运行，使汽包水位恢复正常值，注意汽包上、下壁温差在规定范围。待查清原因并处理后重新开机。

7）锅炉发生严重缺水时，严禁上水，关闭锅炉所有疏水阀。锅炉重新上水前须经生产副总经理批准。

251. 锅炉满水时，如何进行处理？

答：（1）锅炉满水时的现象。

1）汽包水位＋100mm 时 CRT 报警；如果水位持续上升，汽包水位将报高二值，然后打开紧急放水门。

2）水位变送器指示至＋300mm，MFT 动作并报警，首显原因为"汽包水位高三值"。

3）双色水位计指示高。

4）给水流量不正常地大于对应的主蒸汽流量。

5）严重满水时，锅炉过热器出口蒸汽温度急剧下降，蒸汽导电度增加，蒸汽管道内发生水冲击，法兰处冒白汽。

（2）故障原因。

1）给水自动失灵，给水泵转速不正常地升高。

2）水位计或给水流量表指示不正确，运行人员误操作。

3）电负荷增加太快，使汽压急剧下降。

4）运行人员疏忽，对水位监视不严，调整不及时。

5）并网时汽压、水位控制太高。

6）汽轮机旁路突然开启。

（3）在汽包水位高时，运行人员应当按下列措施进行处理。

1）发现汽包水位高于＋50mm，应检查对照主蒸汽和给水流量，校对各水位计指示是否正常。同时检查给水自动调节和锅炉过、再热蒸汽减温水量变化。

2）当证实水位高时，将给水调节切至手动，减少给水流量。

3）当汽包水位高引起过热蒸汽温度突降达到停机值时，应紧急停机。

4）当汽包水位达到＋300mm，保护拒动时，应立即手动 MFT。

5）MFT 动作后，应设法降低汽包水位至正常值，注意监视汽轮机上、下缸温差不超过允许值，如满水引起汽轮机进水，则按汽轮机进水处理。

6）注意监视汽包上、下壁温差在规定范围。

252. 当发生炉膛压力高二值时，运行人员应当如何处理？

答：（1）发生该故障时，常见现象有炉膛压力高二值报警，MFT 动作；各风压指示异常高；锅炉本体及烟道未密封处有烟火喷出。

（2）故障原因。

1）引风机故障跳闸未联动送风机跳闸。

2）炉膛吹扫不彻底，发生爆燃。

3）炉膛压力自动调节装置失灵。

4）炉内承压部件严重泄漏或爆破。

5）引风机进口静叶、进出口挡板或空气预热器进口烟气挡板误关。

6）炉膛熄火时保护未动作，运行人员发现不及时，导致燃料进入炉膛后引起爆燃。

7）低负荷燃烧时，煤粉燃烧不良在炉内存积。

8）炉膛压力高二值保护误动。

（3）当发生炉膛压力高二值时，运行人员按 MFT 动作处理，查清原因并处理后重新开机。

253. 炉膛压力低二值时，运行人员应当如何处理？

答：（1）现象。炉膛压力低二值报警，MFT 动作；各风压指示异常低。

（2）原因。

1）炉膛负压自动调节装置失灵。

2）送风机故障跳闸未联动引风机跳闸。

3）送风机进口动叶、出口风门或空气预热器热二次风出口挡板误关。

4）二次风箱调节挡板失灵或误关。

5）炉膛熄火后未及时调整使炉膛负压过大。

6）炉膛压力低二值保护误动。

（3）发生该故障时，运行人员按 MFT 动作处理，查清原因并处理后重新开机。

254. 发生水冷壁管损坏事故后，运行人员的处理措施有哪些？

答：（1）发生该故障时的现象。

1）"炉管泄漏自动检测"装置报警。

2）汽包水位下降。

3）给水流量不正常地大于蒸汽流量。

4）炉膛内有蒸汽泄漏声，管子爆破时有明显的响声。

5）水冷壁损坏严重时，出现燃烧不稳，炉膛负压变正，严重时可能造成熄火，炉膛不严密处有炉烟喷出。

6）泄漏侧烟气温度下降。

7）引风机电流增加，引风机进口静叶不正常地增大。

（2）故障原因。

1）炉水质量不符合标准或局部热负荷过高，长期运行后管内结垢，垢下腐蚀及高温腐蚀使管材强度降低。

2）水动力工况不稳定或炉膛热负荷分配不均，造成水循环不良，管子过热损坏。

3）制造、安装、检修、焊接质量不合格或材质不符要求。

4）燃烧器附近水冷壁被煤粉冲刷磨损。

5）吹灰器位置不正确，疏水未疏尽，吹损管壁。

6）启停炉过快，热应力过大，管子拉坏。

7）炉膛内有大焦块脱落，砸坏水冷壁。

8）水冷壁膨胀受阻或炉膛发生内、外爆。

（3）运行人员按以下措施进行处理。

1）汇报值长、机组长，将锅炉主控切至手动。

2）如水冷壁管子损坏不严重，并能维持汽包水位，可允许在减负荷降压情况下做短时间运行。此时应加强对汽包水位及炉内燃烧工况的监视，必要时投油助燃，增加对空气预热器的吹灰次数，并汇报值长要求尽快安排停炉。

3）熄火停炉后，应尽量保持给水，维持汽包水位在高水位。注意汽包上、下平均温度差不大于 $56℃$，如无法维持水位则停止进水，严禁开启省煤器再循环门。

4）如水冷壁损坏严重以至于无法维持正常水位，应进行下列处理：①立即停炉，保留一台引风机运行，以排除炉内水蒸气，待无汽、水冒出方可停用引风机；②停炉后，尽可能继续进水，维持汽包水位正常；③停炉后，电除尘应尽快停运，防止电极积灰；④停炉后，应将电除尘、省煤器下部灰斗中的灰清出，以防堵塞。

255. 当省煤器管损坏时，运行人员应当如何处理？

答：（1）现象。

1）"炉管泄漏自动检测"装置报警。

2）汽包水位下降，给水流量不正常地大于蒸汽流量。

3）省煤器附近有泄漏声。

4）省煤器灰斗有漏水或水迹现象，从人孔及烟道不严密处向外漏出烟气及水蒸气。

5）省煤器两侧烟温差增大，空气预热器两侧出口风温差增大，省煤器、空气预热器出口烟温下降。

6）炉膛负压变小或变正，引风机入口静叶开度增大，引风机电流增大。

7）机组补水量增加。

（2）原因。

1）给水品质长期不良，管内结垢，管壁腐蚀。

2）管材不良，制造、安装、焊接质量不合格。

3）安装或检修时管子内部被异物堵塞。

4）省煤器管被飞灰磨损。

5）点火升压或停炉时省煤器再循环门未开。

6）省煤器处发生二次燃烧使管子过热。

7）吹灰器的吹灰不合理，管子吹损严重。

（3）处理。

1）汇报值长、机组长，将锅炉主控切至手动。

2）增加对空气预热器的吹灰次数。

3）若泄漏不严重，能维持汽包水位在正常范围，允许锅炉短时运行，锅炉改为滑压运行，适当降低汽包压力，加强对泄漏的监视，并及早申请停炉。

4）若泄漏严重，无法维持汽包水位，应紧急停炉。

5）停炉后，适当增加给水流量，维持汽包水位，注意汽包上、下平均温度差不大于56℃，无法维持水位则停止进水，此时严禁开启省煤器再循环门。

6）停炉后，保留一台引风机运行，维持炉膛负压正常，待蒸汽消失后停止引风机，保持自然通风，若汽包上、下平均温度差大于56℃应停止引风机，保持自然通风状态。

7）通知电尘值班员，切除电除尘高压柜电源，防止电极积灰。

256. 过热器管损坏时，运行人员如何处理？

答：（1）现象。

1）"炉管泄漏自动检测"装置报警。

2）过热器附近有泄漏声。

3）炉膛负压增大，烟道不严密处有烟气或蒸汽外冒。

4）给水流量不正常地大于蒸汽流量。

5）两侧烟温偏差增大，泄漏侧烟温下降。

6）两侧汽温偏差大，如炉顶棚、包覆或低温过热器泄漏，则使后面过热汽温升高和管壁温度升高，以及屏式过热器、末级过热器泄漏使主蒸汽温度有所降低。

7）主蒸汽压力下降，机组负荷下降。

8）引风机进口静叶开度不正常地增大，引风机电流上升。

9）机组补水量增加。

（2）原因。

1）给水品质不良，管内结垢，引起超温爆管。

2）减温水量过大，使蒸汽带水，减温水量波动太大，使管壁温度变化大，引起疲劳损坏。

3）过热器管长期超温或短时严重超温。

4）过热器处发生可燃物再燃烧或结焦、积灰。

5）管材不良，制造、安装、焊接质量不合格。

6）过热器管内有杂物堵塞或局部水塞，引起超温。

7）过热器管被飞灰磨损。

8）吹灰器安装位置不正确，压力过高或疏水不彻底，吹损管子。

9）锅炉启、停时，对过热器冷却保护不够。

（3）处理。

1）如损坏不严重，尚能维持运行，应密切监视损坏部位的发展趋势，必要时可适当降低运行参数，及早申请停炉。

2）增加对空气预热器的吹灰次数。

3）在维持运行期间，应加强对泄漏点的监视，防止故障扩大。

4）若过热器管损坏严重，应按紧急停炉处理。

5）停炉后，保留一台引风机运行，维持炉膛负压正常，待蒸汽消失后停止引风机，保持自然通风。若汽包上、下平均温度差大于56℃，应停止引风机，保持自然通风状态。

257. 再热器管损坏时，运行人员如何处理？

答：（1）现象。

1）"炉管泄漏自动检测"装置报警。

2）再热器附近有泄漏声。

3）再热器出口压力下降。

4）引风机静叶开度不正常地增大，电流上升。

5）泄漏点前汽温下降，泄漏点后汽温上升，出口汽温两侧偏差大；

6）炉膛负压偏正，严重时不严密处有汽或烟喷出。

7）两侧烟温偏差增大，泄漏侧烟温下降。

（2）原因。

1）蒸汽品质长期不合格，使管内结垢或腐蚀。

2）管子安装、焊接不良，材质不合格或制造存在缺陷。

3）管子内杂物堵塞，造成管子过热。

4）再热器管长期超温或短时严重超温。

5）吹灰器安装位置不正确，压力过高或疏水不彻底，吹损管子。

6）飞灰磨损。

7）再热器处发生可燃物再燃烧。

8）锅炉启、停过程中，再热器发生水塞引起再热器管损坏或启动过程中炉膛出口烟温控制不当。

（3）处理。

1）立即汇报值长、机组长，如损坏不严重，尚能维持运行，应调节烟气挡板或事故减温水，维持出口温度正常，密切监视损坏部位发展趋势，必要时可适当降低负荷运行，做好事故预想。

2）增加对空气预热器的吹灰次数。

3）若损坏不严重，能维持再热汽温在允许范围内运行，则应适当降负荷，降低再热汽压，维持短时间运行，并及早申请停炉。

4）损坏严重无法维持正常汽温时，应按紧急停炉处理。

5）停炉后，保留一台引风机运行，维持炉膛负压正常，待汽、水消失后停止引风机，保持自然通风。若汽包上、下平均温度差大于 56℃，应停止引风机，保持自然通风状态。

第四节　电气设备事故及处理

258. 发生厂用电全部中断时，运行人员如何进行处理？

答：（1）现象。

1）交流照明熄灭，直流事故照明灯亮，控制室灯光变暗。

2）锅炉 MFT 动作，汽轮机跳闸，发电机跳闸。

3）所有运行的交流电动机停止转动，备用交流电动机不联动，各电流指示到零。主机及给水泵汽轮机直流润滑油泵、直流密封油泵自启动。

4）柴油机发电机组自启动。

5）各直流设备联动。

（2）原因。

1）机组故障，同时启动备用变压器故障或在停役状态，或6kV 母线备用电源自投不成功。

2）机组与电力系统同时故障。

3）工作电源与备用电源同时故障。

4）人为误碰或误操作。

5）保护误动或越级跳闸。

（3）处理。

1）厂用电全部中断后，应检查汽轮机、给水泵汽轮机跳闸，转速下降，否则应手动停机。

2）锅炉按 MFT 动作处理。

3）检查发电机—变压器组逆功率保护是否正确动作，如未动作，则按发电机紧急停机按钮启动发电机—变压器组保护停机。应注意检查直流系统、UPS 系统运行情况，必要时手动调整，确保其可靠供电。

4）立即检查并启动主机及给水泵汽轮机直流润滑油泵、直流密封油泵运行正常。

5）检查保安段备用电源切换正常且柴油机自启成功，否则应立即查明原因并进行手动切换或手动启动，确保保安段母线供电正常。

6）迅速检查 6kV 母线备用电源是否自投过，若未自投或自投不成功，在查明 6kV 母线备用电源正常且 6kV 母线无故障、6kV 母线低电压保护已动作跳闸、确认相应开关已跳开、可用 6kV 备用电源抢送一次、抢送正常后，汇报值长，听候处理；若 6kV 母线备用电源有故障或 6kV 母线有故障迹象，必须汇报有关领导，故障消除后经上级有关人员通知方可试送。

7）应立即查明 380V 公用段对应开关应跳闸，并设法恢复对 380V 公用段对应失电母线的供电，以保证 380V 公用系统的正常供电。

8）厂用电失去，汽轮机应按照破坏真空紧急停机步骤处理，注意监视汽轮机、给水泵汽轮机润滑油压力、温度及各轴承金属温度。

9）如保安段母线失电，应对汽轮机、给水泵汽轮机及锅炉

A、B 侧空气预热器进行定期手动盘车,直至保安段母线恢复正常供电后,按规定直轴后投入连续盘车。

10)关闭主蒸汽管道疏水隔离阀,检查主机旁路在关闭位置,否则通过手动方式关闭旁路。

11)主机转速低于 2000r/min,打开主机真空破坏阀。

12)注意监视凝汽器排汽温度,在排汽温度未降至 50℃以下时,禁止启动循环水泵向凝汽器通循环水。

13)当厂用电中断且直流密封油泵无法启动时,应立即进行发电机排氢工作,防止氢气外泄而发生爆炸。

14)厂用电失去后,本机供电的仪用空气压缩机跳闸,备用空气压缩机自启,尽快恢复仪用空气正常。

15)厂用电失去后,应监视主机润滑油温度的变化。

16)解除各辅助设备连锁,撤出各自动调节。

17)检查空气预热器盘车正常。

18)隔离或消除故障点后,逐段恢复各厂用电源,待厂用电恢复后,启动各系统,做好机组热态启动的准备工作。

259. 380V 母线厂用电部分中断时,运行人员如何进行处理?

答:(1)现象。

1)若 380V 母线厂用电部分中断,则失电母线上的运行辅助设备跳闸,电流到零,绿灯亮并报警,380V 备用辅助设备自启。

2)若 380V 锅炉 A 或 B 段、380V 汽轮机 A 或 B 段母线厂用电中断,则 380V 保安段电源自动切换至 380V 汽轮机 B 或 A 段、锅炉 B 或 A 段母线或柴油发电机供电。

3)机组可能发生 RB。

4)可能发生锅炉 MFT、机组跳闸。

(2)原因。

1)低压厂用变压器、380V 母线故障。

2)380V 电缆故障。

3）人为误动。

（3）处理。

1）380V 母线厂用电部分中断，应迅速正确判断保安段母线仍供电正常。

2）确认备用辅助设备自启正常，否则应手动启动。

3）迅速查明 380V 厂用电母线失电原因，查明故障并消除后，可设法用对应的低压工作厂用变压器（查明对应的 6kV 母线已恢复供电情况下）或 380V 分段开关对失电母线进行试送（试送时要断开负荷开关防止倒送电）。

4）注意汽包水位变化，调节汽包水位正常。

5）待 380V 母线故障段恢复供电后，恢复厂用电正常运行方式。根据要求启动跳闸辅助设备，恢复机组正常运行。

6）机组 RB 动作，确认炉膛有火，应立即投油助燃，机组自动减负荷运行。

7）若锅炉发生 MFT、机组跳闸，则按 MFT 及机组跳闸故障处理。

8）如 380V 保安电源全部中断，则按"380V 保安段全部失电"故障处理。

260. 380V 保安段母线全部失电时，运行人员如何进行处理？

答：（1）现象。

1）380V 保安段母线电压指示为零。

2）380V 保安段上运行辅助设备停运。

3）锅炉 MFT、汽轮机跳闸、发电机—变压器组跳闸。

4）厂用电自投。

（2）原因。

1）380V 保安段母线短路失电。

2）380V 保安段母线工作电源失电，备用电源未自投，柴油发电机组没有自启。

3）厂用电失电。

（3）处理。

1）确认汽轮机、给水泵汽轮机跳闸，转速下降，应立即启动汽轮机、给水泵汽轮机直流油泵。

2）检查锅炉 MFT 动作且联动正常。

3）检查电气发电机—变压器组跳闸，备用电源自投正常，除保安段母线外，其他母线供电正常。

4）立即检查 380V 保安段母线有无短路故障，若发现母线故障，则不得强行送电，应将故障母线隔离，包括将双电源回路的供电设备开关拉至检修位置，以防倒充电，联系检修处理。

5）确认 380V 保安段母线无故障，应尽快恢复供电。

6）应对 UPS、直流充电器进行检查，必要时进行手动切换。

7）当主机转速降至 2000r/min 而 380V 汽轮机、锅炉保安段母线电源还未恢复时，应破坏真空；同时应严密监视主机轴承金属温度、振动等，防止主机烧瓦，必要时手动盘车，直至保安段电源恢复正常后，按规定投入连续盘车。

8）保安段母线恢复送电后，应立即设法进行主机盘车，并对机组情况进行全面检查。

9）机组跳闸后的其他处理原则参考相关规程。

10）待 380V 汽轮机、锅炉保安段恢复正常供电后，及时投用保安段上各辅助设备，根据规定要求机组重新启动。

261. UPS 失电时，运行人员如何进行处理？

答：（1）现象。两台 UPS 由于某种原因同时故障造成输出电源中断，UPS 母线失电后，造成 FSSS 机柜电源失去，锅炉 MFT 动作，汽轮机跳闸，发电机—变压器组跳闸，所有变送器辅助电源失去。

（2）原因。

1）一台 UPS 主机检修，另一台 UPS 主机故障。

2）UPS 母线发生短路，引起 UPS 母线失电。

3）两台 UPS 工作电源因故同时中断，且备用电源未投上。

4）UPS 本身设备同时故障。

（3）处理。

1）确认汽轮机、汽动给水泵跳闸，转速连续下降。

2）在汽包水位无法监视的情况下，停止电动给水泵运行。

3）立即在手动操作站台上紧急启动主机交流润滑油泵、主机启动油泵，并派人到就地检查运行是否正常。如远方启动失败，则迅速就地启动主机直流润滑油泵正常，防止主机断油烧瓦。

4）就地检查两台汽动给水泵工作主油泵运行，开启两台汽动给水泵的备用主油泵及顶轴油泵 A、B，就地检查各油泵运行正常。

5）检查汽轮机其他辅助设备的运行情况应正常。

6）检查进入锅炉的所有燃料已全部切断，锅炉确已熄火（可从锅炉火焰监视电视、锅炉炉膛本体等综合判断）。检查磨煤机、一次风机已全部停运，否则手动按事故按钮停运；检查空气预热器、引风机、送风机运行是否正常；锅炉负压无法控制时，停止送风机、引风机运行，并将空气预热器扇形板撤出。

7）待 UPS 电源恢复后可用电动给水泵按规定对锅炉进行上水，如汽包严重缺水，则按锅炉缺水处理。

8）确认发电机逆功率保护应动作正确，主变压器出口断路器跳闸、励磁开关跳闸。确认汽轮机转速下降，NCS 控制屏上显示主变出口断路器跳闸，相应电流、有功及无功指示为零。

9）如查明 6kV 备用电源自投成功，检查 380V 汽轮机、锅炉保安段供电正常，去 UPS 室检查 UPS 控制面板上的报警信号，检查 UPS 母线失电原因，同时检查主路、旁路和直流电源的供电情况，确认故障设备并隔离排除后，可重新启动 UPS，尽量抓紧恢复 UPS 母线供电。

262. 发电机发生哪些事故应紧急停机?

答: 发电机发生以下事故时,运行人员应当采取措施紧急停机,同时将情况及时上报有关负责人,做好事故应急措施。

(1) 发电机内冒烟起火或发电机内氢气爆炸。

(2) 励磁变压器冒烟起火、可控整流柜冒烟起火,发电机碳刷架环着火处理无效。

(3) 定子绕组大量漏水,且伴有定子、转子接地。

(4) 发电机强烈振动,机内有摩擦、撞击声。

(5) 发电机定子冷却水断水 30s 而保护未动作。

(6) 发电机定子冷却水导电度升高至 9.9μS/cm(确认非测点故障引起)。

(7) 密封油中断,发电机漏氢着火。

(8) 发电机内部故障,保护或开关拒动。

(9) 机炉故障需要紧急停机的情况。

(10) 需要停机的人身事故。

263. 发电机温度异常时,应当如何进行处理?

答: (1) 当发电机有关温度发生异常时,应检查以下设备。

1) 发电机定子三相电流是否平衡,是否超过允许值,功率因数是否在正常范围内。

2) 发电机水冷、氢冷系统冷却条件是否改变,若有异常,应设法恢复正常运行。

3) 通知热工人员立即检查测温装置、测温元件是否完好。

4) 结合绕组层间温度及相应的出水温度,判断发电机定子绕组水回路是否有堵塞现象。

5) 发电机温度的任何异常变化都应加强监视、分析,记录有关数据,必要时应采取有效手段来保证发电机的安全运行。

(2) 发电机定子绕组层间温度不得大于 120℃;发电机定子绕组及出线水温度均不得大于 85℃;发电机定子铁芯温度不得

大于 120℃；发电机转子绕组温度不得大于 115℃；集电环温度不得大于 120℃；轴瓦温度不得大于 90℃，轴承和油封回油温度不得大于 70℃。

（3）正常运行时，发电机定子绕组层间任一点最高温度与最低温度之差或任一槽出水最高温度与各槽最低出水温度之差均应在 5℃以内。若绕组层间任一点最高温度与层间平均温度之差达 12℃，或任一槽出水最高温度与各槽最低出水温度之差达 8℃，应及时分析、查明温度异常升高的原因，并加强监视，必要时可降低负荷运行。

（4）当绕组层间任一点最高温度与层间最低温度之差达 14℃，或任一槽出水最高温度与各槽最低出水温度之差达 12℃，或绕组层间任一点温度超过 120℃，或任一槽出水温度超过 85℃，或任一点铁芯温度超过 120℃时，排除测量装置故障后，应立即降低负荷，使上述温度不超过上限值。结合其他现象综合比较发电机各点出水温度及绕组层间温度，如判断发电机内部确有严重故障，为避免发生重大事故，应立即解列停机，通知检修人员处理。

264. 发电机主要参数显示失常时，应当如何进行处理？

答： 发电机个别参数指示失常时，首先应通过其他运行参数进行综合判断，是属于参数显示回路故障，还是属于运行参数异常，若为前者，应及时通知检修人员处理。根据其他参数的指示监视发电机运行情况，不可盲目调节发电机有功、无功负荷；同时应严密监视热工自动调节及热工保护的动作情况，必要时可采取手动干预。待参数显示恢复正常后，才可对机组进行负荷调整。

如果是发电机大量参数指示失常，应检查有关变送器辅助电源是否故障，发电机出口 TV 有无断线。

265. 发电机振荡或失步时，应当如何进行处理？

答：（1）现象。

1）发电机定子电流显示剧烈摆动，并超过正常值。

2）发电机有功负荷、无功负荷显示大幅度摆动。

3）发电机和送出至电网高压母线上各电压显示都剧烈摆动，电压降低。

4）发电机发出嗡嗡声，其节奏与上述显示的摆动合拍。

5）如为本机失步引起振荡，则本机的显示晃动幅度要比邻机激烈，且本机有功负荷显示摆动方向与邻机相反。

6）如为系统振荡，则两台发电机显示的晃动是同步。

（2）原因。

1）系统短路。

2）系统无功缺额大。

3）发电机励磁突然减少及失磁等。

（3）处理。

1）及时汇报调度并增加发电机励磁电流，尽可能增加发电机无功负荷，在周波允许及锅炉燃烧工况稳定时可采用拍磨煤机引起 RB 动作来降低发电机有功负荷，以创造恢复同期的有利条件。

2）在系统振荡时，应密切注意机组重要辅机的运行情况，并设法调整有关运行参数在允许范围内。

3）采取上述措施后仍不能恢复同期，失步保护拒动时，应用发电机紧急解列按钮（或逆功率保护）及时将失步的发电机解列。

4）若由于发电机失磁造成系统振荡，失磁保护拒动时，应立即用发电机紧急解列按钮（或手动脱扣汽轮机使逆功率保护动作）及时将失磁的发电机解列。

5）发电机解列后，应查明原因，消除故障后等待调令将发电机重新并列。

6）若 CCS 或 DEH 控制系统工作失常引起负荷骤变，应将机组控制切至基本方式；检查 CCS 或 DEH 控制系统失常的原因并消除后，再恢复 CCS 自动方式。

266. 发电机失磁时，应当如何进行处理？

答：（1）现象。

1）励磁电流显示为零或接近于零。

2）发电机无功负荷显示为负值。

3）发电机有功负荷显示下降。

4）发电机定子电压下降，定子电流上升，超过额定值且周期性摆动。

（2）原因。

1）励磁回路故障。

2）励磁调节器故障。

3）励磁开关误断开。

（3）处理。

1）当发电机失去励磁时，失磁保护应动作，则按发电厂—变压器组开关跳闸处理。

2）若失磁保护未动作，且危及系统及厂用电的安全运行，则应立即用发电机紧急解列按钮（或逆功率保护）及时将失磁的发电机解列，并应注意6kV厂用电应自投成功，若自投不成功，则按有关厂用电事故处理原则进行处理。

3）在上述处理的同时，应尽量增加其他未失磁机组的励磁电流，以提高系统电压和稳定能力。

4）发电机解列后，应查明原因，消除故障后才可以将发电机重新并列。

267. 发电机逆功率运行时，应当如何进行处理？

答：（1）现象。

1）汽轮机主汽门关闭。

2）发电机有功显示为零或反向。

3）发电机无功显示增大。

4）发电机定子电流显示降低。

（2）原因。汽轮机主汽门或调节汽门关闭。

（3）处理。

1）发电机逆功率保护应动作出口跳闸。

2）汽轮发电机组逆功率运行时间不得超过 1min。

3）若逆功率保护拒动，应用发电机紧急解列按钮及时将逆功率运行的发电机解列，并应注意 6kV 厂用电应自投成功，若自投不成功，则按有关厂用电事故处理原则进行处理。

4）发电机解列后，应查明原因，消除故障后才可以将发电机重新并列。

268. 发生发电机定子接地故障时，应当如何进行处理？

答：（1）现象。

1）"发电机定子接地"保护报警，发电机可能跳闸。

2）"主变压器低压侧接地"可能报警。

（2）处理。

1）定子接地保护跳闸时，按主开关跳闸处理。

2）若"发电机定子接地"伴随"发电机内有油水"先后报警，则应将发电机紧急停机。

3）定子接地保护发信尚未跳闸时，应立即对发电机出口 TV、励磁变压器进行外观检查，通知继电保护人员对发电机中性点配电变压器二次电压、出口 TV 二次电压及主变压器低压侧 TV 二次电压进行测量。综合分析判断，当确定为发电机内部接地时，应立即将发电机解列灭磁。

4）停机后应联系检修人员分别测量发电机出口 TV、励磁变压器和发电机定子绝缘，以判断故障发生在发电机内部还是外部。

269. 发生发电机转子接地故障时，应当如何进行处理？

答：（1）现象。

1）励磁系统"发电机转子接地"保护报警。

2）发电机—变压器组保护转子接地保护Ⅰ段动作报警，转子接地保护Ⅱ段动作跳闸。

（2）处理。

1）转子接地保护跳闸时，按主开关跳闸处理。

2）转子接地保护发信尚未跳闸时，按下述步骤进行处理。
①对发电机励磁系统如碳刷架、励磁交直流封闭母线、励磁变压器低压侧等进行全面检查，看有无明显接地；②检查发电机大轴接地碳刷接触情况，禁止在接地保护投入的情况直接将大轴接地碳刷提起或进行调整；③通知继电保护人员用高阻万用表测量发电机转子正、负极对地及极间电压，换算绝缘电阻；④综合判断为保护误发信时，应退出转子接地保护，并尽快进行处理；如属发电机大轴接地碳刷接触不良，应退出转子接地保护，注入交流电源，将接地碳刷处人工接地，并采取相应的防范措施后，方可处理大轴接地碳刷；⑤综合判断确定为励磁回路接地无法消除时，联系调度将发电机负荷平稳转移后停机；⑥处理过程中要防止人为造成两点接地，同时加强对发电机转子电压、电流、无功功率、机组振动等的监视，发生两点接地，立即手动停机。

270. 发电机过励磁时，运行人员如何进行处理？

答：（1）现象。

1）"发电机过励磁"保护报警。

2）发电机过励磁保护Ⅰ段动作自动降低励磁电流，Ⅱ段动作跳闸。

3）励磁调节器"V/H"限制报警，自动降低励磁电流。

4）发电机端电压过高或频率过低。

（2）处理。

1）发电机过励磁保护跳闸时，按主开关跳闸处理。

2）下列情况造成发电机过励磁时，应立即将发电机灭磁。
① 发电机转速达额定转速前误加励磁电流；② 发电机升压并网操作时由于 TV 断线误加大励磁电流或其他原因发生过励磁，发电机转子电压和电流大于空载值；③ 发电机解列，主汽门关闭，机组惰走而励磁未断开；④ 发电机甩负荷，发电机在励磁调节

器自动失灵或手动运行状态下解列。

3）下列情况造成发电机过励磁时，应将励磁调节器切至手动，手动降低励磁电流。① 励磁调节器自动调节失灵引起发电机励磁电流骤增；② 励磁调节器 TV 断线引起调节器误加大励磁。

271. 发电机励磁回路过负荷时，应当如何进行处理？

答：（1）现象。

1）发电机转子电流增大超过额定值。

2）发电机风温升高，励磁系统"转子温度高"可能报警。

3）励磁调节器"过励限制"报警，将励磁电流自动拉回。

4）发电机"励磁回路过负荷"保护报警，定时限部分动作减励磁，反时限部分动作跳闸。

（2）处理。

1）发电机励磁回路过负荷保护跳闸时，按主开关跳闸处理。

2）发电机励磁回路过负荷时，应密切监视运行时间，注意不超过过负荷允许时间，具体规定见表 6-2（发生下述工况以每年不超过两次为限）。

表 6-2　　　　　　　　　过负荷允许时间

时间（s）	10	30	60	120
励磁电压（%）	208	146	125	112

3）系统原因造成的发电机励磁回路过负荷，若系统电压低、频率正常，可联系调度适当降低有功负荷，以增加发电机无功出力。

4）发电机强励动作引起的发电机励磁回路过负荷，10s 内运行人员不得干涉，超过时间应将调节器切至手动，将发电机励磁电流降至额定值以下。

5）发电机励磁回路过负荷超过允许时间，应将励磁调节器切至手动，将发电机励磁电流降至额定值以下。

6）励磁回路过负荷运行时，应密切注意发电机风温，参考监视发电机励磁系统的转子温度计算值。

272. 发电机主开关跳闸时，运行人员应当如何进行处理？

答：（1）现象。

1）发电机相关保护动作报警。

2）发电机主开关跳闸，灭磁开关跳闸，汽轮机主汽门关闭，汽轮机跳闸。

3）发电机甩负荷，定子三相电流到零，定子电压迅速到零，系统频率有所下降。

4）跳闸前发电机迟相运行则厂用电压降低，跳闸前发电机进相运行则厂用电压升高。

（2）处理。

1）汇报调度，发电机已跳闸。

2）检查确认发电机三相电流确已到零，确认发电机励磁电流迅速到零，否则手动执行。

3）注意快切装置动作情况，检查厂用电压情况，维持厂用电压正常。

4）根据保护动作信号、故障录波和事故追忆初步判断故障原因、范围，确定故障性质。

5）经排除故障各方均无问题，或确定为保护误动，经请示生产副总经理同意后，方可将发电机升压并网。

273. 电动机由于保护装置动作使其跳闸后，应当检查哪些项目？

答：电动机启动或在运行中，当保护装置动作使开关跳闸时，运行人员一般应检查下列项目，必要时通知电气检修人员检查。

（1）是否由于热工保护、连锁跳闸。

（2）熔丝是否完好，开关触头是否接触良好。

（3）被带动的机械有无故障。

（4）测定电动机与电缆的绝缘电阻。

（5）保护装置定值是否正确，动作是否正常。

（6）电动机本身有无烟气或绝缘烧焦气味。

（7）电动机差动保护范围内一次回路是否正常。

（8）经上述检查后均未发现问题时，可试启动一次，试启动成功后可投入运行。否则应查明原因，消除故障后方准使用。

274. 运行中的电动机如果声音异常，通常是哪些原因造成的?

答： 电动机在运行中声音异常，电流指示上升或降至零，运行人员一般应检查下列项目：

（1）是否由于系统电压降低。

（2）判明电动机是否缺相运行。

（3）绕组是否有匝间短路现象。

（4）机械负荷是否增大。

（5）应查明原因作出相应处理，消除故障后方准运行。

热 工 自 动 化

第一节 自 动 控 制 过 程

275. 电厂热工过程自动控制主要包含哪些功能？

答： 现代大型发电厂热工过程自动控制分布在全厂各个系统、设备，主要包含测量、调节、控制与保护等功能。

（1）实时测量。检测仪表能够实时、迅速、自动地测量反映生产过程或设备运行情况的各种参数，以监视生产过程的进行情况和发展趋势，为自动操作、统计、管理提供依据。

（2）自动调节。利用仪表自动地维持生产过程在规定的工况下进行。

（3）顺序控制。根据预先拟订的程序和条件，自动地对生产过程进行一系列操作。

（4）自动保护。当设备运行情况发生异常时，保护装置发出报警信号或自动采取保护措施，以防止事故发生或扩大，保证人身安全及设备不受破坏。

（5）控制计算机。计算机用来进行数据处理和实现控制调节，随着科学技术的发展，计算机在自动调节里用途越来越广泛。

276. 引起测量误差的原因主要有哪些方面？如何减少误差？

答： 热工仪表在进行测量的过程中，受到多种因素影响，可能出现测量误差。测量误差的主要原因如下：

（1）测量方法引起的误差。

（2）测量工具、仪器引起的误差。

（3）环境条件变化引起的误差。

（4）测量人员水平与观察能力引起的误差。

（5）被测对象本身变化引起的误差。

测量误差中系统误差起着重要作用，决定测量的正确程度。系统误差有一定的规律性，要针对这些规律来采取不同的实验手段加以消除，常用的方法如下：

（1）消除已定系统误差的方法有引入修正值、消除产生误差的因素（如环境条件等）、替代法、换位法、正负误差补偿法。

（2）消除线性变化的系统误差的方法有对称观测法。

277. 什么是大型单元机组的完整控制系统模式？

答：大型单元机组的完整控制系统模式，包括数据采集系统DAS、协调控制系统CCS、炉膛安全监测系统FSSS、顺序控制系统SCS、汽轮机数字电液调节系统DEH、给水泵汽轮机微机电液调节系统MEH、汽轮机监测保护仪表TSI、汽轮机旁路控制系统BPC和全厂辅助系统BOP等功能子系统。完整控制系统模式将控制、报警、监视、保护四大功能集中到一起，实现了机炉电的集中监控。

278. 什么是数据采集与处理系统（DAS）？

答：数据采集与处理系统（Data Acquisition System，DAS）是机组的信息中心，完成数据的采集、处理，具有CRT显示、记录、报警、历史存储、事故追忆、计算、操作指导等功能。

279. 什么是模拟量控制系统（MCS）？

答：模拟量控制系统（MCS）完成单元机组的机炉协调控制和所有自动控制回路的控制，主要有燃料控制系统、给水控制系统、汽温控制系统、制粉控制系统、凝汽器控制系统等。

280. 什么是顺序控制系统 (SCS)？

答：顺序控制系统（SCS）完成单元机组的各功能系统和设备的顺序控制功能，主要有送风系统、引风系统、烟气系统、给水系统、凝结水系统、循环水系统等。

281. 什么是汽轮机电液控制系统 (DEH)？

答：汽轮机电液控制系统（Digital Electro-hydraulic Control System，DEH）是对汽轮机进行控制的主要系统，其主要功能是对汽轮机进行转速控制、负荷控制、阀门管理、自动控制和超速保护等。

282. 什么是给水泵汽轮机电液控制系统 (MEH)？

答：现代大型电厂的给水泵是由给水泵汽轮机驱动的，电厂设有给水泵汽轮机电液控制系统（MEH）。其主要功能是对给水泵汽轮机进行转速控制、负荷控制、阀门管理、自动控制和超速保护等。

283. 什么是汽轮机危急遮断系统 (ETS)？

答：汽轮机危急遮断系统（Emergency trip system，ETS）是对汽轮机进行保护的控制系统。其主要功能是监控汽轮机的某些参数，当这些参数超过运行极限时，关闭汽轮机进汽阀。

284. 什么是汽轮机本体安全监视系统 (TSI)？

答：汽轮机本体安全监视系统（Turbine Supervisory Instruments，TSI）是连续测量汽轮发电机轴承及汽轮机本体运行参数的仪表系统，当运行参数出现异常时发出报警信号。

第二节　单元机组调节

285. 单元机组中有哪些热工自动常规调节系统？

答：火力发电厂单元机组中，热工自动常规调节系统主要有锅炉负荷调节系统、燃料量调节系统、给水调节系统、主蒸汽温度调节系统、再热蒸汽温度调节系统、空气量调节系统（送风调节系统）、炉膛负压调节系统（引风调节系统）、磨煤机出口温度调节系统、除氧器水位调节系统、高压加热器水位调节系统、低压加热器水位调节系统、凝汽器水位调节系统、吹灰蒸汽压力调节系统、轻油压力调节系统、润滑油温调节系统、汽封压力调节系统、除氧器压力调节系统、凝汽器再循环流量调节系统、给水泵再循环流量调节系统，以及电气调节里的压力调节系统、功率调节系统、转速调节系统等。

286. 单元机组自动调节系统中常用哪些校正信号？

答： 在自动调节中，由于测量过程存在一定的滞后，在自动调节中常引入校正信号，以保证自动调节的准确性。单元机组自动调节系统中常用的校正信号如下：

（1）送风调节系统中用烟气氧量与给定值的偏差作为送风量的校正信号。

（2）在给水调节系统中用微过热汽温与给定值的偏差来校正给水量。

（3）在燃料量调节系统中用机组实际输出功率与负荷要求的偏差来校正燃烧率。

（4）在汽压调节系统中常引入电网频率的动态校正信号，使电网频率改变时，汽轮机进汽阀不动作。

287. 单元机组锅炉给水全程调节系统应当考虑机组的哪些特点？

答：（1）机组在启动和低负荷运行时，蒸汽流量和给水流量的测量误差大，同时，机组启动时热力系统中的汽、水流量本来就不平衡。因此，在机组启动和低负荷时不能引用蒸汽流量和给水流量两个信号，只能用水位信号的单冲量调节系统，当负荷高达某一值时再切换三冲量调节系统。

（2）在机组启动和低负荷运行时，若采用低负荷泵，则汽轮机高压缸的抽汽不能使汽动给水泵正常运行；若采用电动变速泵，由于最低转速的限制，所以不启动的低负荷（一般负荷小于25%）运行时要采用改变给水调节阀开度的手段来调节给水流量，当负荷增大到某值再切换为电动给水泵调节。

（3）变速泵的转速、压头、流量在大范围内变化，特别是当机组按变压方式运行时，变速泵的工作点有可能位于安全区之外，这就要求调节系统保证在任何工况下泵的工作点都必须位于安全区之内。因此，采用变速泵的给水全程调节系统要调节给水流量以维持汽包水位在允许范围内，变压运行的机组还要控制泵出口压头、流量或转速，以保证泵的安全运行。

（4）单元机组给水全程调节系统运行中既存在系统之间的切换，又存在调节手段之间的切换。这就要求有一个比较完整的逻辑控制系统来实现切换之间的配合、无扰和跟踪。逻辑控制系统还担负设备、调节系统的监视、保护任务。

288. 给水全程自动调节系统的任务是什么？

答：给水全程自动调节系统的任务是在锅炉启动、正常运行和停炉过程中控制锅炉的给水量，以保证汽包水位在允许的范围内变化，维持汽包水位在一定范围内（通常在±50～±100mm之间）。当锅炉负荷升高时，一般要求水位维持在较低的位置。因为负荷高，汽水分离效果变差。同时，给水调节对锅炉的水循环系统和省煤器也能起到保护作用。

在给水全程，自动调节系统设计两套调节系统，保证在启动与运行中水位的可控性。其主要目的是在启停炉过程中，当负荷低到一定程度时，由三冲量（蒸汽流量、给水流量、汽包水位三个信号，并由给水流量信号反馈构成内回路，水位信号构成外回路，以及有蒸汽流量信号的前馈通道）给水调节系统切换为单冲量给水调节系统。两套系统进行切换的原则是：当蒸汽流量信号低于某一值时，高低值监视器动作，控制继电器，使之由三冲量调节系统切换为单冲量调节系统；反之，当负荷高于某一值时，高低值监视器动作，使之由单冲量调节系统切换为三冲量调节系统。

给水调节系统正常工作时,给水流量应随蒸汽流量迅速变化。

如果发生下列情况,给水调节系统应当切除:

(1) 给水调整门的漏流量大于其最大流量的30%。

(2) 给水压力低于允许最低压力。

(3) 调节系统工作不稳定,给水流量或省煤器前流量大幅度波动或水位周期性不衰减波动。

(4) 锅炉负荷稳定工况下,汽包水位超过报警值。

(5) 汽包水位、省煤器前流量、中间点温度、中间点压力等信号故障。

(6) 给水自动调节系统发生故障。

289. 直流炉调节方案有哪两种?

答:直流炉调节中,典型方案可分为"燃-水"式方案和"水-燃"式方案。其中"燃-水"式方案是以燃料为主的控制系统,燃料调节器接受负荷指令,给水量跟踪燃料量,保持一定的燃水比。"水-燃"式方案是以给水为主的控制系统,是把负荷(功率)指令送到给水调节器,燃料量跟踪给水量,保持一定的燃水比。一般来说"燃-水"式方案适用于带基本负荷的情况,"水-燃"式方案适用于带变动负荷的情况。

290. 锅炉温度调节系统投入自动应当满足哪些要求?

答:(1) 汽包锅炉的温度调节要求。

1) 锅炉稳定运行时,过热蒸汽温度及再热蒸汽温度应保持在给定值±2℃范围内,执行器不应频繁运行。

2) 减温水扰动10%时,过热蒸汽温度和再热蒸汽温度从投入自动开始到扰动消除时的过渡过程时间不应大于2min。

3) 负荷扰动10%时,过热汽温和再热汽温的最大偏差不应超出±4℃,其过渡过程时间不应大于4min。对于采用烟气分流挡板和摆动燃烧器的再热蒸汽温度调节系统,其过渡过程时间不应大于 12min。

4）过热汽温和再热汽温给定值改变±4℃，调节系统应在 4min 内恢复稳定，对于采用烟气分流挡板和摆动燃烧器的再热蒸汽温度调节系统应在 12min 内恢复稳定。

（2）直流炉温度调节要求。

1）锅炉稳定运行时，过热蒸汽温度及再热蒸汽温度应保持在给定值±2℃范围内，执行器不应频繁运行。

2）当改变 5％额定负荷燃料量时，调节系统应在 3min 内恢复稳定，微过热汽温的变化幅度不大于±3℃。

3）负荷扰动 10％时，过热汽温和再热汽温的最大偏差不应超出±4℃，其过渡过程时间不应大于 6min。

4）微过热汽温给定值改变 5℃时，调节系统应在 5min 内恢复稳定，微过热汽温稳定在新的给定值上。

291. 单元机组燃烧调节有哪些特点？

答：单元机组燃烧调节主要有以下特点：

（1）单元机组是一机一炉运行方式，不存在锅炉之间负荷分配的任务，调节系统比较简单。

（2）在大型单元机组中，由于在低压缸之前增加了中间再热器，当主汽门突然开大时，汽轮机高压缸的出力相应迅速增加，而低压缸出力的变化比较迟缓，有惰性，功率变化对调峰不利。为消除惰性和提高对负荷变化的适应性，要求出力能很快随调节汽门开度的变化而变化。因此在开始时就会将主汽门开大一些，这给调节带来困难。

（3）外部负荷变动时，调速系统动作，主蒸汽压力发生变化，使锅炉调节系统相应动作，实现锅炉、汽轮机两个调节系统协调控制。

292. 锅炉燃烧器程序控制系统有哪些主要作用？

答：锅炉燃烧器程序控制系统是一个综合性、多功能的控制系统，主要包括锅炉点火准备、点火器自动点熄火、燃烧器自动点熄火、燃料切换、火焰检测、风门控制、燃烧器投运数控制、工况信号显示、报警信号显示、事故时自动缩减燃料量等方面的功能。仅具有自动点火功能的系统一般称为锅炉自动点火程序控制系统，将系统的控制功能扩大到炉膛安全保护方面（如炉膛吹扫、炉膛负压或正压过大保护、灭火保护等）的综合性控制系统则称为锅炉炉膛安全监测系统（FSSS）。

采用燃烧器程序控制，对于提高机组的安全经济运行有着十分重要的作用。由于在控制系统中考虑了各种必需的逻辑约束条件，所以能防止错误操作发生。在机组发生重大事故时，能够及时地缩减甚至全部切除燃料量，同时控制系统可以自动地根据运行方式控制每个燃烧器风箱挡板的开度，使每个燃烧器的风量和燃料量配合良好，提高锅炉运行的经济性。此外，大型锅炉燃烧器数量众多，锅炉上布置燃烧器的总高度可达到 10m 以上，需要监视操作的被控对象有 100～200 个，采用燃烧器程序控制能够大大减轻运行人员的劳动强度。

锅炉燃烧器程序控制系统的主要作用如下：

（1）点火准备。对锅炉的所有点火条件进行校核和确认。

（2）点火器点熄火控制。在现场或中央操作盘发出操作命令，通过程序控制装置自动进行点火器点熄火的顺序操作。

（3）燃烧器点熄火控制。在现场或中央操作盘发出操作命令，通过程序控制装置自动进行燃烧器点熄火的顺序操作，包括重油燃烧器、煤气燃烧器、煤粉燃烧器（磨煤机和给煤机启停）等燃烧系统的控制。

（4）自动火焰检测。检测点火器、燃烧器火焰信号，有电极式、紫外线式和红外线式检测装置。火焰信号通过检测电路变换为触点信号送至主逻辑控制柜内的逻辑电路中。

（5）风箱挡板控制。用来控制每个燃烧器的进风量（配风器），以提高锅炉燃烧的经济性。挡板开度由气缸驱动控制。

（6）状态监视网络。向运行人员发出各种操作的回报信号和报警监视信号，进行燃烧器系统的状态监视及操作指导。

（7）自动缩减燃料量。当机组发生各种事故时，接受机组连锁保护系统的指令，自动地正确进行缩减燃料量。

（8）作为控制计算机的一个子回路。在机组分级控制中，作为局部控制级的一个重要装置，可以接受计算机自启停指令在计算机控制下自动完成锅炉点火和重油暖炉阶段的控制（煤粉燃烧器需由人工控制）。并且在机组启停和运行过程中，控制系统向计算机回报各种工况信号。

293. 汽包炉一次风调节系统有哪些功能？

答：汽包炉一次风调节系统的基本功能如下：

（1）稳定工况下，一次风压应能保持在给定值的±5%范围内。

（2）正常运行时，调节系统应保持一次风量与负荷（主燃料量）相适应。

（3）一次风门开度改变5%时，调节系统应在30s内消除扰动。

（4）一次风压定值改变49Pa（5mmH_2O）时，调节系统应使风压在30s内稳定为新的给定值。

294. 汽轮机控制的内容有哪些？

答：在现代大型发电厂中，一个完善的汽轮机控制系统包括以下功能系统：

（1）监视系统。监视系统是保证汽轮机安全运行必不可少的设备，它能够连续监测汽轮机运行中各参数的变化。属于机械量的参数有汽轮机转速、轴振动、轴承振动、转子轴位移、转子与汽缸的相对胀差、汽缸热膨胀、主轴晃度、油动机行程等。属于热工量的参数有主蒸汽压力、主蒸汽温度、凝汽器真空、高压缸速度级后压力、再热蒸汽压力和温度、汽缸温度、润滑油压、调节油压、轴承温度等。汽轮机的参数监视通常由 DAS 实现，测量结果同时送往调节系统做限制条件，送往保护系统做保护条件，送往顺序控制系统做控制条件。

（2）保护系统。保护系统的作用是当电网或汽轮机本身出现故障时，根据实际情况迅速动作，使汽轮机退出工作，或者采取一定措施进行保护，以防止事故扩大或造成设备损坏。大容量汽轮机的保护内容有超速保护、低油压保护、位移保护、胀差保护、低真空保护、振动保护等。

（3）调节系统。汽轮机的闭环自动调节系统包括转速调节系统、功率调节系统、压力调节系统（如机前压力调节和再热蒸汽压力调节）等。闭环调节是汽轮机 DEH 系统的主要功能，调节品质的优劣将直接影响机组的供电参数和质量，并且对单元机组的安全运行有直接影响。

（4）热应力在线监视系统。汽轮机是在高温高压蒸汽作用下的旋转机械，汽轮机运行工况的改变必然引起转子和汽缸热应力的变化。由于转子在高速旋转下已经承受了较大的机械应力，因此热应力的变化对转子的影响更大，运行中监视转子热应力不超过允许应力尤为重要。热应力无法直接测量，通常是用建立模型的方法通过测取汽轮机某些特定点的温度值来间接计算热应力的。热应力计算结果除用于监视外，还可以对汽轮机升速率和变负荷率进行校正。

（5）汽轮机自启停控制系统。汽轮机自启停控制（TAC）系统是牵涉面很广的系统，其功能随设计的不同而有很大差别。原则上讲，汽轮机自启停控制系统应能完成从启动准备直至带满负荷或者从正常运行到停机的全部过程，即完成盘车、抽真空、升速并网、带负荷、带满负荷，以及甩负荷和停机的全部过程。可见实现汽轮机自启停的前提条件是各个必要的控制系统应配备齐全，并且可以正常投运。这些系统包括自动调节系统、监视系统、热应力计算系统及旁路控制系统等。

（6）液压伺服系统。液压伺服系统包括汽轮机供油系统和液压执行机构两部分。供油系统向液压执行机构提供压力油。液压执行机构由电液转换器、油动机、位置传感器等部件组成，其功能是根据电调系统的指令去操作相应阀门的动作。

295. DEH 控制系统的运行方式有哪些？

答：为了确保控制的可靠，DEH 调节系统有四种运行方式，机组可在其中任意一种方式下运行，其顺序和关系是：二级手动↔一级手动↔操作员自动↔汽轮机自动 ATC。紧邻的两种运行方式相互跟踪，并可做到无扰切换。此外，居于二级手动以下还有一种硬手动操作，作为二级手动的备用，但两者无跟踪，需对位操作后才能切换。

二级手动运行方式是跟踪系统中最低级的运行方式，仅作为备用运行方式。该级全部由成熟的常规模拟元件组成，以便数字系统故障时，自动转入模拟系统控制，确保机组的安全可靠。

一级手动是一种开环运行方式，运行人员在操作盘上按键就可以控制各阀门的开度，各按钮之间为逻辑互锁，同时具有操作超速保护控制器（OPC）、主汽阀压力控制器（TPC）、外部触点返回 RUNBACK 和脱扣等保护功能，该方式作为汽轮机自动方式的备用。

操作员自动方式是 DEH 调节系统最基本的运行方式，可实现汽轮机转速和负荷的闭环控制，并具有各种保护功能。该方式设有完全相同的 A 和 B 双机系统，两机容错，具有跟踪和自动切换功能，也可以强迫切换。在该方式下，目标转速和目标负荷及其速率，均由操作员给定。

汽轮机自动方式（ATC）是最高一级运行方式，该方式下包括转速和负荷及其速率，都是由计算机程序或外部设备进行控制的。在 ATC 控制方式下 DEH 系统在各阶段的功能如下：

（1）在转速控制阶段，监视差胀、振动、偏心、位移、金属和工质温度以及进行有关计算，自动地将转速请求信号由零升至同步转速（其间若出现"保持"的条件，能自动地保持转速值）。如在转速为 2040r/min 时自动暖机，在转速为 2900r/min 附近；满足切除条件时，进行 TV 至 GV 自动切换；达到同步转速时，自动置于"自动同步"工作方式；机组并网后，能自动转向"操作员自动"方式，ATC 本身则退回"ATC 监视"方式等。能够满足机组各阶段自启动的要求，实现自动程序控制启动的全过程。

（2）在负荷控制阶段，实际负荷值与负荷请求值不等时，可再行选择进入 ATC 联合方式。此时 ATC 控制除执行监视的全部功能外，还可选择机组的最佳速率，而目标负荷则由联合方式中的其他方式设定。

296. 汽轮机组自动启停程序控制系统的组成与功能是什么？

答：汽轮机组自动启停程序控制系统利用程序控制装置进行汽轮机组众多辅助设备的自动操作，继而执行汽轮机冲转、升速、同期和带负荷控制。

（1）汽轮机组自动启停程序控制系统的组成如下：

1）中央程序控制装置。该装置是整个自动启停控制系统的指挥协调部分，作为上位控制装置使用，由固态逻辑分立元件构成。该装置根据汽轮机及其辅机启停过程的操作规律，利用矩阵电路设定控制程序，是一种步进式程序控制装置。

2）汽轮机电子控制装置。是控制汽轮机主机的模拟量电子控制装置，用以完成汽轮机的冲转、升速、暖机、同期和带负荷等控制功能，接受中央程序控制装置的命令工作。

3）汽轮机局部程序控制装置。用于控制汽轮机辅机和附属系统的局部程序控制装置，也须接受中央程序控制装置的命令工作。

（2）汽轮机组自动启停控制系统的功能如下：

1）为机组自动启动控制的功能。

2）机组停机的程序控制。通过反向程序执行（但不是启动程序的倒退）。

3）事故状态下自动减负荷或紧急停机。自动使机组退回到安全条件的工况。

4）运行监视和操作指令。闭锁控制装置的输出信号，仅用于显示机组工况，运行人员可据此进行手控操作。

5）装置的程序自检和程序步的定位。自动检查装置程序的正确性，并将机组状态自动定位在运行条件已满足的工况的最高位。

6）模拟实验。与现场设备脱机，利用模拟信号进行装置的试验或用于培训运行人员。

297. 汽轮机组启动控制过程中有哪些主要阶段？

答：（1）第一阶段。不带旁路盘车。

1）投入润滑油装置，投入润滑油箱排烟机。

2）投入盘车装置，停止备用润滑油泵。

3）不输出操作命令，进行延时等待。

（2）第二阶段。带旁路盘车。

1）投入低压循环水泵，投入高压循环水泵。

2）投入控制油供油装置，投入控制油箱排烟机，投入主凝结水泵。

3）投入真空系统，关闭真空破坏门。

4）打开轴封截止阀，投入轴封蒸汽凝结器，打开汽轮机疏水门。

5）调整汽轮机启动装置到停止位置，调整同步器到最大位置。

（3）第三阶段。汽轮机空载运行。

1）调整汽轮机启动装置到最大位置，投入氢冷却系统。

2）把汽轮机电子控制装置投入自动，投入定子冷却水系统。

3）停辅助润滑油泵，停控制油辅助油泵。

（4）第四阶段。励磁，投入发电机励磁装置。

（5）第五阶段。带负荷。

1）投入同期装置。

2）投入汽轮机主控负荷控制器，关汽轮机疏水门，投入疏水循环泵。

第三节 运 行 仪 表 投 入

298. 汽包水位测量的方式有哪些? 会产生怎样的误差?

答: 汽包水位测量主要有三种方式:①利用差压式水位计测量汽包水位;②采用电接点水位计;③使用双色水位计,利用汽与水对光的不同折射率,通常还利用摄像机将双色信号传递到控制室。

(1) 差压式水位计测量汽包水位时产生的主要误差如下。

1) 在测量过程中,汽包压力的变化将引起饱和水、饱和蒸汽的重度变化,从而造成差压式水位计输出的误差。

2) 一般设计计算的平衡容器补偿管是按水位处于零水位情况下设计计算的,运行时锅炉汽包水位偏离零水位,将会引起测量误差。

3) 当汽包压力突然下降时,由于正压室内凝结水可能被蒸发掉而导致仪表指示失常。

(2) 由于水和蒸汽的电阻率存在极大差异,一般高压锅炉生产的饱和蒸汽的电阻率要比饱和水的电阻率大数万倍到数十万倍,比饱和蒸汽凝结水大 100 倍以上。因此,可以把饱和蒸汽视为非导体(或高阻导体),而把水视为导体(或低阻导体)。电接点水位计就是利用这一原理,通过测定与容器相连的测量筒内处于汽水介质中各电极间的电阻来判别汽水界面位置的。

电接点水位计能适应锅炉变参数运行,迟延小、构造简单、显示直观、造价低、维护方便。但是由于电极长期浸泡在汽水中,容易被腐蚀和产生泄漏,加上显示的不连续性,会使水位计产生固定误差。并且由于电极是以一定间距安装在测量筒上的,所以其输出信号为阶梯式,无法反映两极之间的水位和水位变化的趋势。

(3) 双色水位计在测量时,由于引出显示时会造成介质温度下降，因此主要误差是由于季节及环境温度不同引起的，可能会影响测量精度。

299. 火力发电厂测量锅炉烟气含氧量的主要方式是什么？

答：锅炉燃烧质量的好坏直接影响电厂的煤耗。锅炉处于最佳燃烧状态时，具有一定的过量空气系数，这与烟气中氧的含量有一定的关系，可以用监视烟气中氧的含量来了解、判断燃烧是否处于最佳状态。因此，烟气中的氧含量信号可以引入燃烧自动控制系统，作为校正信号来控制送风量，以保证锅炉的经济燃烧。

氧化锆氧量计利用氧化锆固体电解质作为传感器，在氧化锆固体电解质两侧附上多孔的金属铂电极，使其处在高温下。当两侧气体中的氧浓度不同时，在电极之间产生电动势，称为氧浓差电动势。该电动势在温度一定时，只与两侧气体中的氧含量有关。通过测量该电动势，即可测得氧含量。这也是现代大型火力发电厂测量烟气含氧量的主要方式。

氧化锆氧量计具有响应速度快、结构简单、测量准确、输出稳定和维护工作量小等优点，可作为锅炉燃烧调节的校正信号。氧化锆材料存在的问题是会在高温下膨胀，易出现裂纹或使铂电极脱落；另外，在氧化锆管表面有尘粒等污染时，往往会造成较大的测量误差，甚至使铂电极中毒。所以在使用过程中要经常清理。

氧化锆氧量计由氧化锆测氧元件和二次仪表组成，二次仪表由氧量运算及显示部分和测氧元件温度控制部分组成。保证氧化锆氧量计正常工作，应满足以下条件：

（1）因氧化锆的电动势与其温度成正比关系，故在测量系统中应有恒温装置，保证工作温度稳定，或者采用温度补偿装置。

（2）工作温度要选在 800℃ 以上。

（3）必须有参比气体。参比气体中的氧分压要恒定不变。同时，要求参比气体的氧分压比被测气体中的氧分压大得多，这样输出灵敏度大。

（4）必须保证烟气和空气都有一定流速，以保证参比气体中氧分压的恒定和被测气样有代表性。

300. 常用压力、差压仪表的投入程序是什么？

答：（1）压力表的投入程序。

1）开启一次阀门，使导管充满被测介质。

2）二次阀门为三通门时，缓慢开启排污手轮，用被测介质冲洗导管。冲洗干净后，再关闭排污手轮。

3）缓慢开启二次阀门（测蒸汽或高温介质的压力表，应待导管内有凝结水或高温介质的温度已降至不烫手时，再开启二次阀门），投入仪表。

4）测量蒸汽或液体的压力表投入后，若指针指示不稳或有跳动现象，一般是由于导压管内有空气造成的。装有放气阀门的应该打开阀门进行放气；未装有放气阀门的，可关闭二次阀门，将仪表接头稍稍松开，再稍稍打开二次阀门，放出管内空气。待接头流出的液体中无气泡冒出时，再关紧二次阀门，拧紧接头，重新投入仪表。

5）多点测量的风压表投入后，应逐点检查指示是否正常。

6）真空压力表投入后，应进行严密性试验。在正常状态下，关闭一次阀门，15min 内指示值的降低不应大于 3%。

（2）带隔离容器的仪表的投入程序。带隔离容器的仪表在投入前，应先将仪表内残余介质排除，并检查各连接接头是否拧紧，再从隔离容器的上堵头处灌入隔离液。当仪表为差压表时，应同时把差压表的三个阀门全部打开，在一个隔离容器内灌注液体，并稍开差压计测量室的排污螺钉，排出空气后，再拧紧排污螺钉，继续灌注液体，直到由另一个隔离容器内溢出时为止，然后把差压表上的正、负压门同时关闭。

隔离容器灌液后，仪表即可投入运行。在运行中应检查是否有泄漏，防止隔离液漏光后，腐蚀介质进入仪表。

（3）差压仪表的投入程序。

1）冲洗仪表正、负压导管。停差压计，关闭差压仪表的正、负压门，打开平衡门。待被测容器压力达 0.1MPa 时，开启一次阀门后，再缓慢打开正压（或负压）排污门，分别冲洗正、负压导管。导管冲洗干净后，关闭排污门。

2）待导管冷却后，再启动仪表。若管路中装有空气门，应先开启一下空气门，排除空气后，才能启动仪表。

3）仪表的启动。检查仪表平衡门是否已处在开启位置，渐渐开启仪表正压门。当测量介质为蒸汽或液体时，待测量室充满被测凝结水或液体后，松开仪表正、负测量室的排污螺钉。待介质逸出并排净气泡后，拧紧排污螺钉。然后检查仪表各部分是否有渗漏现象，并检查仪表零点。关闭平衡门，逐渐打开负压门，此时仪表应有指示。

4）仪表投入后的检查。在运行过程中，如要检查导管及仪表是否工作正常，可稍开排污门。开正排污门时，仪表指示应减小；开负排污门时，仪表指示应增大。在运行过程中，如要检查仪表零位，可先打开平衡门，再关负压门，观察仪表零位是否正确（严禁在平衡门正、负压门都在打开位置时，检查仪表零位）。在运行过程中，如要进行排污冲洗，必须注意先打开仪表平衡门，再关闭正、负压门，然后打开排污门，以免仪表承受过大的单向静压。